传感器与检测技术

（第二版）

主　编　祝诗平　张星霞

副主编　顾雯雯　谭为民

　　　　康志亮　李东玲

参　编　桂银刚　赵仲勇

科学出版社

北　京

内 容 简 介

本书全面系统地介绍了各种传感器的工作原理、结构、技术指标、使规特点、应用实例,并以如何快速搭建一个检测系统的硬件、软件为主线,介绍了与检测系统设计相关的误差分析与数据处理、信号变换与处理电路、设计步骤、抗干扰技术等。

全书共 12 章,分为传感器与检测技术基础、信号变换与处理电路、常规传感器、新型传感器、检测系统设计基础五部分。本书体系结构完整、内容丰富,理论联系实际,编写力求做到系统性、实用性、先进性相结合,把新技术、新成果融入传统知识中。

本书可作为高等院校自动化、电气工程及其自动化、测控技术与仪器专业的教材,也可作为机电类等其他相关专业本科生、研究生的教材或参考书,还可供从事传感器、检测技术开发与应用的科研和工程人员参考。

图书在版编目(CIP)数据

传感器与检测技术 / 祝诗平,张星霞主编. —2 版. —北京:科学出版社,2022.8

ISBN 978-7-03-072316-1

Ⅰ. ①传⋯ Ⅱ. ①祝⋯ ②张⋯ Ⅲ. ①传感器—检测 Ⅳ. ①TP212

中国版本图书馆 CIP 数据核字(2022)第 086209 号

责任编辑:余 江 张丽花 / 责任校对:王 瑞
责任印制:张 伟 / 封面设计:迷底书装

科 学 出 版 社 出版
北京东黄城根北街 16 号
邮政编码:100717
http://www.sciencep.com

北京建宏印刷有限公司 印刷
科学出版社发行 各地新华书店经销

*

2006 年 8 月第 一 版 开本:787×1092 1/16
2022 年 8 月第 二 版 印张:16 1/2
2023 年 1 月第二次印刷 字数:388 000

定价:59.00 元
(如有印装质量问题,我社负责调换)

前　　言

　　"传感器与检测技术"是一门理论与实践密切结合的技术基础课程，在整个学科体系中占有非常重要的地位。传感器技术是科学实验和工业生产等活动中对信息进行获取的一种重要技术，而检测技术则是对信息进行获取、传输、处理的检测系统的一系列技术的总称。检测的基本任务就是获取有用的信息，通过借助专门的仪器、设备，设计合理的实验方法以及进行必要的信号分析与数据处理，从而获得与被测对象有关的信息，最后将结果显示出来或输入其他信息处理装置、控制系统。"传感器与检测技术"课程主要是培养学生综合运用传感器技术、检测技术的基本理论与技能来分析和解决工程实际问题的能力。

　　为适应传感器技术的发展，第二版教材内容新增了模糊传感器、可穿戴传感器、传感器网络等内容，并对第一版教材部分章节进行调整、修改。编写时，力求做到体系结构完整，内容丰富、新颖、实用，叙述由浅入深。

　　全书分为五部分，共 12 章。第一部分(第 1 章)传感器与检测技术基础，主要介绍传感器与检测技术的基础知识；第二部分(第 2 章)信号变换与处理电路；第三部分(第 3~10 章)常规传感器，主要介绍常规传感器的工作原理、测量电路及应用，包括电阻应变式传感器、电容式传感器、电感式传感器、磁电式传感器、压电式传感器、热电式传感器、光电式传感器、气敏传感器等；第四部分(第 11 章)新型传感器，主要介绍模糊传感器、可穿戴传感器、传感器网络、虚拟仪器系统等；第五部分(第 12 章)检测系统设计基础，介绍检测系统设计的一般方法、步骤，以及抗干扰设计、可靠性设计。每章均附有习题与思考题。

　　在本书编写过程中，参考和引用了一些教材及文献资料，在此向所有参考文献的作者表示衷心的感谢。特别感谢本书第一版的编者。

　　本书的出版，得到了西南大学教务处、西南大学工程技术学院的资助；在出版过程中，得到了科学出版社编辑的指导和支持，一并表示感谢。

　　本书由西南大学祝诗平、张星霞任主编，西南大学顾雯雯、谭为民和四川农业大学康志亮、重庆大学李东玲任副主编。其中，第 1、12 章由祝诗平编写，第 2、6 章由西南大学赵仲勇编写，第 3、4、5 章由谭为民编写，第 7、8 章由张星霞编写，第 9 章由顾雯雯、李东玲编写，第 10、11 章由康志亮和西南大学桂银刚编写。全书由祝诗平统稿。

　　由于编者水平所限，书中难免存有不妥之处，恳请广大读者批评指正。

编　者

2022 年 1 月于重庆

目　　录

第1章 传感器与检测技术基础

随着新技术革命的到来，人类开始进入信息社会。物联网、大数据与传感器成为这个时代的关键词。物联网通过智能感知、识别技术与普适计算等通信感知技术广泛应用于网络的融合中，也因此被称为继计算机、互联网之后世界信息产业发展的第三次浪潮。其中，智能感知技术的关键就是传感器和大数据。传感器负责采集信息、大数据处理和分析信息。传感器是获取自然和生产领域中信息的主要途径与手段，就好像人要靠嗅觉、听觉、视觉、味觉、触觉等感官来获取外界信息一样，在自动化生产过程中，通过各种传感器来获取生产过程中的参数，使设备工作在正常状态或最佳状态，并使产品质量达到最好。传感器在我们日常生活中应用广泛，如常用的智能手环、计步器、电子血压器等的核心器件都是传感器。如今，传感器早已渗透到生产和生活的各个领域，是采集数据的基本工具，是实现智能化的基础。

检测技术是一门以研究自动检测系统中信息提取、信息转换，以及信息处理和传输的理论与技术为主要内容的应用技术学科。检测技术的发展与日常生产和科学技术的发展密切相关，它们互相依赖、相互促进。现代科技的发展不断地向检测技术提出新的要求，推动了检测技术的发展。与此同时，检测技术迅速吸取各个科技领域的新成果，开发出新的检测方法和先进的检测仪器，同时又给科学研究提供了有力的工具和先进的手段，从而促进科学技术的发展。在进入信息社会的今天，人们对信息的提取、处理和传输的要求更加迫切。传感器是信息的源头，只有拥有众多性能良好的传感器，才能开发性能更加优越的检测仪器；而检测技术，是获得可靠信息的有效手段。可以说，传感器与检测技术的发展在很大程度上代表了科学技术的发展水平。

1.1 传感器基础知识

1.1.1 传感器概述

1. 传感器的定义

传感器是指能够感受规定的被测量并按照一定规律转换成可用输出信号的器件或装置，其基本功能是检测信号和进行信号转换。传感器的输入量是某一被测量，可能是物理量，也可能是化学量、生物量等；它的输出量通常是便于传输、转换、处理和显示的电信号。电信号有很多形式，如电压、电流、电容、电阻等，输出信号的形式通常由传感器的原理确定。

2. 传感器的组成

传感器一般由敏感元件、转换元件、转换电路组成，有时还需外加辅助电源提供转换能量。其组成如图 1.1 所示。

（1）敏感元件是指传感器中直接感受或响应被测量的部分。

（2）转换元件是指传感器中能将敏感元件的输出转换成适合于传输或测量的电信号部分。

（3）由于传感器输出信号一般都很微弱，因此传感器输出的信号需要进行信号调理与转换、放大、运算与调制之后才能进行显示和参与控制。

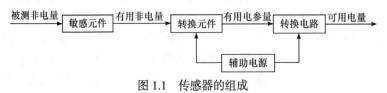

图 1.1　传感器的组成

应该注意的是，并非所有的传感器都能明显地区分敏感元件和转换元件两个部分，有时二者合为一体。如热电偶、光敏电阻、半导体气敏元件等，它们直接将感受到的被测量转化为电信号。

3. 传感器的分类

传感器的品种繁多，原理各异，因此，从不同的角度有多种分类方法。目前常见的分类方法有如下几种。

（1）按传感器的工作机理分类，可分为物理型、化学型、生物型等。这种分类方法将物理、化学和生物等学科的原理、规律、效应作为分类的依据。

（2）按构成原理分类，可分为结构型和物性型两大类。

结构型传感器是利用物理学的定律构成的，这类传感器的特点是传感器的性能与它的构成材料没有多大关系，而以敏感元件的结构参数变化实现信号转换，如差动变压器式传感器。

物性型传感器是利用物质的某些客观属性构成的，它的性能随构成材料的不同而异，如光电管、半导体传感器等。

（3）按传感器的能量关系分类，可分为能量控制型传感器和能量转换型传感器。

能量控制型传感器又称为无源传感器，在信息变换过程中，其能量需外电源供给，但受被测输入量控制。如电阻、电感、电容等传感器都属于这一类，常用于电桥和谐振电路等电路测量。

能量转换型传感器又称为换能器或有源传感器，它一般将非电能量转换成电能量，通常配有放大电路。如基于霍尔效应、压电效应、热电效应、光电效应等原理构成的传感器均属于此类。

（4）按被测参数分类，如对温度、压力、位移、速度等的测量，相应的有温度传感器、压力传感器、位移传感器、速度传感器等。

（5）按传感器的工作原理分类，可分为应变式传感器、电容式传感器、压电式传感器、磁电式传感器、光电式传感器等。

本书主要介绍各种传感器的工作原理，对工程上的被测参数，则着重于介绍如何合理选择和使用传感器。

1.1.2 传感器的特性与指标

传感器所检测的输入量一般有两种形式：一种是静态量或准静态(即输入是不随时间变化的常量)，另一种是动态量(即输入是随时间变化的变量)。两种情况下的输入输出特性应分开考虑，因此将传感器的基本特性分为静态特性和动态特性。

1. 传感器的静态特性

静态特性是指检测系统的输入为不随时间变化的恒定信号时，系统的输出与输入之间的关系。静态特性的输入与输出关系式中不含时间变量。衡量传感器静态特性的指标主要包括线性度、灵敏度、迟滞、重复性、漂移等。

(1)线性度：又称非线性误差，是指传感器输出量与输入量之间的实际关系曲线偏离拟合直线的程度。通常用相对误差 γ_L 表示，即

$$\gamma_L = \pm \frac{\Delta L_{max}}{Y_{FS}} \times 100\% \tag{1.1}$$

式中，ΔL_{max} 为实际特性曲线与拟合直线之间的最大偏差值；Y_{FS} 为满量程输出值。

可见，非线性误差的大小是以一定的拟合直线为基准得到的，拟合直线不同，非线性误差也不同。目前常用的拟合方法有理论拟合、端点拟合、过零旋转拟合、最小二乘法拟合等。

(2)灵敏度：是指传感器的输出量增量 Δy 与引起该增量的输入量增量 Δx 之比。用 S 表示灵敏度，即

$$S = \frac{\Delta y}{\Delta x} \tag{1.2}$$

它表示单位输入量的变化所引起传感器输出量的变化，显然，灵敏度 S 越大，表示传感器越灵敏，一般希望传感器的灵敏度高，在满量程范围内是恒定的。

对线性传感器，其灵敏度为一个常数，如图 1.2(a)所示，灵敏度为其静态特性的斜率，即

$$S = \frac{\Delta y}{\Delta x} = \tan\theta = 常数 \tag{1.3}$$

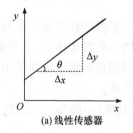 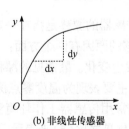

(a)线性传感器 (b)非线性传感器

图 1.2 传感器的灵敏度

而对非线性传感器，其灵敏度为一个变量，如图 1.2(b)所示，灵敏度为工作点处的切线斜率，即

$$S = \frac{\mathrm{d}y}{\mathrm{d}x} \tag{1.4}$$

(3)迟滞：传感器在正(输入量增大)、反(输入量减小)行程期间其输出-输入特性曲线不重合的现象称为迟滞，如图 1.3 所示。也就是说，对于同一大小的输入信号，传感器的正、反行程输出信号大小不相等，这个差值称为迟滞差值。传感器在全量程范围内最大的迟滞差值$\Delta H_{\max}$与满量程输出值 Y_{FS} 之比称为迟滞误差，用 γ_{H} 表示，即

$$\gamma_{H} = \frac{\Delta H_{\max}}{Y_{FS}} \times 100\% \tag{1.5}$$

迟滞特性是由传感器敏感元件材料的物理性质和机械零部件的缺陷所造成的，如弹性敏感元件弹性滞后、运动部件摩擦、传动机构的间隙、紧固件松动等。

(4)重复性：是指在同一工作条件下，传感器在输入量按同一方向做全量程多次测量时，所得输出-输入曲线不一致的程度，如图 1.4 所示。重复性误差属于随机误差，常用标准差 σ 表示，也可用正、反行程中最大差值$\Delta R_{\max}$计算，即

$$\gamma_{R} = \pm \frac{(2\sim3)\sigma}{Y_{FS}} \times 100\% \tag{1.6}$$

或

$$\gamma_{R} = \pm \frac{\Delta R_{\max}}{Y_{FS}} \times 100\% \tag{1.7}$$

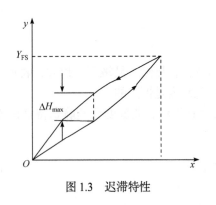

图 1.3　迟滞特性

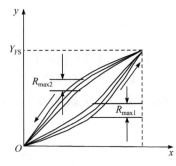

图 1.4　重复性

(5)漂移：传感器的漂移是指在一定的时间间隔内，传感器的输出量发生与输入量无关的变化。产生漂移的原因有两个方面：一是传感器自身结构参数发生老化；二是周围环境(如温度、湿度等)发生变化。最常见的漂移是温度漂移，即周围环境温度变化而引起输出量的变化，温度漂移主要表现为温度零点漂移和温度灵敏度漂移。

温度漂移通常用传感器工作环境温度偏离标准环境温度(一般为 20℃)时的输出值的变化量与温度变化量之比(ξ)来表示，即

$$\xi = \frac{y_{t} - y_{20}}{\Delta t} \tag{1.8}$$

式中，Δt 为工作环境温度 t 与标准环境温度 t_{20} 之差，即$\Delta t = t - t_{20}$；y_{t}、y_{20} 分别为传感器在环境温度为 t 和 t_{20} 时的输出。

(6)测量范围与量程：测量范围指正常工作条件下，检测系统或仪表能够测量的被测量值的大小区间。例如，某铜电阻温度传感器的测量范围为−50～+150℃。

量程是测量范围上限值与下限值的代数差，如上述铜电阻温度计的量程为200℃。

2. 传感器的动态特性

传感器的动态特性是指输入为随时间变化的信号时，系统的输出与输入之间的关系。对传感器而言，希望其输出量随时间的变化关系与输入量随时间的变化关系尽可能一致，但实际情况是，除了具有理想的比例特性的环节，输出信号不会与输入信号有相同的时间函数，这种输出与输入之间的差异就是动态误差，因此需要研究其动态特性。由于实际测量时输入量是千变万化的，故工程上通常采用输入"标准"信号函数的方法进行分析，并由此确定评定动态特性的指标。下面简单介绍对阶跃输入的响应(阶跃响应)和正弦输入的响应(频率响应)特性及性能指标。

1) 单位阶跃响应性能指标

图 1.5 所示为衰减振荡的二阶传感器输出的单位阶跃响应曲线。单位阶跃响应的性能指标主要有：

峰值时间 t_p——振荡峰值所对应的时间；

最大超调量 σ_p——响应曲线偏离单位阶跃曲线的最大值；

上升时间 t_r——响应曲线从稳态值的 10%上升到稳态值的 90%所需的时间；

延迟时间 t_d——响应曲线上升到稳态值的 50%所需的时间；

调节时间 t_s——响应曲线进入并且不再超出误差带所需要的最短时间。误差带通常规定为稳态值的±5%或±2%；

稳态误差 e_{ss}——系统响应曲线的稳态值与希望值之差。

图 1.6 所示为一阶传感器输出的单位阶跃响应曲线。单位阶跃响应的性能指标主要有：

时间常数 τ——一阶传感器输出上升到稳态值的 63.2%所需的时间；

延迟时间 t_d——传感器输出达到稳态值的 50%所需的时间；

上升时间 t_r——传感器输出达到稳态值的 90%所需的时间。

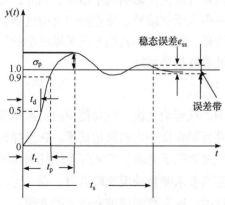

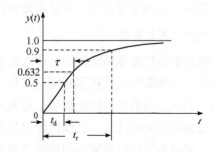

图 1.5　二阶传感器的单位阶跃响应曲线　　　图 1.6　一阶传感器的单位阶跃响应曲线

最大超调量反映传感器响应的平稳性(即稳定性)；上升时间、延迟时间、调节时间等反映传感器响应的快速性；稳态误差反映传感器响应的稳态精确度。

2) 频率响应特性指标

反映传感器频率响应的频域性能指标主要有通频带(或频带)，上、下限截止频率，固有频率及时间常数等。

通频带——传感器增益保持在一定值的频率范围，即对数幅频特性曲线上幅值衰减 3dB 时所对应的频率范围，称为传感器的频带或通频带，对应有上、下限截止频率。

固有频率 ω_n——二阶传感器的固有频率 ω_n 表征其动态特性。

时间常数 τ——表征一阶传感器的动态特性，τ 越小，频带越宽。

1.1.3 传感器选用原则

如何根据具体的测量目的、测量对象、使用条件以及测量环境合理地选用传感器，是测量时首先要解决的问题。选用传感器时应考虑的因素很多，但选用时不一定能满足所有要求，应根据被测参数的变化范围、传感器的性能指标、环境等要求选用，侧重点有所不同。通常，选用传感器应从以下几个方面考虑。

1. 根据测量对象与测量环境确定传感器的类型

传感器的种类繁多，对于同一种被测物理量，可选不同的传感器，而同一种传感器，可用来分别测量多种被测量。在进行一次具体的测量之前，首先要考虑采用何种原理的传感器，这需要分析多方面的因素。究竟哪一种原理的传感器更为合适，则需要根据被测量的特点和传感器的使用条件考虑以下一些具体问题：量程的大小；被测位置对传感器体积的要求；测量方式为接触式还是非接触式；信号的引出方法，有线或是非接触测量；传感器的来源，国产还是进口，价格能否承受，还是自行研制。在考虑上述问题之后就能确定选用何种类型的传感器，然后考虑传感器的具体性能指标。

2. 灵敏度的选择

通常，在传感器的线性范围内，希望其灵敏度越高越好。因为灵敏度高，与被测量变化对应的输出信号的值才比较大，有利于后续的信号处理。需要注意的是，传感器的灵敏度高，与被测量无关的外界噪声也容易混入，也会被系统放大，影响测量精度。因此，要求传感器本身应具有较高的信噪比，尽量减少从外界引入干扰信号。传感器的灵敏度是有方向性的。若被测量是单向量，且对其方向性要求较高，则应选择其他方向灵敏度小的传感器；若被测量是多维向量，则要求传感器的交叉灵敏度越小越好。

3. 线性范围与量程

传感器的线性范围是指输出与输入成正比的范围。从理论上讲，在此范围内，灵敏度保持定值。传感器的线性范围越宽，其量程越大，并且能保证一定的测量精度。在选择传感器时，当传感器的种类确定以后，首先要看其量程是否满足要求。但实际上，任何传感器都不能保证绝对的线性，其线性度也是相对的。当所要求测量精度比较低时，在一定的范围内，可将非线性误差较小的传感器近似看作线性的，这会给测量带来极大的方便。

4. 频率响应特性

在进行动态测量时，希望传感器能及时不失真地响应被测量。传感器的频率响应特性决定了被测量的频率范围，传感器频率响应范围越宽，允许被测量的频率变化范围就越宽，在此范围内，可保持不失真的测量条件。实际上，传感器的响应总有一定延迟，希望延迟时间越短越好。在动态测量中，应根据信号的特点(稳态、瞬态、随机等)选择频率响应特性适合的传感器，以免产生过大的误差。

5. 稳定性

传感器使用一段时间后，其性能保持不变化的能力称为稳定性。影响稳定性的因素除传感器本身材料、结构外，主要是传感器的使用环境。因此，要使传感器具有良好的稳定性，传感器必须要有较强的环境适应能力。在选择传感器之前，应对其使用环境进行调查，并根据具体的使用环境选择合适的传感器，或采取适当的措施，减小环境的影响。

当传感器工作已超过其稳定性指标所规定的使用期时，应重新进行标定，以确定传感器的性能是否发生变化。在某些要求传感器能长期使用而又不能轻易更换或标定的场合，所选用的传感器稳定性要求更严格，要能够经受住长时间的考验。

6. 精度

精度是传感器的一个重要的性能指标，它是关系到整个测量系统的测量精度。传感器的精度越高，其价格越昂贵。因此，传感器的精度只要满足整个测量系统的精度要求就可以，不必选得过高。这样就可以在满足同一测量目的的诸多传感器中选择比较便宜和简单的传感器。如果测量的目的是定性分析的，选用重复精度高的传感器即可，不宜选用绝对量值精度高的传感器；如果是为了定量分析，必须获得精确的测量值，就需选用精度等级能满足要求的传感器。为了提高测量精度，平时正常显示值要在满刻度的50%左右来选定测量范围(或刻度范围)。

对某些特殊使用场合，当无法选到合适的传感器时，可自行研制性能满足要求的传感器。

1.1.4 传感器的标定和校准

标定是利用某种标准器具对新研制或生产的传感器进行全面的技术检定和标度。校准是指对传感器在使用中和储存后进行的性能再次测试。

标定的基本方法是利用标准仪器产生已知的非电量并输入待标定的传感器中，然后将传感器的输出量与输入的标准量进行比较，从而得到一系列标准数据或者曲线。实际应用中输入的标准量可以用标准传感器检测得到，即将待标定的传感器与标准传感器进行比较。标定传感器时，所用的测量仪器的精度至少要比被标定的传感器的精度高一个等级。这样，通过标定确定的传感器的静态性能指标才是可靠的，所确定的精度才是可信的。

1. 传感器的标定工作分类

(1)新研制的传感器需进行全面技术性能的检定，用检定数据进行量值传递，同时检定数据也是改进传感器设计的重要依据。

(2)经过一段时间的储存或使用后，需要对传感器进行复测。

2. 静态标定

静态标定是指在输入信号不随时间变化的静态标准条件下，对传感器的静态特性指标的检定。静态标定的目的是确定传感器的静态特性指标，如线性度、灵敏度、滞后和重复性等。

3. 动态标定

动态标定主要是研究传感器的动态响应。常用的标准激励信号源是正弦信号和阶跃信号。动态标定的目的是确定传感器的动态特性参数，如频率响应、时间常数、固有频率和阻尼比等。

4. 静态特性标定过程的步骤

(1)将传感器全量程(测量范围)分成若干等间距点。

(2)根据传感器量程分点情况，由小到大逐渐输入标准量值，并记录下与各输入值相对应的输出值。

(3)由大到小逐点输入标准量值，同时记录下与各输入值相对应的输出值。

(4)按步骤(2)和步骤(3)所述过程，对传感器进行正、反行程往复循环多次测试，将得到的输出与输入测试数据用表格列出或画成曲线。

(5)对测试数据进行必要的处理，根据处理结果就可以确定传感器的线性度、灵敏度、滞后和重复性等静态特性指标。

1.2 检测的基本概念

1.2.1 测量的基本概念

1. 测量

测量是以同种性质的标准量与被测量进行比较，并确定被测量对标准量倍数的过程。因此，测量是以确定被测量的大小或取得测量结果为目的的一系列操作过程。它可由式(1.9)表示：

$$y = mx \qquad\qquad (1.9)$$

式中，y 为被测量值；x 为标准量，即测量单位；m 为比值，无量纲(一般含有测量误差)。

2. 测量的方法

能够实现被测量与标准量相比较而获得比值的方法，称为测量方法。

1)根据测量方法的不同，可分为直接测量、间接测量和组合测量

(1)直接测量。用按已知标准标定好的测量仪器对某一未知量进行测量，不需要经过任何运算，直接得到被测量的数值的测量方法称为直接测量。例如，用弹簧管式压力表测量压力，用电压表测量某一元件的电压等。

直接测量的优点是测量过程简单而迅速，缺点是测量精度不是很高。

(2)间接测量。在使用仪表进行测量时，首先对与被测量有确定函数关系的物理量进行直接测量，然后将测量值代入函数关系式，经过计算得到所需要的结果，这种方法称为间

接测量。例如，在直流电路中，直接测量负载的电流 I 和电压 U，然后根据功率 $P=UI$ 的函数关系，求出负载消耗的电功率。

间接测量比较复杂，花费时间较长，一般用在直接测量不方便、直接测量误差较大的场合。其测量精度一般要比直接测量高。

前面两种测量方法均是针对单一未知量的测量，在现实中常常也会遇到同时对多个未知量进行测量的情况，此时需要用组合测量方法。

(3)组合测量(联立测量)。组合测量是指在测量过程中同时采用直接测量和间接测量两种方法进行测量的测量方法。这种方法必须通过求解一组联立方程组才能得到最后结果。组合测量是一种特殊的精密测量方法，测量过程长而且复杂，多适用于科学实验或特殊场合。

例如，为了确定某热电阻的温度系数，可利用下面的电阻值与温度的关系式：

$$R_t = R_0(1+At+Bt^2)$$

式中，R_t、R_0 为温度在 t℃和 0℃时的电阻值；A、B 为电阻温度系数；t 为测量时的温度。

为了确定电阻温度系数 A、B 的值，采用改变测量温度的办法，在三种温度下分别测量对应的电阻值，然后代入上述公式，得到一组联立方程组，解此方程组就可以得到 A、B 和 R_0。

2)根据测量方法的不同，可分为偏差式测量、零位式测量与微差式测量

(1)偏差式测量。用仪表指针的位移(即偏差)决定被测量的量值的测量方法。偏差式测量过程简单、迅速，但测量结果的精度较低。

(2)零位式测量。用指零仪表的零位反映测量系统的平衡状态，在测量系统平衡时，用已知的标准量决定被测量的量值的测量方法。如天平测量物体的质量、电位差计测量电压等都属于零位式测量。零位式测量可以获得比较高的测量精度，但测量中需要调节系统平衡，测量过程长而且复杂，所以不适用于测量快速变化的信号。

(3)微差式测量。微差式测量是将被测量与已知的标准量进行比较得到差值后，用偏差式测量法测得该差值。该方法综合了偏差式测量与零位式测量的优点。用这种方法测量时，不需要调整标准量，而只需测量两者的差值。并且由于标准量误差很小，因此总的测量精度仍然很高。反应快、测量精度高是微差式测量的主要优点，特别适用于在线控制参数的测量。

3)根据测量精度要求不同，可分为等精度测量与不等精度测量

(1)等精度测量，是指在整个测量过程中，如果影响和决定误差大小的全部因素(条件)始终保持不变(例如，由同一个测量者、用同一台仪器、同样的测量方法，在相同的环境条件下)，对同一被测量进行多次重复测量的测量方法。当然，在实际中极难做到影响和决定误差大小的全部因素(条件)始终保持不变，因此一般情况下近似认为是等精度测量。

(2)不等精度测量，是指在科学研究或高精度测量中，在不同的测量条件下，用不同精度的仪表、不同的测量方法、不同的测量次数，以及不同的测量者进行测量和对比的测量方法。

4)根据被测量变化快慢，可分为静态测量与动态测量

(1)静态测量，是指被测量在测量过程中是固定不变的。静态测量不需要考虑时间因素

对测量的影响。

(2)动态测量,是指被测量在测量过程中是随时间不断变化的。

另外,根据测量敏感元件是否与被测介质接触,可分为接触式测量与非接触式测量;根据测量系统是否向被测对象施加能量,可分为主动式测量与被动式测量等。

1.2.2　检测技术的任务和要求

检测技术是以研究检测系统中信息的提取、转换以及处理的理论和技术为主要内容的一门应用技术科学。

检测技术的任务是以测量系统的输出来评价被测物理量(测量系统的输入量),也就是在工程实践和科学实验中要正确及时地掌握各种信息,即获取被测对象信息(被测量)的大小。所以信息采集的主要含义就是测量和取得测量数据。

对检测系统的基本要求就是使检测系统的输出信号能够真实地反映被测物理量的变化过程,而不使信号发生畸变,即实现不失真地检测。

1.2.3　检测技术的发展趋势

大规模集成电子技术、计算机技术、物联网技术和新材料技术的不断进步,极大地促进了现代检测技术的发展。新型、具有特殊功能的传感器不断涌现,检测装置也向小型化、网络化及智能化方向变革。目前,检测技术的发展趋势主要有以下几个方面。

(1)不断提高检测系统的测量精度、量程范围,延长使用寿命,提高可靠性等。

(2)应用新技术和新的物理效应,扩大检测领域。

(3)采用微型计算机技术,使检测技术智能化。

(4)不断开发新型、微型、智能化传感器,如智能型传感器、生物传感器、高性能集成传感器等。

(5)不断开发传感器的新型敏感元件材料和采用新的加工工艺,提高仪器的性能、可靠性,扩大应用范围,使测试仪器向高精度和多功能方向发展。

(6)不断研究和发展微电子技术、微型计算机技术、现场总线技术与仪器仪表和传感器相结合的多功能融合技术,形成智能化测试系统,使测量精度、自动化水平进一步提高。

(7)不断研究开发仿生传感器,主要是指模仿人或动物的感觉器官的传感器,即视觉传感器、听觉传感器、嗅觉传感器、味觉传感器、触觉传感器等。

(8)参数测量和数据处理的高度自动化。

1.3　检 测 系 统

1. 检测系统的构成

检测系统就是由传感器、数据处理环节、数据传输环节以及数据显示记录环节等组合在一起构成的一个有机整体,如图1.7所示。

传感器:感受到被测量的大小并输出与之相对应的可用输出信号的器件或装置。

被测量
被测对象
传感器
数据处理环节
数据显示环节
测量结果
数据传输环节

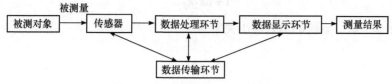

图 1.7　检测系统的原理机构框图

数据处理环节：该环节对传感器输出信号进行处理和变换，如对信号进行滤波、放大、运算、线性化、模数(A/D)或数模(D/A)转换等处理，以便输出信号记录、显示和处理。

数据传输环节：当测量系统的几个功能环节被物理地分隔开时，需要将数据从一个环节传送到另一个环节，完成此种功能的环节称为数据传输环节。

数据显示环节：将测量结果变成人的感官易于接收的形式并输出，以达到监视、控制或分析的目的。测量结果可以采用模拟显示，也可以采用数字显示或图形显示，还可以由记录装置进行自动记录或由打印机将数据打印出来。

2. 检测系统的分类

根据信号在系统中的传递情况，可以将检测系统分为开环检测系统和闭环检测系统。

1) 开环检测系统

开环检测系统全部信息变换只沿着一个方向进行，没有反馈通道，如图 1.8 所示。

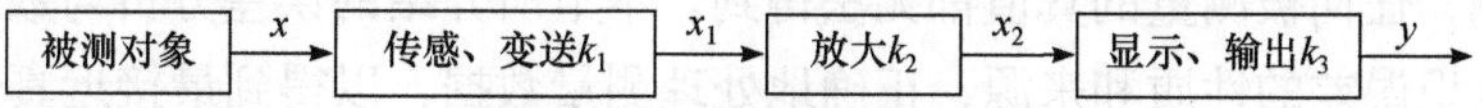

被测对象
x
传感、变送k1
x1
放大k2
x2
显示、输出k3
y

图 1.8　开环检测系统框图

图 1.8 中，x 为输入量，y 为输出量，k_1、k_2、k_3 为各个环节的传递系数，有

$$y=k_1k_2k_3x \tag{1.10}$$

开环检测系统是由多个环节串联组成的，因此系统的相对误差等于各环节相对误差之和，即

$$\delta=\delta_1+\delta_2+\cdots+\delta_i+\cdots+\delta_n \tag{1.11}$$

式中，δ 为系统的相对误差；δ_i 为各环节的相对误差。

采用开环方式构成的检测系统结构比较简单，各环节特性的变化都会造成检测误差。

2) 闭环检测系统

闭环检测系统有两个通道：一个为正向通道，另一个为反馈通道，如图 1.9 所示。其中，Δx 为正向通道的输入量，β 为反馈环节的传递系数，正向通道的总传递系数为 $k=k_2k_3$。

被测对象
x
传感、变送k1
x1
+
−
Δx
放大k2
x2
显示、输出k3
y
xf
反馈β

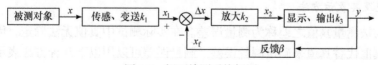

图 1.9　闭环检测系统框图

由图 1.9 推导可知：

$$y = \frac{k_2 k_3}{1 + \beta k_2 k_3} x_1 \tag{1.12}$$

当 $k = k_2 k_3 \gg 1$ 时，系统的输入输出关系为

$$y \approx \frac{1}{\beta} x_1 \tag{1.13}$$

$$y \approx \frac{1}{\beta} x_1 = \frac{k_1}{\beta} x \tag{1.14}$$

由式(1.13)可见，闭环检测系统中，如果正向通道的传递系数足够大，则整个系统的输入输出关系由反馈环节的特性决定，放大器等环节特性的变化不会造成检测误差，或者说造成的误差很小。只要精心地挑选反馈通道所需的元器件，对正向通道不必苛求，就可以获得高精度的测量系统。

1.4 测量误差与数据处理

1.4.1 测量误差的概念和分类

测量的目的是获得被测量的真值。但是，由于种种原因，如测量方法、测量仪表、测量环境等的影响，任何被测量的真值都无法得到。本节所介绍的误差分析与数据处理就是希望通过正确认识误差的性质和来源，正确地处理测量数据，以得到最接近真值的结果。

1. 真值

真值是指在一定的时间及空间条件下，被测量所体现的真实数值。通常所说的真值可以分为理论真值、约定真值和相对真值。

理论真值又称为绝对真值，是指在严格的条件下，根据一定的理论，按定义确定的数值。例如，三角形的内角和恒为 180°，一般情况下，理论真值是未知的。

约定真值是指用约定的办法确定的最高基准值，就给定的目的而言，它被认为充分接近真值，因而可以代替真值来使用。例如，基准米定义为光在真空中 1/299792458s 的时间间隔内行程的长度。测量中，修正过的算术平均值也可作为约定真值。

相对真值也称实际值，是指将测量仪表按精度不同分为若干等级，高等级的测量仪表的测量值即相对真值。通常，高一级测量仪表的误差若为低一级测量仪表的 1/3～1/10，即可认为前者的示值是后者的相对真值。相对真值在误差测量中的应用最为广泛。

2. 测量误差及其表示方法

测量结果与被测量真值之差称为测量误差。在实际测试中真值无法确定，因此常用约定真值或相对真值代替真值来确定测量误差。测量误差可以用以下几种方法表示。

(1)绝对误差 Δ：是测量值 x 与被测量的真值 x_0 之间的差值，即

$$\Delta = x - x_0 \tag{1.15}$$

绝对误差 Δ 说明了系统示值偏离真值的大小，其值可正可负，具有和被测量相同的量纲。

(2) 相对误差 δ: 绝对误差 Δ 与真值 x_0 的百分比，即

$$\delta = \frac{\Delta}{x_0} \times 100\% \tag{1.16}$$

通常，用绝对误差来评价相同被测量测量精度的高低，用相对误差来评价不同被测量测量精度的高低。

(3) 引用误差 r: 绝对误差 Δ 与测量仪表的满量程 A 的百分比，即

$$r = \frac{\Delta}{A} \times 100\% \tag{1.17}$$

在测量领域，检测仪器的精度等级是根据引用误差大小划分的。通常用最大引用误差去掉正负号和百分号后的数字来表示精度等级，精度等级用符号 G 表示。为统一和方便使用，测量指示仪表的精度等级 G 分为 0.1、0.2、0.5、1.0、1.5、2.5、5.0 七个等级。检测仪器的精度等级由生产厂商根据其最大引用误差，并以"选大不选小"的原则就近套用上述精度等级得到。例如，一个电压表，其满量程为 100V，若其最大绝对误差出现在 50V 处且为 0.12V，则可以确定仪表等级为 0.2 级。

$$r = \frac{\Delta}{A} \times 100\% = \frac{0.12}{100} \times 100\% = 0.12\%$$

由于对于同一精度等级的检测仪表，其绝对误差随满量程值的增大而增大，为提高测量的精确度，常常使被测量与仪表的量程相当，即被测量一般应在满量程的 2/3 以上。

3. 误差的分类

为了便于误差的分析和处理，可以按误差的规律性将其分为三类，即系统误差、随机误差和粗大误差。

1) 系统误差

在相同的条件下，对同一物理量进行多次测量，如果误差按照一定规律出现，则把这种误差称为系统误差(system error)，简称系差。系统误差可分为定值系统误差和变值系统误差。数值和符号都保持不变的系统误差称为定值系差。数值和符号均按照一定规律性变化的系统误差称为变值系差。变值系差按其变化规律又可分为线性系统误差、周期性系统误差和按复杂规律变化的系统误差。

系统误差的来源包括仪表制造、安装或使用方法不正确，测量设备的基本误差、读数方法不正确以及环境误差等。系统误差是一种有规律的误差，故可以通过理论分析采用修正值或补偿校正等方法来减小或消除。

2) 随机误差

当对某一物理量进行多次重复测量时，若误差的大小和符号均以不可预知的方式变化，则该误差为随机误差(random error)。随机误差产生的原因比较复杂，虽然测量是在相同条件下进行的，但测量环境中温度、湿度、压力、振动、电场等总会发生微小变化，因此，随机误差是大量对测量值影响微小且又互不相关的因素所引起的综合结果。随机误差就个

体而言并无规律可循，但其总体却服从统计规律，总的来说，随机误差具有下列特性。

（1）对称性：绝对值相等、符号相反的误差在多次重复测量中出现的可能性相等。

（2）有界性：在一定测量条件下，随机误差的绝对值不会超出某一限度。

（3）单峰性：绝对值小的随机误差比绝对值大的随机误差在多次重复测量中出现的机会多。

（4）抵偿性：随机误差的算术平均值随测量次数的增加而趋于零。

随机误差的变化通常难以预测，因此也无法通过实验方法确定、修正和清除。但是通过多次测量比较可以发现随机误差服从某种统计规律（如正态分布、均匀分布、泊松分布等）。

3）粗大误差

明显超出规定条件下的预期值的误差称为粗大误差（abnormal error）。粗大误差一般是由于操作人员粗心大意、操作不当或实验条件没有达到预定要求就进行实验等造成的。如读错、测错、记错数值，使用有缺陷的测量仪表等。含有粗大误差的测量值在数据处理时应剔除掉。

4. 测量精度

测量精度是从另一角度评价测量误差大小的量，它与误差大小相对应，即误差大，精度低；误差小，精度高。测量精度可细分为准确度、精密度和精确度。

（1）准确度：表明测量结果偏离真值的程度，它反映系统误差的影响，系统误差小，则准确度高。

（2）精密度：表明测量结果的分散程度，它反映随机误差的影响，随机误差小，则精密度高。

（3）精确度：反映测量中系统误差和随机误差综合影响的程度，简称精度。精度高，说明准确度与精密度都高，意味着系统误差和随机误差都小。

为说明测量的准确度与精密度的区别，可参考图 1.10，若靶心为真实值，图中黑点为测量值，则图 1.10(a) 表示准确却不精密的测量，图 1.10(b) 表示精密却不准确的测量，图 1.10(c) 表示既准确又精密的测量。一切测量都应同时兼顾准确度和精密度，力求既准确又精密，才能称为精确的测量。

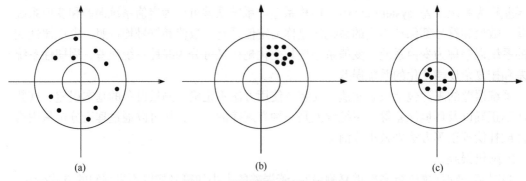

图 1.10　测量的准确度与精密度

1.4.2 测量数据的处理

1. 测量数据的统计参数

测量数据总是存在误差的，而误差又包含各种因素产生的分量，如系统误差、随机误差、粗大误差等。显然一次测量是无法判别误差的统计特性的，只有通过足够多次的重复测量才能由测量数据的统计分析获得误差的统计特性。

而实际的测量是有限次的，因而测量数据只能用样本的统计量作为测量数据总体特征量的估计值。测量数据处理的任务就是求得测量数据的样本统计量，以得到一个既接近真值又可信的估计值，以及它偏离真值程度的估计。

误差分析的理论大多基于测量数据的正态分布，而实际测量由于受各种因素的影响，测量数据的分布情况复杂。因此，测量数据必须经过消除系统误差、正态性检验和剔除粗大误差后，才能做进一步处理，以得到可信的结果。

2. 随机误差及其处理

随机误差与系统误差的来源和性质不同，所以处理的方法也不同。由于随机误差是由一系列随机因素引起的，因此随机变量可以用来表达随机误差的取值范围及概率。若有一非负函数 $f(x)$，其对任意实数有分布函数 $F(x)$：

$$F(x) = \int_{-\infty}^{x} f(x)\mathrm{d}x \tag{1.18}$$

称 $f(x)$ 为 x 的概率分布密度函数。

$$P\{x_1 < x < x_2\} = F(x_2) - F(x_1) = \int_{x_1}^{x_2} f(x)\mathrm{d}x \tag{1.19}$$

为误差在 $[x_1, x_2]$ 范围内的概率，在测量系统中，若系统误差已经减小到可以忽略的程度后才可对随机误差进行统计处理。

1) 随机误差的正态分布规律

实践和理论证明，大量的随机误差服从正态分布规律。正态分布的曲线如图 1.11 所示。图中的横坐标表示随机误差 $\Delta x = x_i - x_0$，纵坐标为误差的概率密度 $f(\Delta x)$。应用概率论方法可导出：

$$f(\Delta x) = \frac{1}{\sigma\sqrt{2\pi}} \mathrm{e}^{-\frac{1}{2}\frac{\Delta x^2}{\sigma^2}} \tag{1.20}$$

式中

$$\sigma = \sqrt{\frac{\sum \Delta x_i^2}{n}} \quad (n \to \infty)$$

σ 称为标准差，n 为测量次数。

2) 真实值与算术平均值

对某一物理量直接进行多次测量，测量值分别为 x_1，x_2，x_i，$\cdots$，x_n，各次测量值的随机误差为 $\Delta x_i = x_i - x_0$。

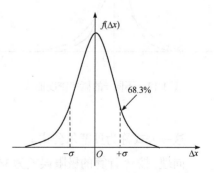

图 1.11　随机误差的正态分布曲线

将随机误差相加 $\sum\limits_{i=1}^{n}\Delta x_i=\sum\limits_{i=1}^{n}(x_i-x_0)=\sum\limits_{i=1}^{n}x_i-nx_0$，两边同除 n 得

$$\frac{1}{n}\sum_{i=1}^{n}\Delta x_i=\frac{1}{n}\sum_{i=1}^{n}x_i-x_0 \tag{1.21}$$

其中，$\bar{x}=\dfrac{1}{n}\sum\limits_{i=1}^{n}x_i$ 为测量列的算术平均值，则有 $\dfrac{1}{n}\sum\limits_{i=1}^{n}\Delta x_i=\bar{x}-x_0$，根据随机误差的抵偿特征，即 $\lim\limits_{n\to\infty}\dfrac{1}{n}\sum\limits_{i=1}^{n}\Delta x_i=0$，于是 $\bar{x}\to x_0$。

可见，当测量次数很多时，算术平均值趋于真实值，也就是说，算术平均值受随机误差影响比单次测量小，且测量次数越多，影响越小。因此可以用多次测量的算术平均值代替真实值，并称为最可信赖值。

3）随机误差的估算

（1）标准差。

标准差定义为 $\sigma=\sqrt{\dfrac{\sum\limits_{i=1}^{n}(x_i-x_0)^2}{n}}$，它是一定测量条件下随机误差最常用的估计值。其物理意义为随机误差落在 $(-\sigma,+\sigma)$ 区间的概率为 68.3%。区间 $(-\sigma,+\sigma)$ 称为置信区间，相应的概率称为置信概率。显然，置信区间扩大，置信概率提高。置信区间取 $(-2\sigma,+2\sigma)$、$(-3\sigma,+3\sigma)$ 时，相应的置信概率 $P(2\sigma)=95.4\%$、$P(3\sigma)=99.7\%$。

定义 3σ 为极限误差，其概率含义是在 1000 次测量中只有 3 次测量的误差绝对值会超过 3σ。由于在一般测量中次数很少超过几十次，因此，可以认为测量误差超出 $(-3\sigma,+3\sigma)$ 范围的概率是很小的，故称为极限误差，一般可作为可疑值取舍的判定标准。

图 1.12 是不同 σ 值时的 $f(\Delta x)$ 曲线。σ 值越小，曲线越陡且峰值高，说明测量值的随机误差集中，小误差占优势，各测量值的分散性小，重复性好。反之，σ 值越大，曲线越平坦，各测量值的分散性大，重复性差。

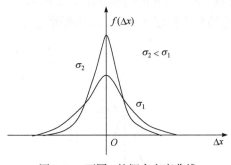

图 1.12 不同 σ 的概率密度曲线

（2）单次测量值的标准差的估计。

由于真值未知时，随机误差 Δx_i 不可求，可用测量值与算术平均值之差（剩余误差）$v_i=x_i-\bar{x}$ 代替误差 Δx_i 来估算有限次测量中的标准差，得到的结果就是单次测量的标准差，用 $\hat{\sigma}$ 表示，它只是 σ 的一个估算值。由误差理论可以证明，单次测量的标准差的计算式为

$$\hat{\sigma}=\sqrt{\frac{\sum\limits_{i=1}^{n}(x_i-\bar{x})^2}{n-1}}=\sqrt{\frac{\sum\limits_{i=1}^{n}v_i^2}{n-1}} \tag{1.22}$$

这一公式称为贝塞尔公式。

同理，按 v_i^2 计算的极限误差为 $3\hat{\sigma}$，$\hat{\sigma}$ 的物理意义与 σ 相同。当 $n\to\infty$ 时，有 $n-1\to n$，则 $\hat{\sigma}\to\sigma$。在一般情况下，对于 $\hat{\sigma}$ 和 σ 的符号并不严格区分，但是 n 较小时，必须采用贝

塞尔公式计算 $\hat{\sigma}$ 的值。

(3)算术平均值的标准差的估计。

在测量中用算术平均值作为最可信赖值，它比单次测量得到的结果可靠性高。由于测量次数有限，因此 $\bar{x}$ 也不等于 x_0。也就是说，$\bar{x}$ 还是存在随机误差的，可以证明，算术平均值的标准差 $S(\bar{x})$ 是单次测量值的标准差 $\hat{\sigma}$ 的 $\dfrac{1}{\sqrt{n}}$，即

$$S(\bar{x}) = \frac{\hat{\sigma}}{\sqrt{n}} = \sqrt{\frac{\sum_{i=1}^{n} v_i^2}{n(n-1)}} \tag{1.23}$$

式(1.23)表明，在 n 较小时，增加测量次数 n，可明显减小测量结果的标准差，提高测量的精密度。但随着 n 的增大，标准差减小的程度越来越小；当 n 增大到一定数值时，$S(\bar{x})$ 几乎不变。

4)间接测量的标准差传递

直接测量的结果有误差，由直接测量值经过运算而得到的间接测量的结果也会有误差，这就是误差的传递。

设间接测量值 y 与各独立的直接测量值 $x_1, x_2, \cdots, x_n$ 的函数关系为 $y = f(x_1, x_2, \cdots, x_n)$，在对 $x_1, x_2, \cdots, x_n$ 进行有限次测量的情况下，间接测量的最佳估计值为

$$\bar{y} = f(\bar{x}_1, \bar{x}_2, \cdots, \bar{x}_n) \tag{1.24}$$

在只考虑随机误差的情况下，各个直接测量的分量的测量结果为 $\bar{x}_1 \pm S(\bar{x}_1)$，$\bar{x}_2 \pm S(\bar{x}_2), \cdots, \bar{x}_n \pm S(\bar{x}_n)$，其中 S 为各分量的算术平均值的标准差。

由于误差是微小量，因此由数学中全微分公式可以推导出标准差的传递公式为

$$S(\bar{y}) = \sqrt{\left(\frac{\partial f}{\partial x_1}\right)^2 S(\bar{x}_1)^2 + \left(\frac{\partial f}{\partial x_2}\right)^2 S(\bar{x}_2)^2 + \left(\frac{\partial f}{\partial x_3}\right)^2 S(\bar{x}_3)^2 + \cdots} \tag{1.25}$$

式(1.25)不仅可以用来计算间接测量值 y 的标准差，而且还可以用来分析各直接测量值的误差对最后结果的误差的影响，从而为改进实验提供方向。在设计一项实验时，误差传递公式能为合理地组织实验、选择测量仪器提供重要的依据。

一些常用函数标准差的传递公式见表 1.1。

表 1.1 常用函数标准差的传递公式

函数表达式	标准差传递公式	函数表达式	标准差传递公式
$y = x_1 \pm x_2$	$S(\bar{y}) = \sqrt{S(\bar{x}_1)^2 + S(\bar{x}_2)^2}$	$y = x_1^n$	$\dfrac{S(\bar{y})}{y} = \left\|\dfrac{n}{x_1}\right\| S(x_1)$
$y = x_1 x_2$	$S(\bar{y}) = \sqrt{(x_2)^2 S(\bar{x}_1)^2 + (x_1)^2 S(\bar{x}_2)^2}$	$y = \sin x_1$	$S(\bar{y}) = \|\cos x_1\| S(\bar{x}_1)$
$y = kx$	$S(\bar{y}) = \|k\| S(x_1)$	$y = \ln x_1$	$S(\bar{y}) = \dfrac{S(\bar{x}_1)}{x_1}$

3. 系统误差及其处理

由于系统误差对测量精度的影响较大，必须消除系统误差的影响才能有效地提高测量

精度，下面介绍一些常用的消除系统误差的方法。

1）消除系统误差产生的根源

为减小系统误差的影响，应该从测试系统的设计入手。选用合适的测量方法以避免方法误差；选择最佳的测量仪表与合理的装配工艺，以减小工具误差；应选择合适的测量环境以减小环境误差。此外，还需定期检查、维修和校正测量仪器以保证测量的精度。

2）引入更正值法

该方法主要用于消除定值系统误差。在测量之前，通过对测量仪表进行校准，可以得到更正值，将更正值加入测量值中，即得到被测量的真值。更正值一般用 C 表示，它是与测量误差的绝对值相等而符号相反的值。更正值给出的方式不一定是具体的数值，也可以是一条曲线、公式或数表。在某些自动检测系统中，预先将更正值储存于计算机的内存中，这样可对测量结果中的系统误差自动进行修正。

3）采用特殊测量方法消除系统误差

（1）直接比较法。

直接比较法即零位式测量法，用于消除定值系统误差。该方法的优点在于当指示器的灵敏度足够高时，测量的准确度取决于标准的已知量，而标准量具的误差是很小的。

（2）替代法。

替代法主要用于消除定值系统误差，其操作方法为用可调的标准量具取代被测量 x 接入测量仪表，通过调节标准量具 A 的值使测量仪表的示值与被测量接入时相同，于是有 $x=A$。

例如，测量某未知电阻 R_x，要求误差小于 0.1%。首先将它接入一个电桥中（图 1.13），该电桥的误差为 1%。调整桥臂电阻 R_1、R_2 使电桥平衡；然后取下 R_x，换上标准电阻箱 R_s（电阻箱为 0.01 级）。保持 R_1、R_2 不动，调节 R_s，使电桥再次平衡，此时被测电阻 $R_x = R_s$。只要测量灵敏度足够，根据这种方法测量的 R_x 的准确度与标准电阻箱的准确度相当，而与检流计G和电阻 R_1、R_2 的恒值误差无关，因此可以满足测量要求。

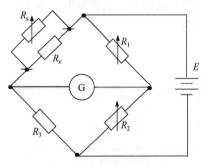

图 1.13　用替代法测电阻

替代法的特点是被测量与标准量通过测量装置进行比较，测量装置的系统误差不带给测量结果，它只起辨别有无差异的作用，因此测量装置的灵敏度应该足够高，否则不能得到期望的结果。

（3）交换法。

这种方法是指当测量仪表内部存在固定方向的误差因素时，将测量中的某些条件（如被测物的位置或被测量的极性等）相互交换，使产生系差的原因对先后两次测量结果起反作用，将这两次测量结果加以适当的数学处理（通常取其算术平均值或几何平均值），即可消除系统误差。例如，以等臂天平测量质量时，天平左右两臂长的微小差别，会引起测量的定值系统误差。如果将被称物与砝码在天平左右两盘上分别称量一次，取两次测量平均值作为被称物的质量，这时测量结果中不含因天平不等臂引起的系统误差。

(4) 微差法。

这种方法是将被测量与已知的标准量进行比较，取其差值，然后用测量仪表测量这个差值。微差法只要求标准量与被测量相近，而用指示仪表测量其差值。这样，指示仪表的误差对测量的影响会大大减弱。

设被测量为 x，标准量为 B（与 x 相近），标准量与被测量的微差为 b（由指示仪表示出），则 $x = B + b$，则相对误差为

$$\frac{\Delta x}{x} = \frac{\Delta B}{x} + \frac{\Delta b}{x} = \frac{\Delta B}{B+b} + \frac{b}{x}\frac{\Delta b}{b}$$

由于 x 与 B 的微差 b 远小于 B，因此 $B + b \approx B$。故

$$\frac{\Delta x}{x} \approx \frac{\Delta B}{B} + \frac{b}{x}\frac{\Delta b}{b} \tag{1.26}$$

可见，被测量 x 的相对误差由两部分组成：第一部分 $\Delta B/B$ 为标准量的相对误差，它一般是很小的；第二部分是指示仪表相对误差 $\Delta b/b$ 的 b/x 倍，由于 $b \ll x$，因此指示仪表误差的影响被大大削弱。由此也可看出，微差法是以灵敏度来换取准确度。

4. 粗大误差的判别和剔除方法

由于随机误差具有有界性，因此，测量结果明显不同于期望值的测量值，含粗大误差，应该予以剔除。判别粗大误差的准则很多，下面介绍两种。

1）格拉布斯（Grubbs）准则

若测量数据中，某数据 x_i 的剩余误差满足

$$|v_i| > g(a,n)\sigma \tag{1.27}$$

则该测量数据含有粗大误差，应予以剔除。式中，$g(a,n)\sigma$ 为格拉布斯准则鉴别值，$g(a,n)$ 为格拉布斯准则鉴别系数，它与测量次数 n 和显著性水平 a 有关，见表 1.2。显著性水平 a 一般取 0.01 或 0.05，置信概率 $p = 1 - a$。

表 1.2 格拉布斯准则鉴别系数 $g(a,n)$ 数值表

n	a		n	a	
	0.01	0.05		0.01	0.05
3	1.15	1.15	14	2.66	2.37
4	1.49	1.46	15	2.70	2.41
5	1.75	1.67	16	2.75	2.44
6	1.94	1.82	17	2.78	2.48
7	2.10	1.94	18	2.82	2.50
8	2.22	2.03	19	2.85	2.53
9	2.23	2.11	20	2.88	2.56
10	2.41	2.18	30	3.10	2.74
11	2.48	2.23	40	3.24	2.87
12	2.55	2.28	50	3.34	2.96
13	2.61	2.33	100	3.59	3.17

2)拉依达准则(3σ准则)

当测量结果中仅含有随机误差,其测量数据呈正态分布时,误差的绝对值大于3σ的概率仅为0.00270,为小概率事件。由概率统计理论可知,小概率事件不易发生,因此,当测量次数为有限次时,若有剩余误差

$$|v_i|>3\sigma \tag{1.28}$$

则可判定该测量数据含有粗大误差,应予以剔除。该准则简单、实用,但不适合于测量次数≤10的情况,因为当$n\leq10$时,剩余误差总是小于3σ。

应注意的是,若按式(1.27)和表1.2查出多个可疑测量数据,不能将它们都作为坏值一并剔除,每次只能舍弃误差最大的那个可疑测量数据,如果误差超过鉴别值最大的两个可疑测量数据数值相等,也只能先剔除一个,然后按剔除后的测量数据序列重新计算,并查表获得新的鉴别值,重复进行以上判别,反复检验直到粗大误差全部被剔除为止。

【例1.1】 对某被测量进行了15次重复测量,测量的数据为10.01、10.02、9.98、10.03、10.02、9.97、9.99、10.01、10.03、10.27、9.97、10.02、9.99、10.01、9.98。试用拉依达准则和格拉布斯准则判定测量数据中是否存在粗大误差。

解:将各测量值x、剩余误差v以及v^2计算出来后填于表1.3中。

表1.3 测量结果计算表

n	读数 x	剩余误差 v	v^2	剩余误差 v'	v'^2
1	10.01	−0.01	0.0001	0.008	0.000064
2	10.02	0	0	0.018	0.000324
3	9.98	−0.04	0.0016	−0.022	0.000484
4	10.03	0.01	0.0001	0.028	0.000784
5	10.02	0	0	0.018	0.000324
6	9.97	−0.05	0.0025	−0.032	0.001024
7	9.99	−0.03	0.0009	−0.012	0.000144
8	10.01	−0.01	0.0001	−0.008	0.000064
9	10.03	0.01	0.0001	0.028	0.000784
10	10.27	0.25	0.0625	—	—
11	9.97	−0.05	0.0025	−0.032	0.001024
12	10.02	0	0	0.018	0.000324
13	9.99	−0.03	0.0009	−0.012	0.000144
14	10.01	−0.01	0.0001	0.008	0.000064
15	9.98	−0.04	0.0016	−0.022	0.000484
计算	$\bar{x}=10.02$	$\sum v_i=0$	$\sum v_i^2=0.0730$	$\sum v_i'=0$	$\sum v_i'^2=0.006036$

（1）用拉依达准则判断。

因为 $\sigma = \sqrt{\dfrac{\sum_{i=1}^{n} v_i^2}{n-1}} = \sqrt{\dfrac{0.0730}{14}} \approx 0.0722$，所以 $3\sigma = 3 \times 0.0722 = 0.2166$。

由于第 10 个数据的剩余误差为 0.25>3σ，说明该测量数据含有粗大误差，应剔除。在剔除了第 10 个数据后重新计算 $\bar{x}' = 10.002$，并计算新的剩余误差 v' 和 v'^2 填于表 1.3 中。

计算 $\sigma' = \sqrt{\dfrac{\sum_{i=1}^{n} v_i'^2}{n-1}} = \sqrt{\dfrac{0.006036}{13}} \approx 0.021$，$3\sigma' = 3 \times 0.021 = 0.063$，由表 1.3 的数据可知剩余 14 个测量数据的剩余误差的绝对值均小于 0.063，所以不存在含有粗大误差的数据。

（2）用格拉布斯准则判断。

由于测量数据个数 $n=15$，当显著性水平 a 取 0.01 时，查表 1.2 得 $g(0.01,15) = 2.70$，因此 $g(a,n)\sigma = 2.70 \times 0.0722 \approx 0.1949$，由表 1.3 可知其中第 10 个数据的剩余误差为 0.25> $g(a,n)\sigma$，说明该测量数据含有粗大误差，应剔除。在剔除该数据后，通过格拉布斯准则判断不存在粗大误差，可见该方法的判断结果与拉依达准则相同。

1.4.3 测量不确定度

当测量完成报告测量结果时，必须对其质量给出定量的说明，以确定测量结果的可信程度。测量不确定度就是用于定量表征测量结果质量的，测量结果的可用性很大程度上取决于其不确定度的大小。所以，测量结果必须附有不确定度说明才是完整并有意义的。

1. 测量不确定度的定义及分类

1）测量不确定度的定义

《测量不确定度表示指南》给出的测量不确定度的定义是：与测量结果相关联的一个参数，用以表征合理地赋予被测量值的分散性。测量不确定度是测量系统最基本也是最重要的特性指标，是测量质量的重要标志。引入不确定度概念后，测量结果的完整表达式中应包含：①测量值；②不确定度；③单位和置信度。一般把置信概率 P=0.95 作为广泛采用的约定概率，当取 P=0.95 时，可不必注明。

2）测量不确定度的分类

测量不确定度可分为标准不确定度和扩展不确定度，具体如下。

（1）标准不确定度。

用概率分布的标准差给出的不确定度称为标准不确定度，用符号 μ 表示。在多数情况下，测量不确定度往往是由多个分量组成的，这些分量根据不同的评定方法用相应的标准差表征出来，每个分量称为标准不确定度分量，用符号 μ_i 表示。根据评定方法的不同，标准不确定度分为 A 类标准不确定度、B 类标准不确定度和合成标准不确定度。

① A 类标准不确定度：由统计方法得到的不确定度，用符号 μ_A 表示。其评定方法称为 A 类评定。

② B 类标准不确定度：由非统计方法得到的不确定度，即根据资料及假设的概率分布估计的标准差表示的不确定度，用符号 μ_B 表示。其评定方法称为 B 类评定。

③ 合成标准不确定度：在间接测量时，测量结果是由若干非相关分量求得的，按各分量的方差和协方差算得的标准不确定度为合成标准不确定度。即当测量结果的标准不确定度由若干标准不确定度分量构成时，按方差和的正平方根(必要时加协方差)得到的标准不确定度，用符号 μ_C 表示。

（2）扩展不确定度。

测量结果的扩展不确定度等于包含因子 k 与合成标准不确定度的乘积，用符号 U 表示，即

$$U = k\mu_C \tag{1.29}$$

式中，包含因子 k 又称为置信因子，k 的取值范围一般为 $2\sim3$，k 的大小取决于测量结果的概率分布和置信概率。

2. 不确定度的评定方法

1）A 类标准不确定度的评定

在相同条件下对某独立变量 x 进行 n 次测量，测量值为 $x_i(i=1,2,\cdots,n)$，若将样本算术平均值 $\bar{x}$ 作为该被测量 x 的估计值，则该独立变量的 A 类标准不确定度定义为算术平均值的标准差 $S(\bar{x})$，即

$$\mu_A = S(\bar{x}) = \frac{\hat{\sigma}}{\sqrt{n}} = \sqrt{\frac{1}{n(n-1)}\sum_{i=1}^{n}(x_i - \bar{x})^2} \tag{1.30}$$

2）B 类标准不确定度的评定

如果对被测量只进行单次测量或者不测量(如标准电阻)就获得测量结果，此时该独立变量对应的不确定度就为 B 类标准不确定度。B 类评定方法不是利用直接测量获得数据，而是根据已有信息来估计近似的方差或标准差。B 类标准不确定度评定需要用到的信息主要有以下几类：

（1）历史测量数据；

（2）对相关技术资料和仪器性能的了解；

（3）厂商的技术说明文件、校准检定证书或研究报告提供的数据；

（4）某些资料给出的参考数据及其不确定度等。

若测量证书或说明书给出了独立变量的扩展不确定度 U 及其置信因子 k，则该独立变量的 B 类标准不确定度为

$$\mu_B = \frac{U}{k} \tag{1.31}$$

【例 1.2】 标称值为 1000g 的砝码，其校准检定证书上给出的实际值为 1000.000325g，并说明这一值的不确定度为 0.000240g，为 3 倍的标准差水平。则该砝码的不确定度为

$$\mu_B = U / k = 240\mu g/3 = 80\mu g$$

如果已知独立变量的置信区间及其相应的置信概率，则该独立变量的 B 类标准不确定度为

$$\mu_B = \frac{U}{k}$$

U 为扩展不确定度，为置信区间的半宽度。k 的取值和置信概率有关，不同的置信概率对应不同的置信因子。

【例1.3】 检定证书表明一标称值为10Ω的标准电阻 R 在23℃时为(10.000742±0.000129)Ω，其不确定度区间具有99%的置信概率，则电阻的标准不确定度为

$$\mu_B(R) = \frac{129\mu\Omega}{2.58} = 50\mu\Omega$$

该例中99%的置信概率对应的置信因子为2.58。

B类标准不确定度评定的可靠性取决于各种证书和资料所提供信息的可信程度，同时应充分估计概率分布。多数情况下，只要测量次数足够多，其概率分布近似为正态分布，若无法确定分布类型，一般假设为均匀分布（$p=1$ 时，置信因子 $k=\sqrt{3}$）。

3）合成标准不确定度的评定

当测量结果的各输入量彼此独立时，测量结果的合成标准不确定度由式(1.32)求出：

$$\mu_C(y) = \sqrt{\sum_{i=1}^{n}[c_i\mu(x_i)]^2} \tag{1.32}$$

式中，c_i 为不确定传播系数或灵敏系数，是被测量 y 对输入量 x_i 的偏导数；$\mu(x_i)$ 为输入量 x_i 的 A 类或 B 类标准不确定度分量。

【例1.4】 已知 $y=3x_1+x_2+2x_3$，并且变量 x_1、x_2、x_3 的标准不确定度分别为 $\mu(x_1)$、$\mu(x_2)$、$\mu(x_3)$，试求 y 的合成标准不确定度 $\mu_C(y)$。

解： $\qquad c_1 = \frac{\partial y}{\partial x_1} = 3$，$c_2 = \frac{\partial y}{\partial x_2} = 1$，$c_3 = \frac{\partial y}{\partial x_3} = 2$

所以

$$\begin{aligned}\mu_C(y) &= \sqrt{[c_1\mu(x_1)]^2 + [c_2\mu(x_2)]^2 + [c_3\mu(x_3)]^2} \\ &= \sqrt{[3\mu(x_1)]^2 + [1\mu(x_2)]^2 + [2\mu(x_3)]^2} \\ &= \sqrt{9\mu^2(x_1) + \mu^2(x_2) + 4\mu^2(x_3)}\end{aligned}$$

4）扩展不确定度的评定

合成标准不确定度 μ_C 与包含因子 k 的乘积即扩展不确定度 U，即

$$U = k\mu_C$$

扩展不确定度 U 主要用于测量结果的报告，根据被测量的测量值 y 和该测量值的不确定度，测量结果可表示为

$$Y = y \pm U \tag{1.33}$$

【例1.5】 为测定一个标称值为10Ω的标准电阻消耗的功率，采用数字电流表直接测量流过电阻的电流。由使用说明书得知该电流表各挡的精度等级均为0.1，经法定计量技术机构计量鉴定合格。标称值为10Ω的标准电阻经法定计量技术机构检定，检定报告给出其校准值为10.0066Ω，校准值的扩展不确定度为0.0032Ω，置信因子为2。用电流表对该电阻值在同一条件下重复测量8次，测量值分别为0.101A，0.102A，0.101A，0.100A，0.099A，

0.098A，0.103A，0.098A。对上述测量给出该 10Ω 标准电阻承受的功率测量结果和扩展不确定度的测量报告。

解：(1)本例中测量数学模型 $P = UI = IRI = I^2R$。

(2)计算 8 次测量结果的算术平均值。

$$\overline{I} = \frac{1}{n}\sum_{i=1}^{8}I_i = \frac{1}{8}(0.101 + 0.102 + 0.101 + 0.100 + 0.099 + 0.098 + 0.103 + 0.098) = 0.10025(A)$$

$$P = I^2R = (0.10025A)^2 \times 10.0066\Omega \approx 0.10057W$$

(3)粗大误差检查处理。

用格拉布斯准则检查上述 8 个数据，检查结果是上述 8 个数据全是正常数据，所以无须对(2)重新进行计算。

(4)测量不确定度原因分析。

本例中测量不确定度主要来源是：

① 数字电流表本身存在一定误差；

② 标准电阻存在一定不确定度；

③ 各种随机因素影响引起的读数不重复。

(5)各分量标准不确定度的估计与评定。

根据上述分析，本例功率测量结果的标准不确定度主要由电流测量标准不确定度和被测标准电阻标准不确定度两个分量组成，具体可按下述方法计算。

① 电流测量标准不确定度 $\mu(I)$。

电流测量离散产生的标准不确定度分量：该标准不确定分量由 A 类评定方法计算，取多次测量的算术平均值作为结果的最佳估计。

$$\mu_2(I) = \hat{\sigma}/\sqrt{n} = \sqrt{\frac{\sum_{i=1}^{8}(x_i - \overline{x})^2}{8(8-1)}} = \sqrt{\frac{23.5 \times 10^{-6}}{56}} \approx 6.478 \times 10^{-4}(A)$$

数字电流表不精确产生的标准不确定度分量：电流表的精度等级为 0.1 级，所以其标准不确定度分量 $\mu_1(I)$ 由 B 类方法确定，测量值可能的区间半宽度为

$$a_1 = \overline{I} \times 0.1\% = 0.10025 \times 0.001 = 0.00010025(A)$$

设在该区间内的概率分布为均匀分布，置信因子取 $k_1 = \sqrt{3} = 1.732$，所以 $\mu_1(I) = \frac{a_1}{k} = 0.00010025/1.732 = 5.806 \times 10^{-5}A$，则电流表产生的标准不确定分量为

$$\mu(I) = \sqrt{\mu_1^2(I) + \mu_2^2(I)} = 6.504 \times 10^{-4}(A)$$

② 标准电阻引入的不确定度分量 $\mu(R)$。

由标准电阻的检定报告得知，其校准值的扩展不确定度 $U = 0.0032\Omega$，且置信因子为 2。则 $\mu(R)$ 可采用 B 类评定方法得到：

$$\mu(R) = \frac{U}{k} = \frac{0.0032}{2} = 0.0016(\Omega)$$

(6)计算功率测量合成标准不确定度。

本例测量数学模型 $P = I^2 R$ ，其中被测量参量 I（电流）和 R（电阻）本身不相关。所以

$$\mu_C(P) = \sqrt{c_1^2 \mu^2(U) + c_2^2 \mu^2(U)} = \sqrt{(2.0063)^2 \times 6.504^2 \times 10^{-8} + (0.01)^2 \times (0.0016)^2}$$
$$\approx 1.305 \times 10^{-3} (\text{W})$$

式中，灵敏系数（或传播系数）为

$$c_1 = \frac{\partial P}{\partial I} = 2IR = 2 \times 0.10025 \times 10.0066 \approx 2.00632$$

$$c_2 = \frac{\partial P}{\partial R} = I^2 = 0.10025 \times 0.10025 \approx 0.01$$

(7)计算确定功率测量扩展不确定度 U。

取包含因子 $k = 2$，故扩展不确定度 U 为

$$U = k \cdot \mu_C = 2 \times 1.305 \times 10^{-3} = 2.61 \times 10^{-3} (\text{W})$$

本 章 小 结

(1)传感器是指能感受规定的被测量并按照一定的规律转换成可用输出信号的器件或装置，一般处于研究对象或检测控制系统的最前端，是感知、获取与检测信息的窗口，由敏感元件、转换元件、辅助电源、信号调理电路四部分组成。

(2)传感器的静态特性是指检测系统的输入为不随时间变化的恒定信号时，系统的输出与输入之间的关系。静态特性指标主要包括线性度、灵敏度、迟滞、重复性、漂移等。

(3)检测就是对系统中各被测对象的信息进行提取、转换以及处理，即利用各种物理效应，将物质世界的有关信息通过检查与测量的方法赋予定性或定量结果的过程。检测技术是以研究检测与控制系统中信息的提取、转换以及处理的理论和技术为主要内容的一门应用技术科学。

(4)检测系统就是由传感器、数据处理环节、数据传输环节以及显示记录环节等组合在一起构成的一个有机整体。检测系统按信号在系统中的传递情况可以分为开环检测系统和闭环检测系统。

(5)检测的方法有多种，在实际应用中应该从被测量本身的特点、检测所要求的精确度、灵敏度、检测环境等多方面因素综合考虑。

(6)按误差的性质不同可将其分为系统误差、随机误差和粗大误差三类，三类误差各有自己不同的性质和特点，合理地认识和区分误差是为消除误差做准备。为得到精确的测量结果，需对测量数据进行处理，测量数据需经过系统误差和粗大误差的发现和消除，以及正态性检验后才能对其随机误差进行处理并得到可信的测量结果。

(7)测量不确定度的目的是合理地给出测量结果的可信。1.4节介绍了测量不确定度的概念，包括测量不确定度的分类，以及各类不确定度的评定方法，最后给出了一个数据处理的具体例子。

习题与思考题

1-1 什么是传感器？在自动测控系统中起什么作用？

1-2 传感器一般由哪几部分组成？

1-3 传感器的静态性能指标有哪些？单位阶跃响应性能指标有哪些？

1-4 什么是传感器的标定？标定的基本方法是什么？

1-5 开环检测系统和闭环检测系统各有哪些特点？

1-6 误差是如何分类的，误差的表示方法有哪些？

1-7 简述误差的处理方法。

1-8 试比较下列测量的优劣：

(1) $x_1 = (65.98 \pm 0.02)\,\text{mm}$；

(2) $x_2 = (0.488 \pm 0.004)\,\text{mm}$；

(3) $x_3 = (0.0098 \pm 0.0012)\,\text{mm}$；

(4) $x_4 = (1.98 \pm 0.04)\,\text{mm}$。

1-9 如果被测电压的实际值为 10V，现有 15V、2.5 级和 150V、0.5 级的两只电压表，选择哪一只误差较小？为什么？

1-10 测量准确度的定义是什么？测量不确定度的定义是什么？两者有何区别？

1-11 什么是系统误差？可以采用哪些方法发现和消除系统误差？

1-12 对某温度进行 14 次等精度测量，所得数据为 10.02、10.01、9.98、10.03、9.97、10.02、9.99、10.01、10.03、9.97、10.01、10.02、9.99、9.98，测量数据服从正态分布，测量的系统误差为 1%，均匀分布，试求测量结果及 $k=2$ 时的测量不确定度。

第2章 信号变换与处理电路

传感器是将输入量转变成电量或电信号输出的元件。典型的电量或电信号主要有电压、电流、电荷、电阻、电容和电感等。传感器输出的信号，一般具有如下特点：

(1)多数是模拟信号；

(2)信号一般较微弱，如电压信号为μV～mV级，电流信号为nA～mA级；

(3)由于传感器内部噪声的存在，当传感器的信噪比低、输出信号微弱时，信号将被淹没在噪声中；

(4)仍有少数传感器的输入输出特性曲线呈非线性或某种函数关系；

(5)外界环境会影响传感器的输出特性，主要有温度、电场、磁场等的干扰；

(6)传感器的输出特性与电源性能有关。

根据上述传感器的输出信号的特点来看，传感器的输出信号一般不能直接用于仪器、仪表显示或作为控制信号用，而往往需要通过专门的电子电路对传感器的输出信号进行加工处理，例如，将微弱的信号放大，用滤波器将噪声滤除，将非线性的特性曲线线性化。本章从信号放大、信号处理、信号转换方面介绍信号变换与处理电路。

2.1 信号放大电路

工程测试中的信号，多为100kHz以下的低频信号。在检测仪器的测量电路中通常都由信号放大级将传感器输出的微弱信号无失真放大，以便进行控制与显示。

2.1.1 基本放大电路

1. 反向比例放大器

简单的反相比例放大器如图2.1所示。在理想运放的情况下，其主要电路公式可归纳如下。

闭环电压增益：
$$A_f = -\frac{R_f}{R_r} \tag{2.1}$$

等效输入电阻：
$$R_{in} = R_r \tag{2.2}$$

输出电阻：
$$R_o = 0 \tag{2.3}$$

闭环带宽：
$$f_{cp} = f_{op} A_0 \frac{R_r}{R_f} \tag{2.4}$$

最佳反馈电阻：
$$R_f = \sqrt{\frac{R_i R_o (1 - A_f)}{2}} \tag{2.5}$$

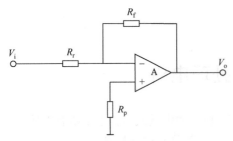

图 2.1　简单的反相比例放大器

平衡电阻：
$$R_p = R_r / / R_f \qquad (2.6)$$

式中，A_0、f_{op}、R_i、R_o 分别为运放本身的开环直流增益、开环带宽、差模输入电阻、输出电阻。

反馈电阻 R_f 不能太大，否则会产生较大的噪声及漂移，一般为几十千欧至几百千欧。R_r 的取值应远大于信号源 U_i 的内阻。

图 2.2 是在图 2.1 基础上附加一个辅助放大器 A′，用它提供的补偿电流减小主放大器 A 从信号源吸取的电流，便可以大幅度地提高主放大器的等效输入阻抗 R_{in}。在 $R' = R_f$，$R'_f = 2R_r$ 情况下，有

$$R_{in} = \frac{V_i}{I_i} = \frac{R_r R}{R - R_r} \qquad (2.7)$$

式 (2.7) 表明：只要 R 稍大于 R_r，就能获得很高的输入阻抗，可高达 100MΩ。但 R 绝对不能小于 R_r，否则等效输入阻抗为负，会产生严重自激。

2. 同相比例放大器

同相比例放大器电路图如图 2.3 所示，在理想运放情况下，其主要电路公式可归纳如下。

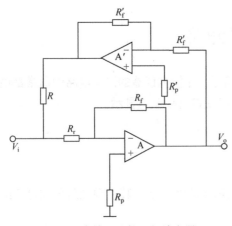

图 2.2　高输入阻抗反相放大器

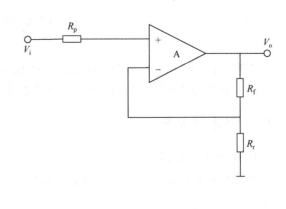

图 2.3　同相比例放大器

闭环增益：
$$A_f = 1 + \frac{R_f}{R_r} \qquad (2.8)$$

等效输入阻抗：
$$R_{in} = \infty \qquad (2.9)$$

输出阻抗：
$$R_o = 0 \qquad (2.10)$$

闭环带宽：
$$f_{cp} = f_{op} R_o / \left(1 + \frac{R_f}{R_r}\right) \qquad (2.11)$$

最佳反馈电阻：
$$R_{\mathrm{f}} = \sqrt{\frac{R_{\mathrm{i}} R_{\mathrm{o}}}{2} A_{\mathrm{f}}}$$
(2.12)

平衡电阻：
$$R_{\mathrm{p}} = R_{\mathrm{f}} // R_{\mathrm{r}}$$

式中，f_{op}、R_{i}、R_{o} 分别为运算放大器本身的开环带宽、差模输入电阻、输出电阻。

同相比例放大器具有输入阻抗非常高、输出阻抗很低的特点，广泛用于前置放大级。

反相与同相比例放大电路是集成运算放大器两种最基本的应用电路，许多集成运放的功能电路都是在反相和同相比例放大电路的基础上组合与演变而来的。

3. 差动比例放大器

简单的差动比例放大器如图 2.4(a)所示。图中 $R_1=R_3=R_{\mathrm{r}}$，$R_2=R_4=R_{\mathrm{f}}$，由理想运放特性可得以下公式。

差模增益：
$$A_{\mathrm{f}} = \frac{V_{\mathrm{o}}}{V_{\mathrm{i2}} - V_{\mathrm{i1}}} = \frac{R_{\mathrm{f}}}{R_{\mathrm{r}}}$$
(2.13)

差模输入阻抗：
$$R_{\mathrm{id}} = 2R_{\mathrm{r}}$$
(2.14)

共模输入阻抗：
$$R_{\mathrm{ic}} = \frac{1}{2}\left(R_{\mathrm{f}} + R_{\mathrm{r}}\right)$$
(2.15)

共模抑制比：
$$K_{\mathrm{CMR}} = \frac{K_{\mathrm{CMR\,R}} K_{\mathrm{CMR\,OP}}}{K_{\mathrm{CMR\,R}} + K_{\mathrm{CMR\,OP}}}$$
(2.16)

式中，$K_{\mathrm{CMR\,OP}}$ 为运放本身有限的共模抑制比；$K_{\mathrm{CMR\,R}}$ 为电阻失配引起的共模抑制比，在电阻失配最严重，即 $R_1=R_{\mathrm{r}}(1+\Delta)$，$R_2=R_{\mathrm{f}}(1-\Delta)$，$R_3=R_{\mathrm{r}}(1-\Delta)$，$R_4 = R_{\mathrm{f}}(1+\Delta)$ 的情况下，达到最小值为

$$K_{\mathrm{CMR\,R}} = \frac{1 + A_{\mathrm{f}}}{4\Delta}$$
(2.17)

式中，Δ 为电阻 R_1-R_4 的公差。

增益可调的差动比例放大器电路图如图 2.4(b)所示，该电路差模增益为

$$A_{\mathrm{f}} = \frac{2R_2}{R_1}\left(1 + \frac{R_2}{R_{\mathrm{p}}}\right)$$
(2.18)

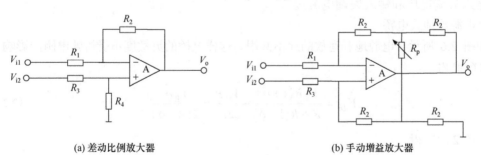

(a) 差动比例放大器　　　　　　　　　　　　　　(b) 手动增益放大器

图 2.4　差动放大器

只要改变 R_p 就可改变电路增益，且不破坏原有的共模抑制比。但由于 R_p 与增益之间的非线性函数关系，因此其仅用于调整范围小于 10% 的场合。

差动放大器具有双端输入单端输出、共模抑制比较高的特点，通常用作传感放大器或测量仪器的前端放大器。

4. 电桥放大器

在非电量测量仪器中经常采用电阻传感器，通过对电阻传感器中电阻的相对变化的测量来检测一些非电量。电阻传感器都是通过电桥的连接方式，将被测非电量转换成电压或电流信号，并用放大器进一步放大。这种由电阻传感器电桥和运放组成的运放电路被称为电桥放大器，是非电量测试系统中常见的一种放大电路。

1) 电源接地式电桥

如图 2.5 所示，电桥电源与放大器共地，电阻传感器接入电桥一臂，其相对变化量为

$$\delta = \frac{\Delta R}{R} \tag{2.19}$$

式中，$R + \Delta R = R(1 + \delta)$，当 $R_f \gg R$ 时，图 2.5 电路的输出为

$$V_o = \frac{V_R}{4}\delta\left(1 + \frac{2R_f}{R}\right)\Big/\left(1 + \frac{\delta}{2}\right) \tag{2.20}$$

当 $\delta \ll 2$ 时

$$V_o \approx \frac{V_R}{2}\frac{R_f}{R}\delta \tag{2.21}$$

从式 (2.21) 可看出，输出电压 V_o 与相对变量 δ 成正比。

这个电路的缺点是灵敏度与桥臂电阻 R 有关，要求运放共模抑制比高，否则共模输入电压 $\frac{V_R}{2}$ 引起的输出误差为 $\Delta V_o = \frac{V_R}{2}\frac{1}{K_{CMR}}$；还要求运放失调小，否则因运放失调引起的输出偏差为 $\Delta V_o = \frac{2R_f + R}{R}V_{OS} + R_f I_{OS}$（$V_{OS}$、$I_{OS}$ 分别为运放的输入失调电压和输入失调电流）。

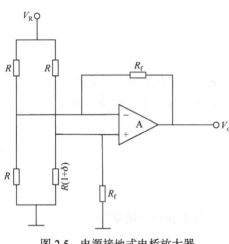

图 2.5　电源接地式电桥放大器

2) 电源浮地式电桥

如图 2.6 所示，电源地和运放的地不共用。这样电桥的灵敏度不受桥臂电阻的影响。由图 2.6(a) 得

$$V_{AB} = \frac{V_R R(1 + \delta)}{R + R(1 + \delta)} - \frac{V_R R}{2R} = \frac{V_R \delta}{2(2 + \delta)} \tag{2.22}$$

由图 2.6(b) 得

$$V_A = V_{AB} = V_o \frac{R_l}{R_f + R_l}$$

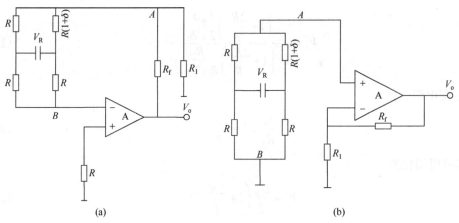

(a)   (b)

图 2.6　电源浮地式电桥放大器

当 $\delta \ll 2$ 时，解之得

$$V_o = \frac{V_R}{4}\left(1+\frac{R_f}{R_1}\right)\delta \bigg/ \left(1+\delta/2\right) \approx \frac{V_R}{4}\left(1+\frac{R_f}{R_1}\right)\delta \tag{2.23}$$

由此可见，输出电压与电桥电阻 R 无关，灵敏度不受电桥电阻 R 的影响。

5. 线性放大器

前述的电桥放大器中，只有当 δ 很小时，V_o 与 δ 才呈线性关系，当 δ 很大时，非线性特性会给实际测量带来不便。图 2.7 采用负反馈技术，能使 δ 在很大范围内变化时，电路输出电压的非线性偏差保持在 0.1%以内。

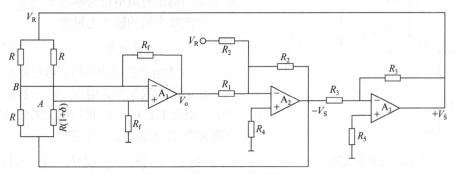

图 2.7　线性放大式电桥放大器

图 2.7 实际上是在图 2.5 电路后增加一级求和电路 A_2 和一级反相电路 A_3 构成的，电桥电源电压为 $2V_S$，代入图 2.5 电路公式(2.20)可得

$$V_o = \frac{2V_S}{4}\delta\left(1+\frac{2R_f}{R}\right)\bigg/\left(1+\frac{\delta}{2}\right) \tag{2.24}$$

求和电路输出为

$$-V_S = -\left(\frac{V_o}{R_1}+\frac{V_R}{R_2}\right)R_2 \tag{2.25}$$

由式(2.24)和式(2.25)可求得

$$V_o = \frac{\left(1 + \dfrac{2R_f}{R}\right)\dfrac{V_R \delta}{2+\delta}}{1 - \left(1 + \dfrac{2R_f}{R}\right)\dfrac{R_2 \delta}{R_1(2+\delta)}} \tag{2.26}$$

若精确选配电阻，使

$$\frac{R_1}{R_2} = 1 + \frac{2R_f}{R} \tag{2.27}$$

则式(2.26)可简化为

$$V_o = \frac{U_R}{2}\left(1 + \frac{2R_f}{R}\right)\delta \tag{2.28}$$

由式(2.28)可见，式(2.27)满足时，V_o 与 δ 呈线性关系。

6. 交流放大器

若只需要放大交流信号，可采用如图 2.8 所示的集成运放交流电压同相放大器(或交流电压放大器)。其中，电容 C_1、C_2 及 C_3 为隔直电容，因此交流电压放大器无直流增益，其交流电压放大倍数为

$$A_U = 1 + \frac{R_f}{R_1} \tag{2.29}$$

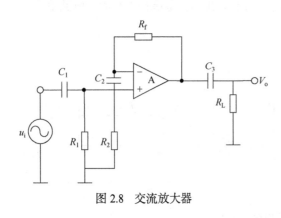

图 2.8 交流放大器

其中，电阻 R_1 接地是为了保证输入为零时，放大器的输出直流电位为零。

交流放大器的输入电阻为

$$R_i = R_1 \tag{2.30}$$

R_1 太大会产生噪声电压，影响输出；R_1 太小将影响前级信号源输出。R_1 一般取几十千欧。耦合电容 C_1、C_3 可根据交流放大器的下限频率 f_L 来确定，一般取

$$C_1 = C_3 = (3 \sim 10)/(2\pi R_L f_L) \tag{2.31}$$

一般情况下，集成运放交流电压放大器只放大交流信号，输出信号受运放本身的失调影响较小，因此不需要调零。

2.1.2 测量放大电路

在精密测量和控制系统中，需要把传感器输出的电信号在共模条件下按一定的倍数精确地放大，这些电信号往往是微弱的差值信号，这就要求放大电路具有很高的共模抑制比、极大的输入电阻、放大倍数能在大范围内可调，且误差小、稳定性好，这样的放大电路称为测量放大电路，又称为精密放大电路或仪用放大电路。典型的测量放大电路如图 2.9 所示，图中所有电阻均采用精密电阻。

1. 电路结构与特性

如图 2.9 所示是由三个运算放大器组成的测量放大电路，其中 A_1、A_2 为两个性能一致（主要指输入阻抗、共模抑制比和开环增益）的通用集成运放，工作于同相放大方式，构成第一级放大电路；差动放大器 A_3 构成第二级放大电路，进一步抑制 A_1、A_2 的共模信号。为提高电路的抗共模干扰能力和抑制漂移的影响，应使电路上下对称，即取 $R_1=R_2$，$R_4=R_6$，$R_5=R_7$。若 A_1、A_2、A_3 都是理想运放，则 $V_1=V_4$，$V_2=V_5$，故有

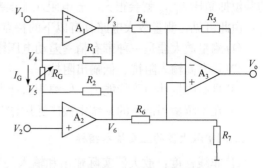

图 2.9　三个运算放大器组成的测量放大电路

$$V_3 = V_1 + \frac{V_1 - V_2}{R_{\mathrm{G}}} R_1 \tag{2.32}$$

$$V_6 = V_2 - \frac{V_1 - V_2}{R_{\mathrm{G}}} R_2 \tag{2.33}$$

由式 (2.32) 和式 (2.33) 可得

$$\frac{1}{2}(V_3 + V_6) = \frac{1}{2}(V_1 + V_2) \tag{2.34}$$

第一级增益：
$$A_{\mathrm{f1}} = \frac{V_3 - V_6}{V_1 - V_2} = 1 + \frac{R_1 + R_2}{R_{\mathrm{G}}} = 1 + \frac{2R_1}{R_{\mathrm{G}}} \tag{2.35}$$

第二级增益：
$$A_{\mathrm{f2}} = -R_5/R_4 \tag{2.36}$$

总增益：
$$A_{\mathrm{f}} = \frac{V_{\mathrm{o}}}{V_1 - V_2} = -\left(1 + \frac{2R_1}{R_{\mathrm{G}}}\right)\frac{R_5}{R_4} \tag{2.37}$$

调节 R_{G} 就可方便地改变放大倍数，且 R_{G} 接在运放 A_1、A_2 的反相输入端之间，它的阻值改变不会影响电路的对称性。整个放大器的共模抑制比为

$$K_{\mathrm{CMR}} = \frac{A_{\mathrm{f1}}K_{\mathrm{CMR\,II}} \cdot K_{\mathrm{CMR\,I}}}{A_{\mathrm{f1}}K_{\mathrm{CMR\,II}} + K_{\mathrm{CMR\,I}}} \tag{2.38}$$

式中，$K_{\mathrm{CMR\,I}}$ 为第一级共模抑制比；$K_{\mathrm{CMR\,II}}$ 为第二级共模抑制比。

当 $K_{\mathrm{CMR\,I}} \gg A_{\mathrm{f1}} \cdot K_{\mathrm{CMR\,II}}$ 时

$$K_{\mathrm{CMR}} \approx A_{\mathrm{f1}} \cdot K_{\mathrm{CMR\,II}} \tag{2.39}$$

由式 (2.39) 可见，图 2.9 的测量放大器比图 2.4(a) 差动比例放大器的共模抑制比提高 A_{f1} 倍。一般测量放大器取第一级增益 A_{f1}，即整个放大器的增益 A_{f}，第二级的增益 $A_{\mathrm{f2}}=1$，则该电路具有很高的共模抑制比。

实际上，只要 A_3 的两输入端所接的电阻对称，V_3 和 V_6 共模成分则可互相抵消。如果运放本身共模抑制比不是很大，只要 A_1、A_2 对称性好，各电阻阻值匹配精度高，整个电路

的共模抑制比 K_{CMR} 就会很大。若电阻匹配误差为 $\pm0.001\%$，K_{CMR} 可达 100dB。

由此可见，测量放大电路具有以下的特点：

(1)测量放大器是一种带有精密差动电压增益的器件；

(2)具有高输入阻抗、低输出阻抗；

(3)具有强抗共模干扰能力、低温漂、低失调电压和高稳定增益特点；

(4)在检测微弱信号的系统中被广泛用作前置放大器。

2. 测量放大器的主要技术指标

(1)非线性度：放大器实际输出和输入关系曲线与理想直线的偏差。如果当增益为 1 时，一个 12 位 A/D 转换器有 0.025% 的非线性偏差，那么当增益为 500 时，其非线性偏差可达到 0.1%，相当于把 12 位 A/D 转换器变成 10 位以下的转换器，因此在选择测量放大器时，要选择非线性度偏差小于 0.024% 的测量放大器。

(2)温漂：测量放大器输出电压随温度变化而变化的程度。一般为 $1\sim50\mu V/^\circ\!C$，与测量放大器的增益有关。

例如，一个温漂为 $2\mu V/^\circ\!C$ 的测量放大器，当其增益为 1000 时，测量放大器的输出电压产生约 20mV 的变化。这个数字相当于满量程为 10V 的 12 位 A/D 转换器的 8 个 LSB。

选择测量放大器时，要根据所选 A/D 转换器的绝对精度选择测量放大器。

(3)建立时间：从阶跃信号驱动瞬间至测量放大器输出电压达到并保持在给定误差范围内所需的时间，随增益的增加而上升。当增益＞200 时，为达到误差范围 0.01%，要求建立时间为 $50\sim100\mu s$，有时甚至要求建立时间高达 $350\mu s$。在更宽增益区间采用程序编程的放大器，以满足精度的要求。

(4)恢复时间：放大器撤除驱动信号瞬间至放大器由饱和状态恢复到最终值所需的时间。放大器的建立时间和恢复时间直接影响数据采集系统的采样速率。

(5)电源引起的失调：指电源电压每变化 1%，引起放大器的漂移电压值。

(6)共模抑制比：当放大器两个输入端具有等量电压变化值 U_1 时，在放大器输出端测量出电压变化值 U_{CM}，则共模抑制比 K_{CM} 为

$$K_{CMR} = 20\lg\frac{U_{CM}}{U_1} \tag{2.40}$$

测量放大电路应用非常广泛，目前已有单片集成芯片产品，如 AD521、AD522、AD612、AD614、AD524、AMP-02、AMP-03、INA102、LH0036、LH0038 等，增益可调范围为 $1\sim1000$，输入电阻高达 10^8 数量级，共模抑制比为 10^5。

2.2 信号处理电路

2.2.1 采样保持

在 A/D 转换器进行采样期间，保持被转换输入信号不变的电路称为采样保持电路。采样保持器是指在逻辑电平的控制下处于"采样"或"保持"两种工作状态的电路，在采样状态下，电路的输出跟踪输入模拟信号，在保持状态下，电路的输出保持着前一次采样

结束时刻的瞬时输入模拟信号，直到进入下一次采样状态为止，相当于一个"模拟信号存储器"。

A/D 转换器完成一次转换所需的时间称为转换时间，不同 A/D 转换芯片，其转换时间各异，对于连续变化较快的模拟信号，如果不采取采样保持措施，将会引起转换误差；慢速变化的模拟信号，在 A/D 转换系统中，不必采用采样保持电路，而且不会影响 A/D 转换的精度。

1. 采样保持器的工作原理

采样保持器是一种具有信号输入、信号输出以及由外部指令控制的模拟门电路。它主要由模拟开关 K、电容 C_H 和缓冲放大器 A 组成，它的一般结构形式如图 2.10 所示。

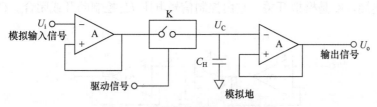

图 2.10　采样保持器的一般结构图

如图 2.11 所示，在 t_1 时刻前，控制电路的驱动信号为高电平，模拟开关 K 闭合，模拟输入信号 U_i 通过模拟开关 K 加到电容 C_H 上，使得电容 C_H 端电压 U_C 跟随模拟输入信号 U_i 的变化而变化，这个时期称为跟踪(或采样)期。在 t_1 时刻，驱动信号为低电平，模拟开关 K 断开，此时电容 C_H 上的电压 U_C 保持模拟开关断开瞬间的电压值不变并等待 A/D 转

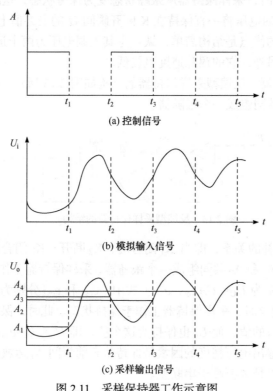

(a) 控制信号

(b) 模拟输入信号

(c) 采样输出信号

图 2.11　采样保持器工作示意图

换器转换，这个时期称为保持期。在 t_2 时刻，保持结束，新的跟踪(采样)时刻到来，此时驱动信号又为高电平，模拟开关 K 重新闭合，电容 C_H 端电压 U_C 又跟随模拟输入信号 U_i 的变化而变化，直到 t_3 时刻驱动信号为低电平时，模拟开关 K 断开。

2. 采样保持器的类型和主要性能参数

1)采样保持器的类型

采样保持器可用通用的元件来组合，也可以使用集成式芯片，目前多数是使用集成采样保持器芯片。采样保持器按结构可分为串联型和反馈型。

(1)串联型采样保持器。串联型采样保持器的结构原理如图 2.12 所示，图中 A_1 和 A_2 分别是输入和输出缓冲放大器，用以提高采样保持器的输入阻抗，减小输出阻抗，以便与信号源和负载连接。K 是模拟开关，它由控制信号电压 U_K 控制断开或闭合。C_H 是保持电容器。

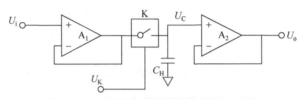

图 2.12　串联型采样保持器的结构原理图

当开关 K 闭合时，采样保持器为跟踪状态。由于 A_1 是高增益放大器，其输出电阻和开关 K 的导通电阻 R_{ON} 很小，输入信号 U_i 通过 A_1 对 C_H 的充电速度很快，C_H 的电压将跟踪 U_i 的变化。当 K 断开时，采样保持器从跟踪状态变为保持状态，这时 C_H 没有充放电回路，在理想情况下，C_H 的电压将一直保持在 K 断开瞬间 U_i 的最终值上。

串联型采样保持器的优点是结构简单，缺点是其失调电压为两个运放失调电压之和，比较大，影响其精度。另外，它的跟踪速度也较低。

(2)反馈型采样保持器。反馈型采样保持器的结构如图 2.13 所示。其输出电压 U_o 反馈到输入端，使 A_1 和 A_2 共同组成一个跟随器。

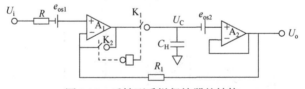

图 2.13　反馈型采样保持器的结构

开关 K_1 和 K_2 有互补的关系，即当 K_1 闭合时，K_2 断开；K_2 闭合时，K_1 断开。当 K_1 闭合，K_2 断开时，运放 A_1 和 A_2 共同组成一个跟随器，采样保持器工作于跟踪状态。此时，保持电容 C_H 的端电压 U_C 为 $U_C \approx U_i + e_{os1} - e_{os2}$。式中，$e_{os1}$ 和 e_{os2} 分别为运放 A_1、A_2 的失调电压。当 K_1 断开，K_2 闭合时，采样保持器工作于保持状态。此时，保持电容 C_H 的端电压 U_C 保持为 K_1 断开瞬间 U_i 的值，使 U_o 也保持为这个值，即 $U_C \approx U_i + e_{os2} \approx U_i + e_{os1}$。

在保持状态，影响输出电压精度的因素是保持状态前瞬间 A_1 运放的失调电压。所以，这种类型的采样保持器的精度要高于串联型。

反馈型采样保持器的跟踪速度也较快，因为它是全反馈，直接把输出 U_o 与输入 U_i 比较，如果 $U_o \neq U_i$，则其差被 A_1 放大，迅速对 C_H 充电。

2）采样保持器的主要性能参数

（1）孔径时间 t_{AP}。t_{AP} 是指保持指令给出瞬间到模拟开关有效切断所经历的时间。

在采样保持器中，由于模拟开关从闭合到完全断开需要一定时间，当接到保持指令时，采样保持器的输出并不保持在指令发出瞬时的输入值上，而会跟着输入变化一段时间。

由于孔径时间的存在，采样保持器实际保持的输出值与希望的输出值之间存在一定误差，该误差称为孔径误差。如果保持指令与 A/D 转换命令同时发出，则因有孔径时间的存在，所转换的值将不是保持值，而是在 t_{AP} 时间内一个变化着的信号，这将影响转换精度。

（2）孔径不定 ΔT_{ap}。ΔT_{ap} 是指孔径时间的变化范围。

孔径时间只是使采样时刻延迟，如果每次采样的延迟时间都相同，则对总的采样结果的精确性不会有影响。但若孔径时间在变化，则就会对精度有影响。如果改变保持指令发出的时间，可将孔径时间消除。因此，仅需考虑 ΔT_{ap} 对精度及采样频率的影响。

（3）捕捉时间 t_{AC}。t_{AC} 是指当采样保持器从保持状态转到跟踪状态时，采样保持器的输出从保持状态的值变到当前输入值所需的时间。它包括逻辑输入开关的动作时间、保持电容的充电时间和放大器的设定时间等。

捕捉时间不影响采样精度，但对采样频率的提高有影响。如果采样保持器在保持状态时的输出为-FSR，而在保持状态结束时输入已变至+FSR，则从保持状态转至跟踪状态，采样保持器所需的捕捉时间最长，产品手册上给出的 t_{AC} 就是指这种状态的值。

（4）保持电压的下降率 $\dfrac{\Delta U}{\Delta T}$。当采样保持器处在保持状态时，由于保持电容器 C_H 的漏电流使保持电压值下降，下降值随保持时间增大而增加，因此，往往用保持电压的下降率来表示，即

$$\Delta U / \Delta T(\mathrm{V}/\mathrm{s}) = I_{PA} C_H(\mathrm{pF}) \tag{2.41}$$

式中，I_{PA} 为保持电容 C_H 的漏电流。

3. 系统采集速度与采样保持系统的关系

在数据采集系统中，直接用 A/D 转换器对模拟信号进行转换时，应该考虑到任何一种 A/D 转换器都需要一定转换时间来完成量化和编码等过程。A/D 转换器的转换时间取决于转换的位数、转换的方法、采用的器件等因素。如果在转换时间 t_{CONV} 内，输入的模拟信号仍在变化，此时进行量化必然会产生一定的误差。

一个 n 位的 A/D 转换器能表示的最大数字是 2^n，设它的满量程电压为 FSR，则它的"量化单位"或最小有效位 LSB 所代表的电压 $U_I = \mathrm{FSR}/2^n$。如果在转换时间 t_{CONV} 内，正弦信号电压的最大变化不超过 1 LSB 所代表的电压，则在 $U_m = \mathrm{FSR}$ 条件下，数据采集系统可采集的最高信号频率为

$$f_{max} = \frac{1}{2^n \pi t_{CONV}} \tag{2.42}$$

若允许正弦信号变化为 LSB/2，则系统可采集的最高信号频率为

$$f_{\max} = \frac{1}{2^{n+1} \pi t_{\text{CONV}}}$$

(2.43)

4. 采样保持器集成芯片

目前，采样保持器大多数是集成在一块芯片上，芯片内不包含保持电容器，保持电容器由用户根据需要自选并外接在芯片上。常用的集成采样保持器有多种，如 AD582、LF398 等。

2.2.2　滤波电路

非电量经传感器转换成的电信号或其他被测电信号，一般都混杂有不同频率成分的干扰。严重情况下，这种干扰信号会淹没待提取的有用信号，因此需要有一种电路能选出有用的频率信号，抑制干扰。具有这种功能的电路称为频率滤波电路，简称滤波器。

1. 滤波器的分类

滤波器的种类繁多，根据滤波器的选频作用，一般将滤波器分为四类，即低通、高通、带通和带阻滤波器；根据构成滤波器的元件类型，可分为 RC、LC 或晶体谐振滤波器；根据构成滤波器的电路性质，可分为有源滤波器和无源滤波器；根据滤波器所处理的信号性质，分为模拟滤波器和数字滤波器。

1）低通滤波器

如图 2.14（a）所示，在 $0 \sim f_2$ 频率范围内，幅频特性平直，它可以使信号中低于 f_2 的频率成分几乎无衰减地通过，而高于 f_2 的频率成分被极大衰减。

2）高通滤波器

如图 2.14（b）所示，与低通滤波相反，从频率 $f_1 \sim \infty$，其幅频特性平直。它使信号中高于 f_1 的频率成分几乎无衰减地通过，而低于 f_1 的频率成分将被极大衰减。

3）带通滤波器

如图 2.14（c）所示，它的通频带为 $f_1 \sim f_2$。它使信号中高于 f_1 而低于 f_2 的频率成分几乎

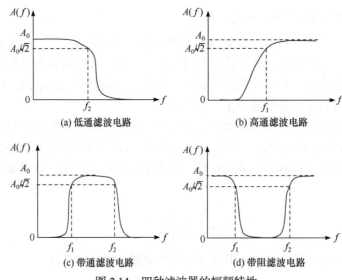

图 2.14　四种滤波器的幅频特性

无衰减地通过，而其他成分被衰减。

4）带阻滤波器

与带通滤波器相反，阻带为f_1～f_2。它使信号中高于f_1而低于f_2的频率成分衰减，其余频率成分的信号几乎无衰减地通过，如图2.14(d)所示。

低通滤波器和高通滤波器是滤波器的两种最基本的形式，低通滤波器与高通滤波器的串联为带通滤波器，低通滤波器与高通滤波器的并联为带阻滤波器。

四种滤波器在通带与阻带之间都存在一个过渡带，其幅频特性是一条斜线，在此频带内，信号受到不同程度的衰减。这个过渡带是滤波器所不希望的，但也是不可避免的。

2. 理想滤波器

理想滤波器是一个理想化的模型，在物理上是不能实现的，对其进行深入了解对掌握滤波器的特性是十分有帮助的。

根据线性系统的不失真测试条件，理想测量系统的频率响应函数是

$$H(f) = \begin{cases} A_0 e^{-j2\pi f t_0} \\ 0 \end{cases} \tag{2.44}$$

式中，A_0、t_0都是常数。若滤波器的频率响应满足下列条件：

$$H(f) = \begin{cases} A_0 e^{-j2\pi f t_u}, & |f| < f_c \\ 0, & \text{其他} \end{cases} \tag{2.45}$$

则称为理想低通滤波器。图2.15(a)为理想低通滤波器的幅频、相频特性图，图中频域图形以双边对称形式画出，相频图中直线斜率为$-2\pi t_0$。

这种在频域为矩形窗函数的"理想"低通滤波器的时域脉冲响应函数是sinc函数。如果没有相角滞后，即$t_0=0$，则

$$h(t) = 2Af_0 \frac{\sin(2\pi f_c t)}{2\pi f_c t} \tag{2.46}$$

其图形如图2.15(b)所示。$h(t)$具有对称图形，时间t的范围为$-\infty$～∞。

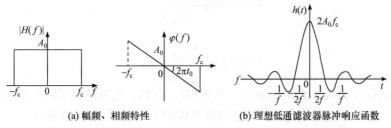

(a) 幅频、相频特性   (b) 理想低通滤波器脉冲响应函数

图2.15 理想低通滤波器幅频、相频特性与脉冲响应函数

3. 实际滤波器

理想滤波器是不存在的，在实际滤波器的幅频特性图中，通带和阻带之间没有严格的界限。在通带和阻带之间存在一个过渡带。在过渡带内的频率成分不会被完全抑制，只会受到不同程度的衰减。当然，希望过渡带越窄越好，也就是希望对通带外的频率成分衰减得越快、越多越好。因此，在设计实际滤波器时，总是通过各种方法使其尽量逼近理想滤

波器。

1)滤波器的基本参数

与理想滤波器相比，实际滤波器需要用更多的概念和参数来描述。主要参数有纹波幅度、截止频率、带宽、品质因数以及倍频程选择性等。图 2.16 所示是一个典型的实际带通滤波器。

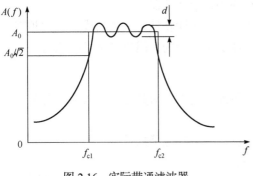

图 2.16　实际带通滤波器

（1）纹波幅度。在一定频率范围内，实际滤波器的幅频特性可能呈波纹变化，其波动幅度 d 与幅频特性的平均值 A_0 相比，越小越好，一般应远小于-3dB。

（2）截止频率 f_c。幅频特性值等于 $A_0/\sqrt{2}$ 所对应的频率称为滤波器的截止频率。以 A_0 为参考值，$A_0/\sqrt{2}$ 对应于-3dB 点，即相对于 A_0 衰减 3dB。若以信号的幅值平方表示信号功率，则所对应的点正好是半功率点。

（3）带宽 B 和品质因数 Q。上下两截止频率之间的频率范围称为滤波器带宽或-3dB 带宽，单位为 Hz。带宽决定着滤波器分离信号中相邻频率成分的能力——频率分辨率。对于带通滤波器，通常把中心频率 f_0（$f_0=\sqrt{f_{c1}\cdot f_{c2}}$）和带宽 B 之比称为滤波器的品质因数 Q。例如，一个中心频率为 500Hz 的滤波器，若其中-3dB 带宽为 10Hz，则称其 Q 值为 50。Q 值越大，表明滤波器频率分辨率越高。

（4）倍频程选择性 W。在两截止频率外侧，实际滤波器有一个过渡带，这个过渡带的幅频曲线倾斜程度表明了幅频特性衰减的快慢，它决定着滤波器对带宽外频率成分衰阻的能力，通常用倍频程选择性来表征。倍频程选择性是指在上截止频率 f_{c2} 与 $2f_{c2}$ 之间，或者在下截止频率 f_{c1} 与 $f_{c1}/2$ 之间幅频特性的衰减值，即频率变化一个倍频程时的衰减量，表示为

$$W=-20\lg\frac{A(2f_{c2})}{A(f_{c2})} \tag{2.47}$$

或

$$W=-20\lg\frac{A\left(\dfrac{f_{c1}}{2}\right)}{A(f_{c1})} \tag{2.48}$$

倍频程衰减量以 dB/oct 表示（octave，倍频程）。显然，衰减越快（即 W 值越大），滤波器的选择性越好。对于远离截止频率的衰减率也可用 10 倍频程衰减数表示。

2)无源 RC 滤波器

无源 RC 滤波器电路简单，抗干扰性强，有较好的低频性能，并且选用标准阻容元件也容易实现，因此检测系统中有较多的应用。

（1）一阶 RC 低通滤波器。RC 低通滤波器的典型电路及其幅频、相频特性如图 2.17 所示。设滤波器的输入信号电压为 u_i，输出信号电压为 u_o，电路的微分方程为

$$RC\frac{\mathrm{d}u_o}{\mathrm{d}t}+u_o=u_i \tag{2.49}$$

令 $\tau = RC$，称为时间常数。对式 (2.49) 进行拉普拉斯变换和傅里叶变换，可得频率特性函数：

$$G(j\omega) = \frac{1}{j\omega\tau + 1} \quad (2.50)$$

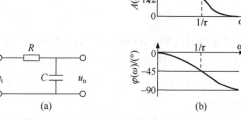

图 2.17　RC 低通滤波器

这是一个典型的一阶系统。当 $\omega \ll 1/\tau$ 时，幅频特性 $A(\omega) = 1$，此时信号几乎不被衰减地通过，并且 $\varphi(\omega)$-ω 的关系为近似于一条通过原点的直线。因此，可以认为，在此种情况下，RC 低通滤波器是一个不失真的传输系统。

当 $\omega = \omega_2 = 1/\tau$ 时，$A(\omega) = 1/\sqrt{2}$，即

$$f_2 = \frac{\omega_2}{2\pi} = \frac{1}{2\pi RC} \quad (2.51)$$

式 (2.51) 表明，RC 值决定着上截止频率。因此，适当改变 RC 数值，就可以改变滤波器的截止频率。

当 $f = \dfrac{1}{2\pi RC}$ 时，输出 u_o 与输入 u_i 的积分成正比，即

$$u_o = \frac{1}{RC} \int u_i \mathrm{d}t \quad (2.52)$$

此时 RC 低通滤波器起着积分器的作用，对高频成分的衰减率为 $-20\mathrm{dB}/10$ 倍频程（或 $-6\mathrm{dB}/$ 倍频程）。如果要增大衰减率，应提高低通滤波器的阶数。

(2) RC 高通滤波器。图 2.18 所示为高通滤波器及其幅频、相频特性。设输入信号电压为 u_i，输出信号电压为 u_o，则微分方程式为

$$u_o + \frac{1}{RC} \int u_o \mathrm{d}t = u_i \quad (2.53)$$

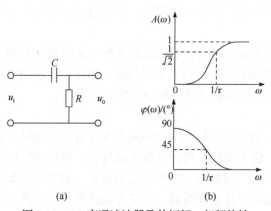

(a) (b)

图 2.18　RC 高通滤波器及其幅频、相频特性

同理，令 $RC = \tau$，频率特性、幅频特性和相频特性分别为

$$G(j\omega) = \frac{j\omega\tau}{1 + j\omega\tau}, \quad A(\omega) = \frac{\omega\tau}{\sqrt{1 + (\omega\tau)^2}}, \quad \varphi(\omega) = \arctan\frac{1}{\omega\tau} \quad (2.54)$$

当 $\omega = 1/\tau$ 时、$A(\omega) = 1/\sqrt{2}$，滤波器的 -3dB 截止频率为

$$f_2 = \frac{1}{2\pi RC} \tag{2.55}$$

当 $\omega \gg 1/\tau$ 时，$A(\omega) \approx 1$，$\varphi(\omega) \approx 0$。即当 ω 相当大时，幅频特性接近 1，相移趋于零，此时 RC 高通滤波器可视为不失真传输系统。

同样可以证明，当 $\omega = 1/\tau$ 时，RC 高通滤波器的输出与输入的微分成正比，起着微分器的作用。

（3）RC 带通滤波器。带通滤波器可以看作低通滤波器和高通滤波器的串联，其电路及其幅频、相频特性如图 2.19 所示。

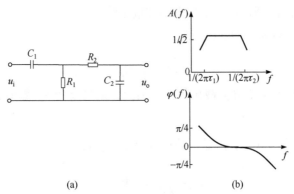

图 2.19 RC 带通滤波器及其幅频、相频特性

其幅频、相频特性为

$$H(s) = H_1(s) H_2(s) \tag{2.56}$$

式中，$H_1(s)$ 为高通滤波器的传递函数；$H_2(s)$ 为低通滤波器的传递函数，有

$$A(f) = \frac{2\pi f \tau_1}{\sqrt{1 + (\tau_1 2\pi f)^2}} \cdot \frac{1}{\sqrt{1 + (\tau_2 2\pi f)^2}} \tag{2.57}$$

这时极低和极高的频率成分都完全被阻挡，不能通过，只有位于频率通带内的信号频率成分能通过。

注意：当高通、低通两级串联时，应消除两级耦合时的相互影响，因为后一级成为前一级的"负载"，而前一级又是后一级的信号源内阻。实际上两级间常用射极输出器或者用运算放大器进行隔离，因此实际的带通滤波器常常是有源的。

3）有源滤波器

（1）一阶有源滤波器。前面所介绍的 RC 调谐式滤波器仅由电阻、电容等无源元件构成，通常称为无源滤波器。一阶无源滤波器过渡带衰减缓慢，选择性不佳，虽然可以通过串联无源的 RC 滤波器提高阶次，增加在过渡带的衰减速度，但受级间耦合的影响，效果是互相削弱的，而且信号的幅值也将逐渐减弱。为了克服这些缺点，需要采用有源滤波器。

有源滤波器由运算放大器和 RC 调谐网络组成，运算放大器是有源器件，既可作为级间隔离，又可起信号放大作用，RC 网络则通常作为运算放大器的负反馈网络，如图 2.20 所示。图 2.20（a）所示为一阶同相有源低通滤波器，它将 RC 无源低通滤波器接到运放的同相输入端，运放起隔离、增益和提高带负载能力的作用。其截止频率 $f_c = \dfrac{1}{2\pi RC}$，放大倍

数 $K = 1 + \dfrac{R_2}{R_1}$。图 2.20(b) 所示为一阶反相有源低通滤波器，它将高通网络作为运算放大器的负反馈，结果得到低通滤波特性，其截止频率 $f_c = \dfrac{1}{2\pi RC}$，放大倍数 $K = \dfrac{R}{R_0}$。

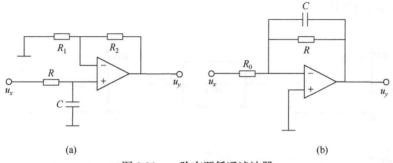

图 2.20　一阶有源低通滤波器

一阶有源滤波器虽然在隔离、增益性能方面优于无源网络，但是它仍存在着过渡带衰减缓慢的严重弱点，所以就需要寻求过渡带更为陡峭的高阶滤波器。

(2) 二阶有源低通滤波器。把较为复杂的 RC 网络与运算放大器组合就可以得到二阶有源滤波器。这种滤波器有多路负反馈型、有限电压放大型和状态变量型等几种类型。

如图 2.21 所示，把滤波网络接在运算放大器的反相输入端，图中 $Y_1 \sim Y_5$ 是各元件的导纳。这是多路负反馈型原型，适当地将 $Y_1 \sim Y_5$ 分别用电阻、电容来代替即可组合出二阶低通、高通、带通和带阻等不同类型的滤波器，如图 2.22 所示为多路负反馈二阶低通滤波器。

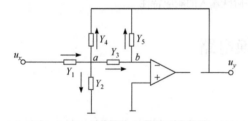

图 2.21　多路负反馈型滤波器

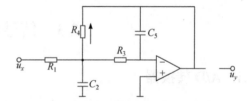

图 2.22　多路负反馈二阶低通滤波器

4. 数字滤波器

数字滤波器是由数字乘法器、加法器和延时单元组成的一种装置。其功能是对输入离散信号的数字代码进行运算处理，以达到改变信号频谱的目的，有低通、高通、带通、带阻和全通等类型，它可以是时不变的或时变的、因果的或非因果的、线性的或非线性的。由于电子计算机技术和大规模集成电路的发展，数字滤波器已可用计算机软件实现，也可用大规模集成数字硬件实时实现。数字滤波器是一个离散时间系统(按预定的算法，将输入离散时间信号转换为所要求的输出离散时间信号的特定功能装置)。

应用数字滤波器处理模拟信号时，首先须对输入模拟信号进行限带、抽样和 A/D 转换。数字滤波器输入信号的抽样率应大于被处理信号带宽的 2 倍，其频率响应具有以抽样频率为间隔的周期重复特性，且以折叠频率即 1/2 抽样频率点呈镜像对称。为得到模拟信号，数字滤波器处理的输出数字信号需经 A/D 转换、平滑。

数字滤波器具有高精度、高可靠性、可程控改变或复用、便于集成等优点，在语言信号处理、图像信号处理、医学生物信号处理以及其他应用领域都得到了广泛应用，其中应用最广泛的是线性、时不变数字滤波器。图 2.23 所示的是模拟滤波与数字滤波这两种滤波器对阶跃输入的响应特性。

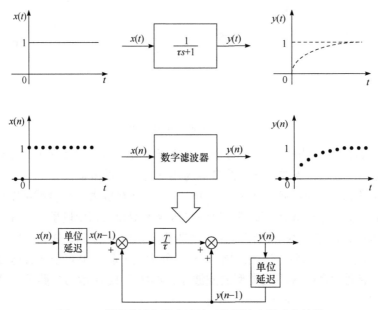

图 2.23　模拟滤波与数字滤波对阶跃输入的响应特性

2.3　信号转换电路

2.3.1　A/D 转换器

在实际的测量和控制系统中检测到的物理量的数值都是随时间变化而变化的，这种连续变化的物理量称为模拟量，与此对应的电信号是模拟电信号。模拟量输入单片机前要进行处理，首先要经过模拟量到数字量的转换，单片机才能接收、处理这些量，实现该功能的就是 A/D 转换器(ADC)。

随着大规模集成电路技术的飞速发展和电子计算机技术在工程领域的广泛应用，为满足各种不同的检测及控制任务的需要，大量结构不同、性能各异的 A/D 转换电路不断产生。目前世界上有多种类型的 ADC，有传统的积分型 ADC、并行 ADC、逐次逼近型 ADC、压频变换型 ADC，也有近年来发展起来的Δ-Σ型和流水线型 ADC，多种类型的 ADC 各有其优缺点并能满足不同的具体要求，低功耗、高速、高分辨率是新型 ADC 的发展方向。

1. A/D 转换的一般步骤

在 A/D 转换器中，因为输入的模拟信号在时间上是连续量，而输出的数字信号代码是离散量，所以进行转换时必须在一系列选定的瞬间(即时间坐标轴上的一些规定点上)对输入的模拟信号采样，然后把这些采样值转换为输出的数字量。A/D 转换过程通常包括采样、保持、量化和编码这四个步骤，如图 2.24 所示。

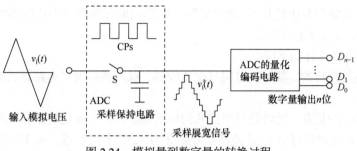

图 2.24　模拟量到数字量的转换过程

2. A/D 转换的工作原理

1)并行比较型 A/D 转换器

3 位并行比较型 A/D 转换电路图如图 2.25 所示，它由电压比较器、寄存器和代码转换器三部分组成。

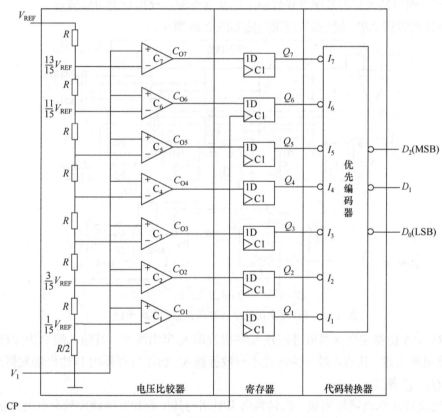

图 2.25　3 位并行比较型 A/D 转换电路图

电压比较器中量化电平是用电阻链把参考电压 V_{REF} 分压，得到 $\frac{1}{15}V_{REF},\frac{3}{15}V_{REF},\cdots,$ $\frac{13}{15}V_{REF}$ 共 7 个比较电平，量化单位 $\Delta=\frac{2}{15}V_{REF}$。然后，把这 7 个比较电平分别接到 7 个比较器 $C_1 \sim C_7$ 的输入端作为比较基准。同时将输入的模拟电压加到每个比较器的另一个输入端上，与这 7 个比较基准进行比较。

并行 A/D 转换器具有如下特点：

(1) 由于转换是并行的，其转换时间只受比较器、触发器和编码电路延迟时间限制，因此转换速度最快。

(2) 随着分辨率的提高，元件数目要按几何级数增加。一个 n 位转换器，所用的比较器个数为 2^n-1，如 8 位的并行 A/D 转换器就需要 $2^8-1=255$ 个比较器。由于位数越多，电路越复杂，因此制成分辨率较高的集成并行 A/D 转换器是比较困难的。

(3) 使用这种含有寄存器的并行 A/D 转换电路时，可以不用附加采样保持电路，因为比较器和寄存器这两部分也兼有采样保持功能。这也是该电路的一个优点。

2) 逐次比较型 A/D 转换器

按照天平称重的思路，逐次比较型 A/D 转换器就是将输入模拟信号与不同的参考电压做多次比较，使转换所得的数字量在数值上逐次逼近输入模拟量的对应值。

4 位逐次比较型 A/D 转换器的逻辑电路如图 2.26 所示。

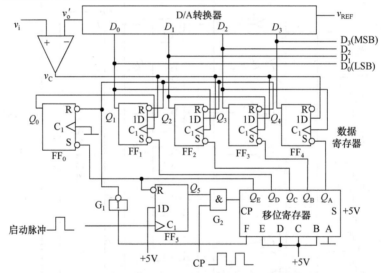

图 2.26　4 位逐次比较型 A/D 转换器的逻辑电路

图 2.26 中 5 位移位寄存器可进行并入/并出或串入/串出操作，其输入端 F 为并行置数使能端，高电平有效。其输入端 S 为高位串行数据输入。数据寄存器由 D 边沿触发器组成，数字量从 $Q_4 \sim Q_1$ 输出。

逐次比较型 A/D 转换器完成一次转换所需时间与其位数和时钟脉冲频率有关，位数越少，时钟频率越高，转换所需时间越短。这种 A/D 转换器具有转换速度快、精度高的特点。

3. A/D 转换器的主要技术指标

性能指标是选用 ADC 芯片型号的依据，也是衡量芯片质量的重要参数。ADC 的性能指标主要有以下几个。

(1)分辨率。

分辨率表示输出数字量变化一个相邻数码所需输入模拟电压的变化量。定义为满刻度电压与 2^n 之比值，其中 n 为 ADC 的位数。

例如，A/D 转换器 A/D574A 的分辨率为 12 位，即该转换器的输出数据可以用 2^{12} 个二进制数进行量化，其分辨率为 1LSB。用百分数来表示分辨率为

$$\frac{1}{2^{12}} \times 100\% = \frac{1}{4096} \times 100\% \approx 0.0244\% \tag{2.58}$$

当转换位数相同，而输入电压的满量程值 V_{FS} 不同时，可分辨的最小电压值不同。例如，分辨率为 12 位，$V_{FS}=5V$ 时，可分辨的最小电压是 1.22mV；而 $V_{FS}=10V$ 时，可分辨的最小电压是 2.44mV，当输入电压的变化低于此值时，转换器不能分辨。例如，4.999～5V 所转换的数字量均为 4095。

输出为 BCD 码的 A/D 转换器一般用位数表示分辨率，例如，MC14433 双积分式 A/D 转换器分辨率为 $3\frac{1}{2}$ 位(或三位半)。满度字位为 1999，用百分数表示分辨率为

$$\frac{1}{1999} \times 100\% \approx 0.05\% \tag{2.59}$$

(2)量化误差。在不计其他误差的情况下，一个分辨率有限的 ADC 的阶梯状转移特性曲线与具有无限分辨率的 ADC 转移特性曲线之间的最大偏差，称为量化误差。

(3)偏移误差。输入信号为零时，输出信号不为零的值称为偏移误差。

(4)满刻度。满刻度误差是指满刻度输出数码所对应的实际输入电压与理想输入电压之差。

(5)线性度。线性度有时又称为非线性度，是指转换器实际的转移函数与理想直线的最大偏移。

(6)绝对精度。在一个变换器中，任何数码所对应的实际模拟电压与其理想的电压值之差并非一个常数，这个差的最大值称为绝对精度。

(7)转换速率。转换速率是指能够重复进行数据转换的速度，即每秒转换的次数。等于完成一次 A/D 转换所需时间的倒数。

不同类型的转换器的转换速率相差甚远。其中并行比较 A/D 转换器转换速度最高，8 位二进制输出的单片集成 A/D 转换器转换时间可达 50ns。逐次比较型 A/D 转换器次之，它们多数转换时间为 10～50μs，也有达几百纳秒的。间接 A/D 转换器的速度最慢，如双积分 A/D 转换器的转换时间大都在几十毫秒至几百毫秒之间。在实际应用中，应从系统数据总的位数、精度要求、输入模拟信号的范围及输入信号极性等方面综合考虑 A/D 转换器的选用。

2.3.2　D/A 转换器

D/A 转换器的内部电路构成无太大差异，一般按输出是电流还是电压、能否做乘法运

算等进行分类。大多数 D/A 转换器由电阻阵列和 n 个电流开关(或电压开关)构成,按数字输入值切换开关,产生与输入成比例的电流(或电压)。此外,也有为了改善精度而把恒流源放入器件内部的。一般说来,由于电流开关的切换误差小,大多采用电流开关型电路,电流开关型电路如果直接输出生成的电流,则为电流输出型 D/A 转换器,电压开关型电路为直接输出电压型 D/A 转换器。

1. D/A 转换器基本原理

D/A 转换器的基本原理是按二进制数各位代码的数值,将每一位数字量转换成相应的模拟量,然后将模拟量叠加,其总和就是与数字量成比例的模拟量。

D/A 转换器就是将二进制数字量转换成与其成比例的模拟电流信号或电压信号的器件。

图 2.27 所示是 D/A 转换器的输入、输出关系框图,$D_0 \sim D_{n-1}$ 是输入的 n 位二进制数,v_o 是与输入二进制数成比例的输出电压。

图 2.28 所示是一个输入为 3 位二进制数时 D/A 转换器的转换特性,它具体而形象地反映了 D/A 转换器的基本功能。

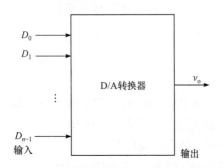

图 2.27　D/A 转换器的输入、输出关系框图

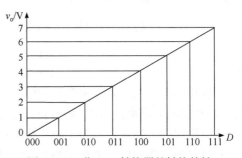

图 2.28　3 位 D/A 转换器的转换特性

2. D/A 转换器的主要技术指标

(1)分辨率。D/A 转换器的分辨率以输入二进制(或十进制)数的位数表示。从理论上讲,n 位输入的 D/A 转换器能区分 2^n 个不同等级的输入数字电压,能区分输入电压的最小值为满量程输入的 $1/2^n$。当最大输入电压一定时,输入位数越多,量化单位越小,分辨率越高。例如,D/A 转换器输入为 8 位二进制数,输入信号电压最大值为 5V,那么这个转换器应能区分输入信号的最小电压为 19.53mV。

(2)精度。精度分为绝对精度和相对精度两种。

相对精度是指绝对精度与额定满量程输出值的比值。相对精度有两种表示方法:一种是用偏差 LSB 来表示;另一种是用该偏差相对满量程的百分数表示。

(3)线性误差。线性误差是指 D/A 转换器芯片的转换特性曲线与理想特性曲线的最大偏差。理想转换特性是在零点及满量程校准以后建立的。

(4)单调性。当输入数码增加时,D/A 转换器输出模拟量也增加或至少保持不变,则称此 D/A 转换器输出具有单调性,否则就是非单调性。

(5)建立时间。建立时间是指 D/A 转换器的输入数码满量程变化(即从全"0"变成全

"1"）时，其输出模拟量值达到正负 LSB/2 范围所需的时间。这个参数反映 D/A 转换器从一个稳态值向另一个稳态值过渡的时间长短。建立时间的长短取决于所采用的电路和使用的元件。

(6)温度系数。在满量程输出条件下，温度每升高 1℃，输出变化的百分数定义为温度系数。

(7)电源抑制比。通常把满量程电压变化的百分数与电源电压变化的百分数之比称为电源抑制比。对于重要的应用，要求开关电路及运算放大器所用的电源电压发生变化时，对 D/A 转换器的输出电压影响极小。

(8)输出电平。不同型号的 D/A 转换器的输出电平相差较大，一般为 5～10V。

(9)输入代码。输入代码有二进制码、BCD 码、双极性时的偏移二进制码、二进制补码等。

(10)输入数字电平。输入数字电平指输入数字电平分别为"1"和"0"时，所对应的输入高低电平的起码数值。

(11)工作温度。由于工作温度对运算放大器和加权电阻网络等产生影响，因此只有在一定的温度范围内才能保证额定精度指标。较好的转换器工作温度范围为–40～85℃，较差的转换器工作温度范围为 0～70℃。

3. D/A 转换器的种类

目前，常见的 DAC 电路一般是由基准电压源、转换网络、模拟开关及运放四部分组成。

根据转换网络的结构不同，可将 DAC 分成权电阻网络、倒 T 形电阻网络、权电容网络及权电流网络四种。权电阻网络各个电阻值相差很大，难以保证它们都有很高的精度，因而在集成 DAC 中较少采用。

按模拟开关的电路形式不同，集成 DAC 可分为 CMOS 开关型和双极开关型两种，后者又有晶体管电流开关型和 ECL 电流开关型之分。当速度要求不同时可选 CMOS 开关型 DAC；当速度要求较高时选用晶体管电流开关型 DAC；当速度要求很高时要选择 ECL 电流开关型 DAC。

1)倒 T 形电阻网络 D/A 转换器

在单片集成 D/A 转换器中，使用最多的是倒 T 形电阻网络 D/A 转换器。4 位倒 T 形电阻网络 D/A 转换器的原理图如图 2.29 所示。

S_0～S_3 为模拟开关，R-$2R$ 电阻解码网络呈倒 T 形，运算放大器 A 构成求和电路。S_i 由输入数码 D_i 控制，当 D_i=1 时，S_i 接运放反相输入端（"虚地"），I 流入求和电路；当 D_i=0 时，S_i 将电阻 $2R$ 接地。

无论模拟开关 S_i 处于何种位置，与 S_i 相连的 $2R$ 电阻均等效接"地"（地或虚地）。这样流经 $2R$ 电阻的电流与开关位置无关，为确定值。

分析 R-$2R$ 电阻解码网络不难发现，从每个接点向左看的二端网络的等效电阻均为 R，流入每个 $2R$ 电阻的电流从高位到低位按 2 的整倍数递减。设由基准电压源提供的总电流为 I(I=V_{REF}/R)，则流过各开关支路(从右到左)的电流分别为 $I/2$、$I/4$、$I/8$ 和 $I/16$。于是可得总电流为

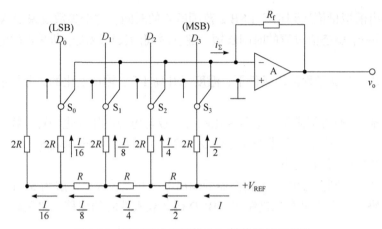

图 2.29 倒 T 形电阻网络 D/A 转换器的原理图

$$i_{\Sigma} = \frac{V_{\text{REF}}}{R}\left(\frac{D_0}{2^4} + \frac{D_1}{2^3} + \frac{D_2}{2^2} + \frac{D_3}{2^1}\right) = \frac{V_{\text{REF}}}{2^4 R}\sum_{i=0}^{3}(D_i \cdot 2^i) \tag{2.60}$$

输出电压为

$$v_{\text{o}} = -i_{\Sigma}R_{\text{f}} = -\frac{R_{\text{f}}}{R} \cdot \frac{V_{\text{REF}}}{2^4}\sum_{i=0}^{3}(D_i 2^i) \tag{2.61}$$

将输入数字量扩展到 n 位，可得 n 位倒 T 形电阻网络 D/A 转换器输出模拟量与输入数字量之间的一般关系式为

$$v_{\text{o}} = -\frac{R_{\text{f}}}{R} \cdot \frac{V_{\text{REF}}}{2^n}\sum_{i=0}^{n-1}(D_i 2^i) \tag{2.62}$$

设 $K = \dfrac{R_{\text{f}}}{R} \cdot \dfrac{V_{\text{REF}}}{2^n}$，$N_{\text{B}}$ 表示括号中的 n 位二进制数，则

$$v_{\text{o}} = -KN_{\text{B}} \tag{2.63}$$

要使 D/A 转换器具有较高的精度，对电路中的参数有以下要求：

(1) 基准电压稳定性好；

(2) 倒 T 形电阻网络中 R 和 $2R$ 电阻的比值精度要高；

(3) 每个模拟开关的开关电压降要相等。为实现电流从高位到低位按 2 的整数倍递减，模拟开关的导通电阻也相应地按 2 的整数倍递增。

由于在倒 T 形电阻网络 D/A 转换器中，各支路电流直接流入运算放大器的输入端，它们之间不存在传输上的时间差。电路的这一特点不仅提高了转换速度，而且也减少了动态过程中输出端可能出现的尖脉冲。它是目前广泛使用的 D/A 转换器中速度较快的一种。常用的 CMOS 开关倒 T 形电阻网络 D/A 转换器的集成电路有 AD7520(10 位)、DAC1210(12位) 和 AK7546(16 位高精度) 等。

2) 权电流网络 D/A 转换器

权电流网络 D/A 转换器的原理电路如图 2.30 所示。各电流源电流的大小依次为前一个电流源的 1/2，和二进制输入代码对应位的权成正比。每一位代码为 1 时，其开关将电流源接至运放的反相输入端；代码为 0 时，其开关将电流源接地。显然，转换网络输出电流为

$$i = \frac{1}{2}D_3 + \frac{1}{4}D_2 + \frac{1}{8}D_1 + \frac{1}{16}D_0 = \frac{1}{2^4}\sum_{i=0}^{3}(D_3 2^i) \qquad (2.64)$$

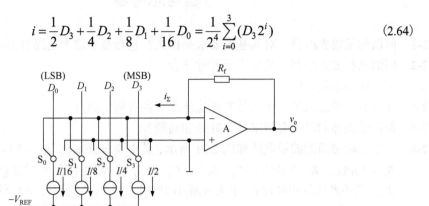

图 2.30　权电流网络 D/A 转换器的原理电路

输出电压为

$$v_\text{o} = \frac{IR_\text{f}}{2^4}\sum_{i=0}^{3}D_i 2^i \qquad (2.65)$$

即输出电压 v_o 与输入数字量成正比，实现了数字到模拟的转换。

权电流网络 D/A 转换器各支路电流叠加方法与传输方式和倒 T 形电阻网络相同，因而也具有转换速度快的特点。此外，各支路电流是恒定不变的，不受模拟开关导通电阻和压降的影响，从而降低了对开关电路的要求。采用这种权电流型 D/A 转换电路生产的单片集成 D/A 转换器有 AD1408、DAC0806、DAC0808 等。

本 章 小 结

本章主要从三个方面介绍信号变换和处理：信号放大、信号处理和信号转换。

(1)有很多种电路可以实现信号的放大，工程测试中所遇到的信号，多为 100kHz 以下的低频信号，在大多数的情况下，都可以用放大器集成芯片来设计放大电路。基本放大电路有比例放大器、电桥放大器、线性放大器、交流放大器等。测量放大电路，又称为精密放大电路或仪用放大电路，它能把来自各种传感器的微弱的差值电信号在共模条件下按一定的倍数精确地放大。

(2)采样保持电路具有采集某一瞬间的模拟输入信号，并根据需要保持并输出采集的电压数值的功能。滤波电路(滤波器)是一种选频装置，可以使信号中特定的频率成分通过，而极大地衰减其他频率成分。通常分为四类：低通、高通、带通和带阻滤波器；或称为 RC、LC 或晶体谐振滤波器；或有源滤波器和无源滤波器；或模拟滤波器和数字滤波器。

(3)在以微型计算机为核心组成的数据采集及控制系统中，必须将传感器输出的模拟信号转换成数字信号，为此要使用模/数转换器(简称 A/D 转换器或 ADC)。相反，经计算机处理后的信号常需反馈给模拟执行机构如执行电动机等，因此还需要数/模转换器(简称 D/A 转换器或 DAC)将数字量转换成相应的模拟信号。

习题与思考题

2-1 何谓测量放大电路？对其基本要求是什么？它与基本放大电路有何不同？

2-2 何谓电桥放大电路？其应用于何种场合？

2-3 采样保持电路有何作用？

2-4 什么是无源滤波器？什么是有源滤波器？各有何优缺点？

2-5 提高滤波器的阶次会带来什么好处和问题？

2-6 一个二阶带通滤波器电路如图 2.31 所示，其中 $R_1 = 56\text{k}\Omega$，$R_2 = 2.7\text{k}\Omega$，$R_3 = 4.7\text{k}\Omega$，$R_0 = 20\text{k}\Omega$，$R = 3.3\text{k}\Omega$，$C_1 = 1\mu\text{F}$，$C_2 = 0.1\mu\text{F}$。求电路品质因数 Q 与通带中心频率 f_0。当外界条件使电容 C_2 增大或减小 1% 时，Q 与 f_0 变为多少？当电阻 R_2 增大或减小 1%，或电阻 R_2 减小 5% 时，Q 与 f_0 变为多少？

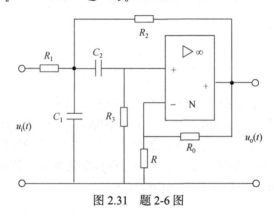

图 2.31　题 2-6 图

2-7 如果要求一个 D/A 转换器能分辨 5mV 的电压，设其满量程电压为 10V，试问其输入端数字量至少要多少位？

2-8 某温度控制装置要求温度上升速度为 5℃/min；温度控制误差＜0.5℃。该电路的 A/D 转换器是否可以采用 14433 组件？简要说明理由。

第3章　电阻应变式传感器

3.1　电阻应变片的工作原理

3.1.1　电阻应变效应

　　金属导体在外力的作用下产生机械变形时，其电阻值会相应地发生变化，这种现象称为电阻应变效应。金属电阻应变片的工作原理就是基于电阻应变效应。对图 3.1 所示的金属电阻丝，在其未受力时，假设其电阻值为

$$R = \frac{\rho l}{A} \qquad (3.1)$$

式中，ρ、l、A 分别为电阻丝的电阻率、长度和截面积。

　　当电阻丝受到轴向的拉力 F 作用时，其将伸长 Δl，横截面积相应减小 ΔA，电阻率因材料晶格发生变形等因素影响而改变了 $\Delta \rho$，从而引起的电阻值相对变化量为

图 3.1　金属电阻丝的应变效应

$$\frac{\Delta R}{R} = \frac{\Delta l}{l} - \frac{\Delta A}{A} + \frac{\Delta \rho}{\rho} \qquad (3.2)$$

以微分表示为

$$\frac{dR}{R} = \frac{dl}{l} - \frac{dA}{A} + \frac{d\rho}{\rho} \qquad (3.3)$$

式中，dl/l 为电阻丝轴向相对变形，或称纵(轴)向应变，用 ε 表示，即

$$\varepsilon = \frac{dl}{l} \qquad (3.4)$$

　　对于圆形截面金属电阻丝，截面积 $A = \pi r^2$，则

$$\frac{dA}{A} = 2\frac{dr}{r} \qquad (3.5)$$

为圆形截面电阻丝的截面积相对变化量。r 为电阻丝的半径，$dA = 2\pi r dr$，则

$$\frac{dr}{r} = \frac{1}{2}\frac{dA}{A} \qquad (3.6)$$

式中，dr/r 为电阻丝径向相对变形，或称横(径)向应变。

　　根据材料的力学性质，在弹性范围内，当金属丝受到轴向的拉力时，其将沿轴向伸长，沿径向缩短。纵向应变和横向应变的关系可以表示为

$$\frac{\mathrm{d}r}{r} = \frac{1}{2}\frac{\mathrm{d}A}{A} = -\mu\frac{\mathrm{d}l}{l} = -\mu\varepsilon \tag{3.7}$$

式中，μ 为电阻丝材料的泊松比，负号表示应变方向相反。

将式(3.4)和式(3.7)代入式(3.3)，可得

$$\frac{\mathrm{d}R}{R} = (1 + 2\mu)\varepsilon + \frac{\mathrm{d}\rho}{\rho} \tag{3.8}$$

通常把单位应变引起的电阻值变化量定义为电阻丝的灵敏系数 K，则

$$K = \frac{\dfrac{\mathrm{d}R}{R}}{\varepsilon} = 1 + 2\mu + \frac{\dfrac{\mathrm{d}\rho}{\rho}}{\varepsilon} \tag{3.9}$$

由式(3.9)可见，电阻丝的灵敏系数 K 受两个因素影响：

(1)应变片受力后材料几何尺寸的变化，即 $1 + 2\mu$。

(2)应变片受力后材料的电阻率发生的变化，即 $(\mathrm{d}\rho/\rho)/\varepsilon$。

实验表明，在电阻丝拉伸极限内，电阻的相对变化与应变成正比，即 K 为常数。

对金属材料来说，电阻丝灵敏系数 K 表达式中 $(\mathrm{d}\rho/\rho)/\varepsilon$ 是很小的，可忽略。则式(3.9)可简化为

$$K = \frac{\dfrac{\mathrm{d}R}{R}}{\varepsilon} = 1 + 2\mu \tag{3.10}$$

3.1.2　压阻效应

当半导体材料受到某一轴向外力作用时，其电阻率 ρ 发生变化的现象称为半导体材料的压阻效应。半导体应变片的工作原理是基于半导体材料的压阻效应。

当半导体应变片受轴向力作用时，其电阻率的相对变化量为

$$\frac{\mathrm{d}\rho}{\rho} = \pi\sigma = \pi E\varepsilon \tag{3.11}$$

式中，π 为半导体材料的压阻系数；σ 为半导体材料所承受的应变力，$\sigma = E\varepsilon$；E 为半导体材料的弹性模量；ε 为半导体材料的轴向应变。

$\mathrm{d}\rho/\rho$ 与半导体敏感元件在轴向所承受的应变力 σ 有关。

所以，半导体应变片电阻值的相对变化量为

$$\frac{\mathrm{d}R}{R} = (1 + 2\mu + \pi E)\varepsilon \tag{3.12}$$

一般情况下，πE 比 $1 + 2\mu$ 大两个数量级(10^2)左右，略去 $1 + 2\mu$，则半导体应变片的灵敏系数近似为

$$K = \frac{\dfrac{\mathrm{d}R}{R}}{\varepsilon} \approx \pi E \tag{3.13}$$

通常，半导体应变片的灵敏系数比金属丝高 50～70 倍。

以上分析表明，金属丝电阻应变片与半导体应变片的主要区别在于：前者利用导体形变引起电阻的变化，后者利用半导体电阻率变化引起电阻的变化。

综上所述，只要测得被测对象某处粘贴的应变片电阻值变化，可直接求得该处的应变，而不是该处的应力、力和位移。只有通过换算和标定，才能得到相应的应力、力和位移量。有关应力-应变的换算关系可参考有关书籍。

3.2 电阻应变片的种类特性

3.2.1 电阻应变片的种类

根据所使用的材料不同，电阻应变片可分为金属电阻应变片和半导体应变片两大类。常用的金属电阻应变片可分为丝式和箔式两种；半导体应变片可分为体型半导体应变片、扩散型半导体应变片、薄膜型半导体应变片、PN 结元件等。其中最常用的是金属箔式应变片、金属丝式应变片和体型半导体应变片。

应变片的核心部分是敏感栅，它粘贴在绝缘的基片上，在基片上再粘贴起保护作用的覆盖层，两端焊接引线，如图 3.2 所示。

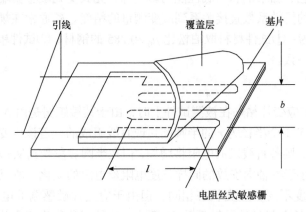

图 3.2 电阻丝应变片

金属丝式应变片的敏感栅由直径为 0.01～0.05mm 的电阻丝平行排列而成。箔式应变片是利用光刻、腐蚀等工艺制成的一种很薄的金属箔栅，其厚度一般为 0.003～0.01mm，可制成各种形状的敏感栅(如应变花)，其优点是表面积和截面积之比大，散热性能好，允许通过的电流较大，可制成各种所需的形状，便于批量生产。覆盖层与基片将敏感栅紧密地粘贴在中间，对敏感栅起几何形状固定和绝缘、保护作用，基片要将被测体的应变准确地传递到敏感栅上，因此它很薄，一般为 0.03～0.06mm，使它与被测体及敏感栅能牢固地黏合在一起，此外它还具有良好的绝缘性能、抗潮性能和耐热性能。基片和覆盖层的材料有胶膜、纸、玻璃纤维布等。图 3.3 所示为几种常用应变片的基本形式。

(a) 箔式应变片   (b) 丝式应变片

图 3.3　常用应变片的基本形式

3.2.2　电阻应变片的主要特性

1. 灵敏系数

灵敏系数的定义：将应变片粘贴于单向应力作用下的试件表面并使敏感栅纵向轴线与应力方向一致时，应变片电阻值的相对变化量 $\Delta R/R$ 与沿应力方向的应变 ε 之比，即

$$K = \frac{\dfrac{\Delta R}{R}}{\varepsilon} \tag{3.14}$$

式中，ε 为应变片的纵向应变。应当指出：应变片的灵敏系数 K 并不等于其敏感栅应变丝的灵敏系数 K_0，一般情况下，$K<K_0$，这是因为，在单向应力产生应变时，K 除受到敏感栅结构形状、成型工艺、黏结剂和基底性能的影响外，尤其受到敏感栅端接圆弧部分横向效应的影响。应变片的灵敏系数直接关系到应变测量的精度。K 通常在规定条件下通过实测来确定。规定条件为：①试件材料取泊松比 $\mu_0 =0.285$ 的钢材；②试件单向受力；③应变片轴向与主应力方向一致。

2. 横向效应

当将图 3.4 所示的应变片粘贴在被测试件上时，由于其敏感栅是由 N 条长度为 l_1 的直线段和直线段端部的 $N-1$ 个半径为 r 的半圆圆弧或直线组成的，若该应变片承受轴向应力而产生纵向拉应变 ε_x，则各直线段的电阻将增加，但在半圆弧段受到从 $+\varepsilon_x$ 到 $-\mu\varepsilon_x$ 变化的应变，其电阻的变化小于沿轴向安放的同样长度电阻丝电阻的变化。所以将直的电阻丝绕成敏感栅后，虽然长度不变，应变状态相同，但由于应变片敏感栅的电阻变化减小，因而其灵敏系数 K 较整长电阻丝的灵敏系数 K_0 要小，这种现象称为应变片的横向效应。为了减小横向效应产生的测量误差，现在一般多采用箔式应变片。

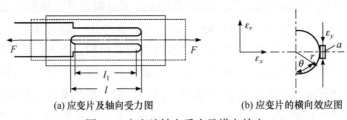

(a) 应变片及轴向受力图   (b) 应变片的横向效应图

图 3.4　应变片轴向受力及横向效应

3. 应变片的电阻值 R_0

应变片未粘贴时，在室温下所测得的电阻值，称为应变片的电阻值 R_0。一般情况下，

R_0 越大，允许的工作电压也越大，有利于灵敏度的提高。R_0 常用的有 60Ω、120Ω、250Ω、350Ω、1000Ω 等，其中以 120Ω 最为常用。

4. 绝缘电阻值

应变片绝缘电阻是指已粘贴的应变片的敏感栅以及引出线与被测件之间的电阻值。绝缘电阻越大越好，通常要求绝缘电阻为 $50\sim100M\Omega$ 以上。绝缘电阻下降将使测量系统的灵敏度降低，使应变片的指示应变产生误差。绝缘电阻的大小取决于黏结剂及基底材料的种类及固化工艺。在常温条件下，要采取必要的防潮措施，而在中温或高温条件下，要注意选取电绝缘性能良好的黏结剂和基底材料。

5. 最大工作电流(允许电流)

最大工作电流是指已安装的应变片允许通过敏感栅而不影响其工作特性的最大电流 I_{max}。工作电流大，输出信号也大，灵敏度越高。但工作电流过大会使应变片过热，灵敏系数产生变化，零漂及蠕变增加，甚至烧毁应变片。工作电流要根据试件的导热性能及敏感栅形状和尺寸来决定。通常静态测量时取 $25mA$ 左右。动态测量或使用箔式应变片时可取 $75\sim100mA$。箔式应变片散热条件好，电流可取得更大一些。在测量塑料、玻璃、陶瓷等导热性差的材料时，电流可取得小一些。最大工作电流与应变片本身、试件、黏结剂以及环境等因素有关。

6. 应变极限

在温度一定时，应变片的指示应变值和真实应变的相对误差不超过 10%，应变片所能达到的最大应变值称为应变极限。

7. 应变片的机械滞后

在温度保持不变的情况下，对粘贴有应变片的试件进行循环加载和卸载，应变片对同一机械应变量的指示应变的最大差值称为应变片的机械滞后。为了减小机械滞后，测量前应该反复多次循环加载和卸载试件。

3.3 电阻应变片的温度误差及其补偿

应变片的敏感栅是由金属或半导体材料制成的，因此工作时既能感受应变，又是温度的敏感元件。因为应变引起的电阻值变化很小，所以要提高测量精度，就必须消除或减小温度的影响。

3.3.1 应变片的温度误差

由测量现场环境温度的改变而给测量带来的附加误差，称为应变片的温度误差。产生应变片温度误差的主要因素有以下两方面。

(1)电阻温度系数的影响。

(2)试件材料和电阻丝材料的线膨胀系数的影响。

3.3.2 电阻应变片的温度补偿方法

电阻应变片的温度补偿方法通常有线路补偿法和应变片自补偿法两大类。

1. 线路补偿法

电桥补偿法是最常用的且效果较好的线路补偿法。电桥补偿法的原理如图 3.5 所示。电桥输出电压 U_o 与桥臂参数的关系为

$$U_o = K_C(R_1R_4 - R_BR_3) \tag{3.15}$$

式中，K_C 为由桥臂电阻和电源电压决定的常数；R_1 为工作应变片；R_B 为补偿应变片。

由式(3.15)可知，当 R_3 和 R_4 为常数时，R_1 和 R_B 对电桥输出电压 U_o 的作用方向相反。利用这一基本关系可实现对温度的补偿。测量应变时，工作应变片 R_1 粘贴在被测试件表面，补偿应变片 R_B 粘贴在与被测试件材料完全相同的补偿块上，且仅工作应变片承受应变，如图 3.5 所示。

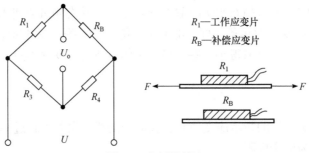

图 3.5 电桥补偿法

当被测试件不承受应变时，R_1 和 R_B 又处于同一环境温度为 $t°C$ 的温度场中，调整电桥参数，使之达到平衡，有

$$U_o = K_C(R_1R_4 - R_BR_3) = 0 \tag{3.16}$$

工程上，一般按 $R_1 = R_B = R_3 = R_4$ 选取桥臂电阻。当温度升高或降低 $\Delta t = t - t_0$ 时，两个应变片因温度相同而引起的电阻变化量相等($\Delta R_{1t} = \Delta R_{Bt}$)，电桥仍处于平衡状态，即

$$U_o = K_C[(R_1 + \Delta R_{1t})R_4 - (R_B + \Delta R_{Bt})R_3] = 0 \tag{3.17}$$

若此时被测试件有应变 ε 的作用，则工作应变片电阻 R_1 又产生新的增量 $\Delta R_1 = R_1 K \varepsilon$，$R_1$ 变为 $R_1 + \Delta R_{1t} + \Delta R_1 = R_1 + \Delta R_{1t} + R_1 K \varepsilon$，而补偿应变片因不承受应变，故不产生新的增量。此时电桥输出电压为

$$U_o = K_C[(R_1 + \Delta R_{1t} + R_1 K \varepsilon)R_4 - (R_B + \Delta R_{Bt})R_3] = K_C R_1 R_4 K \varepsilon \tag{3.18}$$

由式(3.18)可知，电桥的输出电压 U_o 仅与被测试件的应变 ε 有关，而与环境温度无关。

应当指出，若要实现完全补偿，上述分析过程必须满足四个条件：

(1)在应变片工作过程中，必须保证 $R_3 = R_4$。

(2)R_1 和 R_B 两个应变片应具有相同的电阻温度系数 α、线膨胀系数 β、应变灵敏系数 K 和初始电阻值 R_0。

(3)粘贴补偿应变片的补偿块材料和粘贴工作应变片的被测试件材料必须一样，两者线

膨胀系数相同。

(4)两应变片应处于同一温度场。

2. 应变片自补偿法

这种温度补偿法是利用自身具有温度补偿作用的应变片，称为温度自补偿应变片。要实现温度自补偿，必须有

$$\alpha_o = -K_0(\beta_g - \beta_s) \tag{3.19}$$

也就是说，当被测试件的线膨胀系数 β_g 已知时，如果合理选择敏感栅材料，即其电阻温度系数 α_o、灵敏系数 K_0 和线膨胀系数 β_s，使之满足式(3.19)，则无论温度如何变化，均有

$$\frac{\Delta R_t}{R_0} = 0 \tag{3.20}$$

从而达到温度自补偿的目的。

3.4 电阻应变片的选择

应变片的选择，应根据测量环境、应变性质、应变梯度及测量精度等因素来决定。

1. 测量环境

测量时应根据构件的工作环境温度选择合适的应变片，使得在给定的实验温度范围内，应变片能正常工作。潮湿对应变片性能影响极大，会出现绝缘电阻降低、黏结强度下降等现象，严重时将无法进行测量。为此，在潮湿环境中，应选用防潮性能好的胶膜应变片，如酚醛-缩醛、聚酯胶膜应变片等，并采取有效的防潮措施。

应变片在强磁场作用下，敏感栅会伸长或缩短，使应变片产生输出。因此，敏感栅材料应采用磁致伸缩效应小的镍铬合金或铂钨合金。

2. 应变性质

对于静态应变测量，温度变化是产生误差的重要原因，如果有条件，可针对具体试件材料选用温度自补偿应变片。用于动态测量时，应当考虑应变片本身的动态响应特性。其中，应变片上限测量频率由所使用的电桥激励电源的频率和应变片的基长决定。一般上限测量频率应为电桥激励电源频率的 1/5～1/10。基长越短，上限测量频率越高。一般基长为 10mm 时，上限测量频率可达 25kHz。

3. 应变梯度

应变片测出的应变值是应变片栅长范围内分布应变的平均值，要使这一平均值接近于测点的真实应变，在均匀应变场中，可以选用任意栅长的应变片，对测试结果无直接影响；在应变梯度大的应变场中，应尽量选用栅长比较短的应变片；当大应变梯度垂直于所贴应变片的轴线时，应选用栅宽窄的应变片。

4. 测量精度

一般认为以胶膜为基底、以铜镍合金和镍铬合金材料为敏感栅的应变片性能较好，它具有精度高、长时间稳定性好以及防潮性能好等优点。

3.5 测 量 电 路

由于机械应变一般都很小，要把微小应变引起的微小电阻变化测量出来，同时要把电阻相对变化 $\Delta R/R$ 转换为电压或电流的变化。因此，需要有测量应变变化而引起电阻变化的测量电路，通常采用直流电桥或交流电桥。

电桥是由无源元件电阻 R（或电感 L、电容 C）组成的四端网络。它在测量电路中的作用是将组成电桥各桥臂的电阻 R（或 L、C）等参数的变化转换为电压或电流输出。若将组成桥臂的一个或几个电阻换成电阻应变片，就构成了应变测量电路。

根据电桥供电电压的性质，测量电桥可以分为直流电桥和交流电桥；如果按照测量方式，测量电桥又可以分为平衡电桥和不平衡电桥。

3.5.1 直流电桥

直流电桥如图 3.6 所示，E 为供电电源，R_1、R_2、R_3 及 R_4 为桥臂电阻，R_L 为负载电阻。

$$U_o = E\left(\frac{R_1}{R_1 + R_2} - \frac{R_3}{R_3 + R_4}\right) \tag{3.21}$$

当电桥平衡时，$U_o=0$，则有

$$R_1 R_4 = R_2 R_3 \tag{3.22}$$

或

$$\frac{R_1}{R_2} = \frac{R_3}{R_4} \tag{3.23}$$

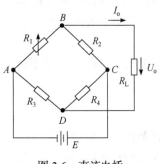

图 3.6 直流电桥

式 (3.22) 和式 (3.23) 就是直流电桥的平衡条件。

显然，欲使电桥平衡，其相邻两臂电阻的比值应相等，或相对两臂电阻的乘积应相等。

为了提高灵敏度，电桥通常采用半桥差动连接或全桥差动连接，如图 3.7 所示。

3.5.2 交流电桥

根据前面的分析可知，由于应变测量电桥的输出电压很小，一般要加放大器，但直流电桥容易产生零漂，因此应变测量电桥多采用交流电桥。

如图 3.8 所示，交流电桥的电路结构与直流电桥完全一样，所不同的是交流电桥采用交流电源激励，电阻应变片引线寄生电容使得桥臂呈现复阻抗特性，相当于电阻应变片上并联了一个电容，如图 3.8(b) 所示。图 3.8(a) 中的 $Z_1 \sim Z_4$ 表示 4 个桥臂的交流阻抗，如果交流电桥的阻抗、电流及电压都用复数表示，则关于直流电桥的平衡关系式在交流电桥中

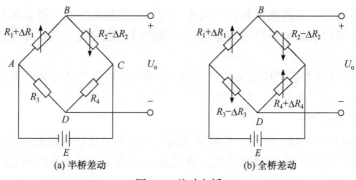

(a) 半桥差动　　　　　　　(b) 全桥差动

图 3.7　差动电桥

也可适用，即电桥达到平衡时必须满足

$$Z_1 Z_4 = Z_2 Z_3 \tag{3.24}$$

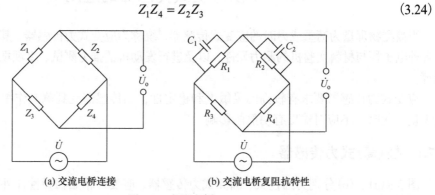

(a) 交流电桥连接　　　　　(b) 交流电桥复阻抗特性

图 3.8　交流电桥

由于

$$Z_i = R_i + jX_i = Z_{0i} e^{j\varphi_i}, \quad i = 1, 2, 3, 4$$

式中，R_i、X_i 为各阻抗的实部和虚部，代表各桥臂的电阻和电抗；Z_{0i}、φ_i 为各阻抗的模和阻抗角。

因此，式 (3.24) 的平衡条件必须同时满足：

$$Z_{01} Z_{04} = Z_{02} Z_{03} \quad 和 \quad \varphi_1 + \varphi_4 = \varphi_2 + \varphi_3 \tag{3.25}$$

$$R(Z_1 Z_3) = R(Z_2 Z_4) \quad 和 \quad X(Z_1 Z_3) = X(Z_2 Z_4) \tag{3.26}$$

由式 (3.25) 可知，交流电桥的平衡条件：相对臂阻抗模的乘积相等；相对臂阻抗角的和相等。由式 (3.26) 可知，交流电桥的平衡条件：相对臂阻抗乘积的实部和虚部分别相等。两者虽然形式上不一样，实质上是一样的。实际应用中，可根据实际情况选用合适的平衡条件公式。

交流电桥调平衡更为复杂，既要电阻调平衡，又要电容调平衡。

3.6　电阻应变片的布片与组桥

电阻应变片是将外力作用引起的应变转换成电阻值的变化，再通过测量电桥将电阻值的变化转化为电压信号，从而确定外力的大小。所以应变片粘贴的位置合理与否，接入电桥的方式恰当与否等均会影响最终的测量结果。因此对电阻应变片的布片与组桥应该遵循以下原则：

(1)根据弹性元件受力后的应力应变分布情况，应变片应该布置在弹性元件产生应变最大的位置，且沿主应力方向贴片；贴片处的应变尽量与外载荷呈线性关系，同时注意使该处不受非待测力的干扰影响。

(2)根据电桥的和差特性，将应变片布置在弹性元件具有正负极性的应变区，并选择合理的接入电桥方式，以使输出灵敏度最大，同时又可以消除或减小非待测力的影响并进行温度补偿。

3.7　电阻应变式传感器的应用

当被测物理量为荷重或力时的应变式传感器，统称为应变式力传感器。其主要用途是作为各种电子秤与材料实验机的测力元件，以及进行发动机的推力测试、水坝坝体承载状况监测等。

应变式力传感器要求有较高的灵敏度和稳定性，当传感器受到侧向作用力或力的作用点少量变化时，不应对输出有明显的影响。

3.7.1　柱(筒)式力传感器

图 3.9(a)、(b)分别为圆柱式、圆筒式力传感器，应变片粘贴在弹性体外壁应力分布均匀的中间部分，对称地粘贴多片。电桥连线时考虑尽量减小载荷偏心和弯矩影响，贴片在圆柱上的展开位置及其在桥路中的连接如图 3.9(c)、(d)所示，R_1 和 R_3 串接，R_2 和 R_4 串接，并置于桥路对臂上，以减小弯矩影响，横向贴片 R_5 和 R_7 串接，R_6 和 R_8 串接，起温度补偿作用，接于另两个桥臂上。

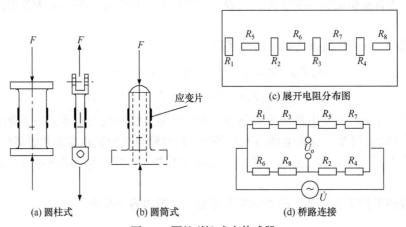

图 3.9　圆柱(筒)式力传感器

3.7.2　应变式加速度传感器

应变式加速度传感器主要用于物体加速度的测量。其基本工作原理是基于牛顿定律，即物体运动的加速度与作用在它上面的力成正比，与物体的质量成反比，即 $a=F/m$。

图 3.10 所示的是电阻应变式加速度传感器的结构示意图，图中 1 是等强度梁，其自由端安装质量块 2，另一端固定在壳体 3 上。等强度梁上粘贴四个电阻应变敏感元件 4。为了调节振动系统阻尼系数，在壳体内充满硅油。

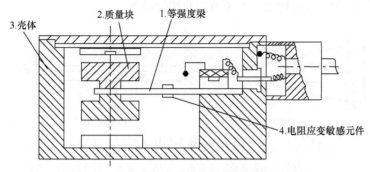

图 3.10　电阻应变式加速度传感器结构示意图

测量时，将传感器壳体与被测对象刚性连接，当被测物体以加速度 a 运动时，质量块受到一个与加速度方向相反的惯性力作用，使悬臂梁变形，该变形被粘贴在悬臂梁上的应变片感受到并随之产生应变，从而使应变片的电阻发生变化。电阻的变化引起应变片组成的桥路出现不平衡，从而输出电压，即可得出加速度 a 的值。这种测量方法适用于低频(10～60Hz)的振动和冲击测量。

本 章 小 结

本章介绍了电阻应变式传感器的工作原理、测量电路及其典型应用等，主要内容包括电阻应变片的工作原理、主要特性、电阻应变片的种类及材料、电阻应变片的温度误差及其补偿、电阻应变片的选择、电阻应变片测量电路、布片与组桥以及电阻应变式传感器的应用。通过本章的学习，要求熟练掌握电阻应变式传感器的工作原理，测量电路及其典型应用。

习题与思考题

3-1 电阻应变式传感器的工作原理是什么？

3-2 电阻应变片的种类有哪些？各有何特点？

3-3 将 100Ω 电阻应变片贴在弹性试件上，如果试件截面积 $S=0.5\times10^{-4}m^2$，弹性模量 $E=2\times10^{11}N/m^2$，若由 5×10^4N 的力引起应变计电阻变化为 1Ω，求电阻应变片的灵敏系数。

3-4 一个量程 10kN 的应变式测力传感器，其弹性元件为薄壁圆筒轴向受力，外径为 20mm，内径为 18mm，在其表面粘贴 8 个应变片，4 个沿周向粘贴，应变片的电阻值均为 120Ω，灵敏系数为 2.0，泊松比为 0.3，材料弹性模量 $E=2\times10^{11}Pa$。试求：(1)绘出弹性元件贴片位置及全桥电路；(2)计算传感器在满量程时各应变片电阻变化；(3)当桥路的供电电压为 10V 时，计算传感器的输出电压。

3-5 在图 3.11 中，设电阻应变片 R_1 的灵敏系数 $K=2.05$，未受应变时，$R_1=120\Omega$。当试件受力 F 时，电阻应变片承受平均应变值 $\varepsilon=800\mu m/m$。试求：(1) 电阻应变片的电阻变化量 ΔR_1 和电阻相对变化量 $\Delta R_1/R_1$；(2) 将电阻应变片 R_1 置于单臂测量电桥，电桥电源电压为直流 3V，求电桥输出电压及其非线性误差。

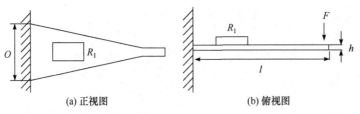

(a) 正视图　　　　　　　　(b) 俯视图

图 3.11　题 3-5 图

第4章 电容式传感器

电容式传感器将被测物理量的变化转换为电容量的变化，再由转换电路(测量电路)转换为电压、电流或频率，以达到检测的目的。因此，凡是能引起电容量变化的有关非电量，均可用电容式传感器进行检测变换。

电容式传感器不仅能测量荷重、位移、振动、角度、加速度等机械量，还能测量压力、液面、料面、成分含量等热工量。电容式传感器具有结构简单、灵敏度高、动态特性好等一系列优点，在机电控制系统中占有十分重要的地位。

4.1 电容式传感器工作原理与特性

1. 电容式传感器的工作原理

由绝缘介质分开的两个平行金属板组成的平板电容器，如果不考虑边缘效应，其电容量为

$$C = \frac{\varepsilon A}{d} \tag{4.1}$$

式中，ε 为电容器极板间介质的介电常数，$\varepsilon = \varepsilon_0 \varepsilon_r$（其中 ε_0 为真空的介电常数，$\varepsilon_0 = 8.854 \times 10^{-12}$F/m，$\varepsilon_r$ 为极板间介质的相对介电常数，在空气中 $\varepsilon_r = 1$）；A 为两平行板相互覆盖的面积；d 为两平行板之间的距离。

当被测参数变化使得式(4.1)中的 A、d 或 ε 发生变化时，电容量 C 也随之变化。如果保持其中两个参数不变，而仅改变其中一个参数，就可把该参数的变化转换为电容量的变化，通过测量电路就可转换为电量输出。因此，电容式传感器可分为变极距型、变面积型和变介电常数型三种。图 4.1 所示为常见的电容式传感元件的结构形式。

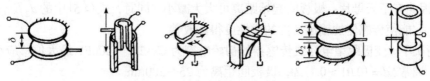

图 4.1 常见的电容式传感元件

2. 变极距型电容式传感器

图 4.2 所示为变极距型电容式传感器的原理图。当传感器的 ε_r 和 A 为常数，初始极距为 d_0 时，由式(4.1)可知其初始电容量 C_0 为

$$C_0 = \frac{\varepsilon_0 \varepsilon_r A}{d_0} \tag{4.2}$$

若电容器极板间距离由初始值 d_0 缩小了 Δd ，电容量增大了 ΔC ，则有

$$C = C_0 + \Delta C = \frac{\varepsilon_0 \varepsilon_{\mathrm{r}} A}{d_0 - \Delta d} = \frac{C_0}{1 - \dfrac{\Delta d}{d_0}} = \frac{C_0\left(1 + \dfrac{\Delta d}{d_0}\right)}{1 - \left(\dfrac{\Delta d}{d_0}\right)^2} \tag{4.3}$$

在式(4.3)中，若 $\Delta d/d_0 \ll 1$ ，则 $1 - (\Delta d/d_0)^2 \approx 1$ ，则式(4.3)可以简化为

$$C \approx C_0 + C_0 \frac{\Delta d}{d_0} \tag{4.4}$$

此时 C 与 Δd 近似呈线性关系，所以变极距型电容式传感器只有在 $\Delta d/d_0$ 很小时，才有近似的线性关系。

另外，由式(4.4)可以看出，在 d_0 较小时，对于同样的 Δd 变化所引起的 ΔC 可以增大，从而使传感器灵敏度提高。但 d_0 过小，容易引起电容器击穿而短路。为此，极板间可采用高介电常数的材料(云母、塑料膜等)作介质，如图4.3所示，此时电容 C 变为

$$C = \frac{A}{\dfrac{d_2}{\varepsilon_0 \varepsilon_{\mathrm{r}2}} + \dfrac{d_1}{\varepsilon_0}} \tag{4.5}$$

式中，$\varepsilon_{\mathrm{r}2}$ 为云母的相对介电常数，$\varepsilon_{\mathrm{r}2} = 7$ ；$\varepsilon_{\mathrm{r}1}$ 为空气的相对介电常数，$\varepsilon_{\mathrm{r}1} = 1$ ；d_1 为空气隙厚度；d_2 为云母片的厚度。

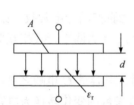
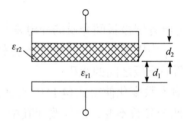

图 4.2　变极距型电容式传感器原理图　　　　图 4.3　放置云母片的电容器

云母片的相对介电常数是空气的 7 倍，其击穿电压不小于 1000kV/mm ，而空气仅为 3kV/mm 。因此有了云母片，极板间起始距离可大大减小。同时，式(4.5)中的 $d_2/(\varepsilon_0 \varepsilon_{\mathrm{r}2})$ 项是恒定值，它能使传感器的输出特性的线性度得到改善。

一般情况下，变极距型电容式传感器的初始电容为 $C_0 = 20 \sim 100\mathrm{pF}$ ，最大位移应小于间距的 1/10，通常 $\Delta d = (0.01 \sim 0.1) d_0$ ，极板间距离为 $25 \sim 200\mu\mathrm{m}$ 。

变极距型电容式传感器的优点是灵敏度高，可以进行非接触式测量，并且对被测量影响较小，所以适于对微位移的测量。它的缺点是具有非线性特性，所以测量范围受到一定限制，另外传感器的寄生电容效应对测量精度也有一定的影响。

3. 变面积型电容式传感器

要改变电容器极板的面积，通常采用线位移型和角位移型两种形式。图 4.4 所示的是线位移型的变面积型电容式传感器原理图。被测量通过动极板移动引起两极有效覆盖面积 A 改变，从而得到电容量的变化。当动极板相对于定极板沿长度方向平移 Δx 时，电容变

化量为

$$\Delta C = C - C_0 = \frac{\varepsilon_0 \varepsilon_r b(a - \Delta x)}{d} - \frac{\varepsilon_0 \varepsilon_r ab}{d} = -\frac{\varepsilon_0 \varepsilon_r b}{d}\Delta x = -C_0\frac{\Delta x}{a} \tag{4.6}$$

式中，$C_0 = \varepsilon_0 \varepsilon_r ba/d$ 为初始电容。电容相对变化量为

$$\frac{\Delta C}{C_0} = \frac{\Delta x}{a} \tag{4.7}$$

由式(4.7)可以看出，这种形式的传感器的电容量 C 与水平位移 Δx 呈线性关系。

图 4.5 所示是电容式角位移传感器原理图。当动极板有一个角位移 θ 时，与定极板间的有效覆盖面积就发生改变，从而改变了两极板间的电容量。当 $\theta = 0$ 时，有

$$C_0 = \frac{\varepsilon_0 \varepsilon_r A_0}{d_0} \tag{4.8}$$

式中，ε_r 为介质相对介电常数；d_0 为两极板间距离；A_0 为两极板间初始覆盖面积。

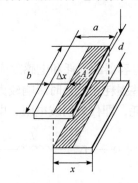

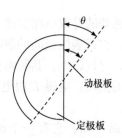

图 4.4　变面积型电容式传感器原理图　　　图 4.5　电容式角位移传感器原理图

当 $\theta \neq 0$ 时，有

$$C = \frac{\varepsilon_0 \varepsilon_r A_0\left(1 - \frac{\theta}{\pi}\right)}{d_0} = C_0 - C_0\frac{\theta}{\pi} \tag{4.9}$$

从式(4.9)可以看出，传感器的电容量 C 与角位移 θ 呈线性关系。

变面积型电容式传感器的优点是输入与输出呈线性关系，但灵敏度较低，适宜测量较大的直线位移和角位移。

4. 变介质型电容式传感器

变介质型电容式传感器有较多的结构形式，可以用来测量纸张、绝缘薄膜等的厚度，也可用来测量粮食、纺织品、木材或煤等非导电固体介质的湿度。图 4.6 所示是一种常用的结构形式。图中两平行电极板固定不动，极距为 d_0，相对介电常数为 ε_{r2} 的电介质以不同深度插入电容器中，从而改变两种介质的极板覆盖面积。传感器总电容量 C 为

$$C = C_1 + C_2 = \varepsilon_0 b_0 \frac{\varepsilon_{r1}(L_0 - L) + \varepsilon_{r2}L}{d_0} \tag{4.10}$$

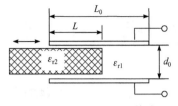

图 4.6 变介质型电容式传感器

式中，L_0 和 b_0 为极板的长度和宽度；L 为第二种介质进入极板间的长度。

若 $\varepsilon_{r1}=1$，当 $L=0$ 时，传感器初始电容 $C_0=\varepsilon_0\varepsilon_r \cdot L_0 b_0/d_0$。当被测介质 ε_{r2} 进入极板间 L 深度后，引起电容相对变化量为

$$\frac{\Delta C}{C_0}=\frac{C-C_0}{C_0}=\frac{(\varepsilon_{r2}-1)L}{L_0} \tag{4.11}$$

可见，电容量的变化与电介质的移动量 L 呈线性关系。

变介质型电容式传感器常用于对容器中液面的高度、溶液的浓度以及某些材料的厚度、湿度、温度等的检测。

4.2　电容式传感器的等效电路与测量电路

4.2.1　电容式传感器的等效电路

电容式传感器的等效电路如图 4.7 所示。图中考虑了电容器的损耗和电感效应，R_p 为并联损耗电阻，它代表极板间的泄漏电阻和介质损耗。这些损耗在低频时影响较大，随着工作频率增高，容抗减小，其影响就减弱。R_s 代表串联损耗，即代表引线电阻、电容器支架和极板电阻的损耗。电感 L 由电容器本身的电感和外部引线电感组成。

由等效电路可知，它有一个谐振频率，通常为几十兆赫。当工作频率等于或接近谐振频率时，谐振频率破坏了电容的正常作用。因此，工作频率应该低于谐振频率，否则电容式传感器不能正常工作。

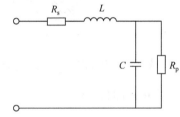

图 4.7　电容式传感器的等效电路

传感元件的有效电容 C_e 可由式（4.12）求得（为了计算方便，略去 R_s 和 R_p）：

$$\begin{cases} \dfrac{1}{j\omega C_e}=j\omega L+\dfrac{1}{j\omega C} \\[2mm] C_e=\dfrac{C}{1-\omega^2 LC} \\[2mm] \Delta C_e=\dfrac{\Delta C}{1-\omega^2 LC}+\dfrac{\omega^2 LC\Delta C}{(1-\omega^2 LC)^2}=\dfrac{\Delta C}{(1-\omega^2 LC)^2} \end{cases} \tag{4.12}$$

在这种情况下，电容的实际相对变化量为

$$\frac{\Delta C_e}{C_e}=\frac{\Delta C/C}{1-\omega^2 LC} \tag{4.13}$$

式（4.13）表明电容式传感器电容的实际相对变化量与传感器的固有电感 L 和角频率 ω 有关。因此，在实际应用时必须与标定的条件相同。

4.2.2 电容式传感器的测量电路

1. 调频测量电路

图 4.8 所示的是调频式测量电路原理框图。传感器的电容作为振荡器谐振回路的一部分，当输入量导致电容量发生变化时，振荡器的振荡频率也随之发生变化，其输出信号经过限幅、鉴频和放大器放大后变成输出电压。虽然可将频率作为测量系统的输出量，用以判断被测非电量的大小，但此时系统是非线性的，不易校正，因此必须加入鉴频器，将频率的变化转换为电压振幅的变化，经过放大就可以用仪器指示或记录仪记录下来。图中振荡器的振荡频率为

$$f = \frac{1}{2\pi\sqrt{LC}} \tag{4.14}$$

式中，L 为振荡回路的电感；C 为振荡回路的总电容，$C=C_1+C_2+C_x$，其中 C_1 为振荡回路固有电容，C_2 为传感器引线分布电容，$C_x = C_0 \pm \Delta C$ 为传感器的电容。

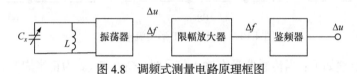

图 4.8　调频式测量电路原理框图

当被测信号为 0 时，$\Delta C=0$，则 $C = C_1+C_2+C_0$，所以振荡器有一个固有频率 f_0，其表示式为

$$f_0 = \frac{1}{2\pi\sqrt{(C_1 + C_2 + C_0)L}} \tag{4.15}$$

当被测信号不为 0 时，$\Delta C \neq 0$，振荡器频率有相应变化，此时频率为

$$f = \frac{1}{2\pi\sqrt{(C_1 + C_2 + C_0 \mp \Delta C)L}} = f_0 \pm \Delta f \tag{4.16}$$

调频式测量电路具有抗干扰能力强、灵敏度高等优点，可以测量高至 $0.01\mu m$ 级位移变化量。信号的输出频率易于用数字仪器测量，并与计算机通信，可以发送、接收，以达到遥测、遥控的目的。其缺点是寄生电容对测量精度的影响较大。

2. 运算放大器式测量电路

运算放大器的放大倍数很大，输入阻抗 Z_i 很高，输出电阻小，所以运算放大器作为电容式传感器的测量电路是比较理想的。图 4.9 所示的是运算放大器式测量电路原理图。C_x 为传感器电容，其输出端输出与 C_x 成反比的电压 $\dot{U}_o$，即

$$\dot{U}_o = -\frac{C}{C_x}\dot{U}_i \tag{4.17}$$

式中，$\dot{U}_i$ 为信号源电压；C 为固定电容。为保证仪器精度，要求它们都很稳定。

如果传感器采用平板电容，则 $C_x=\varepsilon A/d$，代入式（4.17），可得

$$\dot{U}_o = -\dot{U}_i \frac{C}{\varepsilon A}d \tag{4.18}$$

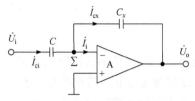

图 4.9 运算放大器式测量电路原理图

式 (4.18) 说明运算放大器的输出电压与极板间距离 d 呈线性关系。可见运算放大器测量电路的最大特点是克服了变极距型电容式传感器的非线性。

3. 二极管双 T 形交流电桥测量电路

由电容式传感器和二极管组成的双 T 形交流电桥测量电路原理如图 4.10(a) 所示。e 是幅值为 U 的对称方波高频电源，VD_1、VD_2 为参数和特性完全相同的两只二极管，$R_1=R_2=R$ 为参数和特性完全相同的固定电阻，C_1、C_2 为传感器的两个差动电容。

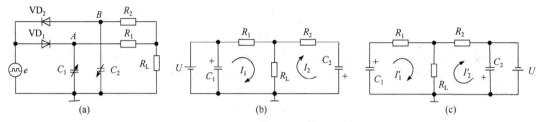

图 4.10　二极管双 T 形交流电桥

电路的工作原理如下：当传感器没有输入信号时，$C_1=C_2$。e 为正半周时，二极管 VD_1 导通、VD_2 截止，电容 C_1 充电，其等效电路如图 4.10(b) 所示；在负半周出现时，电容 C_1 上的电荷通过电阻 R_1 和负载电阻 R_L 放电，流过 R_L 的电流为 I_1。当 e 为负半周时，VD_2 导通、VD_1 截止，则电容 C_2 充电，其等效电路如图 4.10(c) 所示；在出现正半周时，C_2 通过电阻 R_2 和负载电阻 R_L 放电，流过 R_L 的电流为 I_2。根据上述假定的条件，有电流 $I_1=I_2$，且二者方向相反，在一个周期内流过 R_L 的平均电流为零。

若传感器输入信号不为 0，则 $C_1 \neq C_2$，$I_1 \neq I_2$，此时在一个周期内通过 R_L 的平均电流不为零，因此产生输出电压，输出电压在一个周期内的平均值为

$$
\begin{aligned}
U_o &= I_L R_L = \frac{1}{T}\int_0^T [I_1(t) - I_2(t)]\mathrm{d}t \cdot R_L \\
&\approx \frac{R(R+2R_L)}{(R+R_L)^2} \cdot R_L U f (C_1 - C_2)
\end{aligned} \tag{4.19}
$$

式中，f 为电源频率。

当 R_L 已知时，式 (4.19) 中 $\dfrac{R(R+2R_L)}{(R+R_L)^2} \cdot R_L = M$（常数），则式 (4.19) 可改写为

$$
U_o = U f M (C_1 - C_2) \tag{4.20}
$$

从式 (4.20) 可知，输出电压 U_o 不仅与电源电压幅值和频率有关，而且与 T 形网络中的电容 C_1 和 C_2 的差值有关。当电源电压确定后，输出电压 U_o 是电容 C_1 和 C_2 的函数。该电路输出电压较高，当电源频率为 1.3MHz，电源电压 $U=46\mathrm{V}$ 时，电容在 $-7\sim7\mathrm{pF}$ 变化，可以在 1MΩ 负载上得到 $-5\sim+5\mathrm{V}$ 的直流输出电压。电路的灵敏度与电源电压幅值和频率有关，故输入电源要求稳定。当 U 幅值较高，二极管 VD_1、VD_2 工作在线性区域时，测量的非线性误差很小。电路的输出阻抗与电容 C_1、C_2 无关，而仅与 R_1、R_2 及 R_L 有关，为 $1\sim$

100kΩ。输出信号的上升沿时间取决于负载电阻。对于 1kΩ 的负载电阻，上升时间为 20μs 左右，故可用来测量高速的机械运动。

除此之外，还有环形二极管充放电法测量电路、脉冲宽度调制电路测量电路等。

4.3 电容式传感器的应用

4.3.1 电容式压力传感器

图 4.11 所示为差动电容式压力传感器的结构图。图中所示膜片为动电极，两个在凹形玻璃上的金属镀层为固定电极，构成差动电容器。

当被测压力或压力差作用于膜片并产生位移时，所形成的两个电容器的电容量，一个增大，另一个减小。该电容值的变化经测量电路转换成与压力或压力差相对应的电流或电压的变化。

4.3.2 电容式加速度传感器

图 4.12 所示为差动电容式加速度传感器结构图，当传感器壳体随被测对象沿垂直方向做直线加速运动时，质量块在惯性空间中相对静止，两个固定电极将相对于质量块在垂直方向产生大小正比于被测加速度的位移。此位移使两电容的间隙发生变化，一个增加，另一个减小，从而使 C_1、C_2 产生大小相等、符号相反的增量，此增量正比于被测加速度。

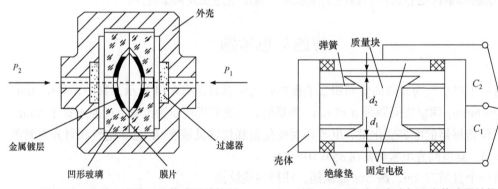

图 4.11 差动电容式压力传感器结构图　　图 4.12 差动电容式加速度传感器结构图

电容式加速度传感器的主要特点是频率响应快和量程范围大，大多采用空气或其他气体作为阻尼物质。

4.3.3 差动电容式测厚传感器

差动电容式测厚传感器是用来对金属带材在轧制过程中的厚度进行检测的，其工作原理是在被测带材的上下两侧各放置一块面积相等、与带材距离相等的极板，这样极板与带材就构成了两个电容器 C_1、C_2。把两块极板用导线连接起来组成一个极，而带材就是电容的另一个极，其总电容为 C_1+C_2，如果带材的厚度发生变化，将引起电容量的变化，用交流电桥将电容的变化测出来，经过放大即可由电表指示测量结果。

　　差动电容式测厚传感器的测量原理框图如图 4.13 所示。音频信号发生器产生的音频信号，接入变压器 T 的原边线圈，变压器副边的两个线圈作为测量电桥的两臂，电桥的另外两桥臂由标准电容 C_0 和带材与极板形成的被测电容 $C_x(C_x = C_1+C_2)$ 组成。电桥的输出电压经音频放大器放大后整流为直流，再经差动放大，即可用指示电表指示出带材厚度的变化。

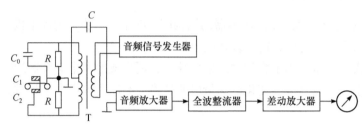

图 4.13　差动电容式测厚传感器的测量原理框图

本 章 小 结

　　本章介绍了电容式传感器的工作原理、测量电路及其典型应用等，主要内容有电容式传感器工作原理与特性、电容式传感器测量电路、电容式传感器的应用。通过对本章的学习，要求熟练掌握电容式传感器的工作原理、测量电路及其典型应用。

习题与思考题

4-1　有一个以空气为介质的变面积型平板电容式传感器如图 4.14 所示，其中，a =10mm，b =16mm，两极板间距为 d =1mm。测量时，一块极板在原始位置上向左平移了 2mm，求该传感器的电容变化量、电容相对变化量和位移灵敏度 K（已知空气相对介电常数 ε_r =1，真空的介电常数 ε_0=8.854×10^{-12}F/m）。

4-2　有一个直径为 2m、高 5m 的铁桶，往桶内连续注水，当注水量达桶容量的 80%时就应当停止，试分析用应变电阻式传感器或电容式传感器来解决该问题的途径和方法。

4-3　某一电容测微仪，其传感器的圈形极板半径 r = 4mm，工作初始间隙 d = 0.3mm，问：（1）工作时，如果传感器与工件的间隙变化量 Δd = 2μm，电容变化量为多少？（2）如果测量电路的灵敏度 S_1 = 100mV/pF，读数仪表的灵敏度 S_2 = 5 格/mV，在 Δd = 2μm 时，读数仪表的示值变化多少格？

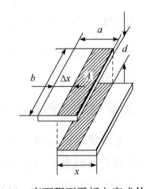

图 4.14　变面积型平板电容传感器

第5章 电感式传感器

电感式传感器是利用线圈自感或互感系数的变化来实现非电量电测的一种装置。利用电感式传感器，能对位移、压力、振动、应变、流量等参数进行测量。它具有结构简单、灵敏度高、输出功率大、输出阻抗小、抗干扰能力强及测量精度高等一系列优点，因此在机电控制系统中得到广泛的应用。它的主要缺点是响应较慢，不宜快速动态测量，存在交流零位信号，而且传感器的分辨率与测量范围有关，测量范围大，分辨率低，反之则高。

电感式传感器种类很多，一般分为自感式和互感式两大类。习惯上讲的电感式传感器通常指自感式传感器，而互感式传感器利用变压器原理，往往做成差动形式，所以常称为差动变压器式传感器。

5.1 差动螺管式（自感式）传感器

5.1.1 工作原理

图 5.1 所示是变气隙式自感式传感器的结构。它由线圈、铁心和衔铁三部分组成。铁心和衔铁由导磁材料如硅钢片或坡莫合金制成，在铁心和衔铁之间有气隙，气隙厚度为 δ，传感器的运动部分与衔铁相连。当衔铁移动时，气隙厚度 δ 发生改变，引起磁路中磁阻变化，从而导致电感线圈的电感值发生变化。通过测量电感线圈电感量的变化量，就能确定衔铁位移量的大小和方向。

图 5.1 中 A_1、A_2 分别为铁心和衔铁的截面积，δ 为单个气隙厚度，W 为线圈的匝数。则线圈自感量 L 可表示为

$$L = \frac{W^2}{R_m} \tag{5.1}$$

式中，R_m 为磁路总磁阻 $[H^{-1}]$。

如果空气气隙 δ 较小，可以认为气隙中的磁场是均匀的。在忽略磁路的铁损时，磁路的总磁阻为

$$R_m = \sum \frac{l_i}{\mu_i A_i} + \frac{2\delta}{\mu_0 A_0} \tag{5.2}$$

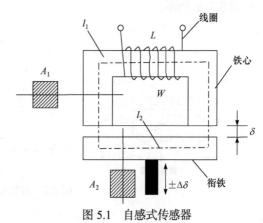

图 5.1 自感式传感器

式中，μ_0 为空气磁导率，$\mu_0 = 4\pi \times 10^{-7} H/m$；$A_0$ 为空气气隙导磁截面积（m^2）；l_i、μ_i、$A_i (i = 1,2)$ 为磁通通路的长度及对应的磁导率和截面积。

由于空气气隙的磁阻远大于铁磁物质的磁阻，所以略去铁心的磁阻后可得

$$R_m = \sum \frac{l_i}{\mu_i A_i} + \frac{2\delta}{\mu_0 A_0} \approx \frac{2\delta}{\mu_0 A_0} \tag{5.3}$$

因此线圈自感系数可以写成

$$L = \frac{W^2}{R_m} = \frac{\mu_0 A_0 W^2}{2\delta} \tag{5.4}$$

由式(5.4)可以看出，当线圈匝数 W 为常数时，线圈自感系数 L 只是磁路中磁阻 R_m 的函数，改变气隙厚度 δ、气隙截面积 A_0 或磁阻 R_m 都会导致自感系数变化。图 5.2 所示的是自感式传感器的几种原理结构图。

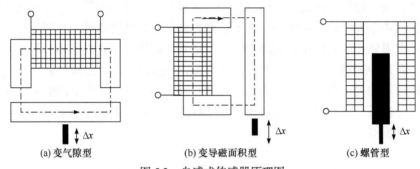

(a) 变气隙型　　　(b) 变导磁面积型　　　(c) 螺管型

图 5.2　自感式传感器原理图

5.1.2　典型的差动螺管式传感器

图 5.2(c)是单螺管线圈型。当铁心在线圈中运动时，将改变磁阻，使线圈自感发生变化。这种传感器结构简单、制造容易，但灵敏度低，适用于较大位移(数毫米)的测量。

图 5.3(a)是双螺管线圈差动型，较之单螺管型有较高灵敏度及线性，它被用于电感测微计上，常用测量范围为 0～300μm，最小分辨率为 0.5μm。这种传感器的线圈接于电桥上，如图 5.3(b)所示，构成电桥的两相邻桥臂，线圈电感 L_1、L_2 随铁心位移而变化，其输出特性如图 5.3(c)所示。

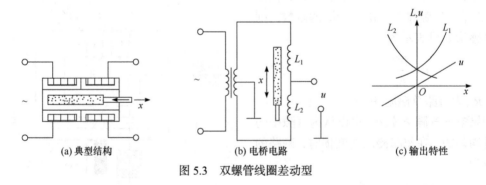

(a) 典型结构　　　(b) 电桥电路　　　(c) 输出特性

图 5.3　双螺管线圈差动型

5.2　差动变压器式(互感式)传感器

把被测的非电量变化转换成线圈互感量变化的传感器称为互感式传感器。这种传感器是根据变压器的基本原理制成的，并且次级绕组用差动的形式连接，故称为差动变压器式传感器。

差动变压器结构形式较多，有变隙式、螺线管式和变面积式等，图 5.4 所示为这几种差动变压器的结构示意图。在非电量测量中，应用最多的是螺线管式差动变压器，它可以测量 1～100mm 机械位移，并具有测量精度高、灵敏度高、结构简单、性能可靠等优点。

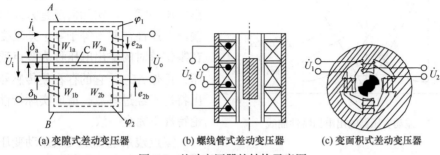

(a) 变隙式差动变压器   (b) 螺线管式差动变压器   (c) 变面积式差动变压器

图 5.4　差动变压器的结构示意图

5.2.1　螺线管式差动变压器

1. 螺线管式差动变压器的工作原理

螺线管式差动变压器的结构如图 5.5 所示，主要由一个初级线圈、两个次级线圈和插入线圈中央的圆柱形铁心等组成。

螺线管式差动变压器式传感器中的两个次级线圈反相串联，并且在忽略铁损、导磁体磁阻和线圈分布电容的理想条件下，其等效电路如图 5.6 所示。当初级绕组加以激励电压 $\dot{U}$ 时，根据变压器的工作原理，在两个次级绕组 W_{2a} 和 W_{2b} 中便会产生感应电动势 $\dot{E}_{2a}$ 和 $\dot{E}_{2b}$。如果工艺上保证变压器结构完全对称，则当活动衔铁处于初始平衡位置时，必然会使两互感系数 $M_1 = M_2$。根据电磁感应原理，将有 $\dot{E}_{2a} = \dot{E}_{2b}$。由于变压器两个次级绕组反相串联，因而输出电压 $\dot{U}_o = \dot{E}_{2a} - \dot{E}_{2b} = 0$，即差动变压器输出电压为零。

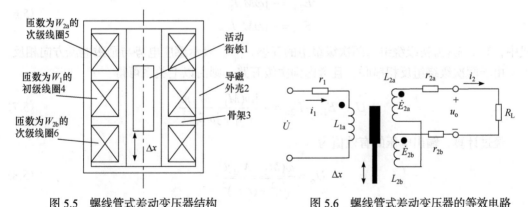

图 5.5　螺线管式差动变压器结构　　　　图 5.6　螺线管式差动变压器的等效电路

当活动衔铁向上移动时，由于磁阻的影响，W_{2a} 中磁通将大于 W_{2b}，使 $M_1 > M_2$，因而 $\dot{E}_{2a}$ 增加，而 $\dot{E}_{2b}$ 减小。反之，$\dot{E}_{2b}$ 增加，$\dot{E}_{2a}$ 减小。因为 $\dot{U}_o = \dot{E}_{2a} - \dot{E}_{2b}$，所以当 $\dot{E}_{2a}$、$\dot{E}_{2b}$ 随着衔铁位移 x 变化时，$\dot{U}_o$ 也必将随 x 而变化。图 5.7 给出了差动变压器输出电压 $\dot{U}_o$ 与活动衔铁位移 Δx 的关系曲线。

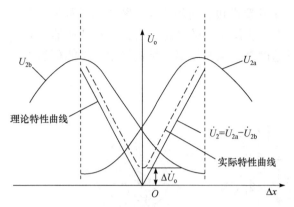

图 5.7　差动变压器输出电压特性曲线

2. 零点残余电压

由图 5.7 可以看出，理想情况下，当衔铁位于中心位置时，两个次级线圈感应电压大小相等、方向相反，差动输出电压为零，但实际情况是差动变压器输出电压往往并不等于零。差动变压器在零位移时的输出电压称为零点残余电压，记作 $\Delta \dot{U}_o$，它的存在使传感器的输出特性不经过零点，造成实际特性与理论特性不完全一致。

零点残余电压是反映差动变压器式传感器性能的重要指标之一。它主要是由传感器的两个次级绕组的电气参数和几何尺寸不对称，以及磁性材料的非线性等引起的。它的存在，使传感器的灵敏度降低，分辨率变差和测量误差增大。克服办法主要是提高次级两绕组的对称性(包括结构和匝数等)，另外输出端采用相敏检波等电路补偿方法，可以减小零点残余电压的影响。

3. 基本特性

差动变压器等效电路如图 5.6 所示。假设在初级线圈加上角频率为 ω、大小为 U 的激励电压，在初级线圈中产生的电流为 I_1，并且初级线圈的直流电阻和漏电感分别为 r_1、L_1，则当次级开路时，有

$$\dot{I}_1 = \frac{\dot{U}}{r_1 + j\omega L_1} \tag{5.5}$$

根据电磁感应定律，次级绕组中感应电势的表达式分别为

$$\dot{E}_{2a} = -j\omega M_1 \dot{I}_1$$
$$\dot{E}_{2b} = -j\omega M_2 \dot{I}_1 \tag{5.6}$$

式中，M_1、M_2 为初级绕组与两次级绕组的互感，"−"表示感应电势与励磁电流方向相反。

由于两次级绕组反相串联，且考虑到次级开路，则由以上关系可得

$$\dot{U}_o = \dot{E}_{2a} - \dot{E}_{2b} = -\frac{j\omega(M_1 - M_2)\dot{U}}{r_1 + j\omega L_1} \tag{5.7}$$

经过计算，输出电压的有效值为

$$U_o = \frac{\omega(M_1 - M_2)U}{\sqrt{r_1^2 + (\omega L_1)^2}} \tag{5.8}$$

式(5.8)说明，当激磁电压的幅值 U 和角频率 ω、初级绕组的直流电阻 r_1 及电感 L_1 为定值时，差动变压器输出电压仅仅是初级绕组与两个次级绕组之间互感之差的函数。因此，只要求出互感 M_1 和 M_2 对活动衔铁位移 x 的关系式，再代入式(5.7)即可得到螺线管式差动变压器的基本特性表达式。

(1)当活动衔铁处于中间位置时，$M_1 = M_2 = M$，则 $U_o = 0$。

（2）当活动衔铁向上移动时，$M_1 = M+\Delta M$，$M_2 = M-\Delta M$，则

$$U_o = \frac{2\omega\Delta M U}{\sqrt{r_1^2 + (\omega L_1)^2}} \tag{5.9}$$

且与 $\dot{E}_{2a}$ 同极性。

（3）当活动衔铁向下移动时，$M_1 = M-\Delta M$，$M_2 = M+\Delta M$，则

$$U_o = -\frac{2\omega\Delta M U}{\sqrt{r_1^2 + (\omega L_1)^2}} \tag{5.10}$$

且与 $\dot{E}_{2b}$ 同极性。

可见，差动变压器输出电压的大小反映了铁心位移的大小，输出电压的极性反映了铁心运动的方向。

5.2.2 差动变压器式传感器测量电路

差动变压器的输出是交流电压，若用交流电压表测量，只能反映衔铁位移的大小，不能反映移动的方向。另外，其测量值中将包含零点残余电压。为了达到能辨别移动方向和消除零点残余电压的目的，实际测量时，常常采用差动整流电路和相敏检波电路。

1. 差动整流电路

图 5.8 所示是两种半波整流差动输出电路的形式，差动变压器的两个次级输出电压分别进行半波整流，将整流后的电压或电流的差值作为输出。图 5.8(a)适用于交流高阻抗负载，图 5.8(b)适用于低阻抗负载，电阻 R 用于调整零点残余电压。

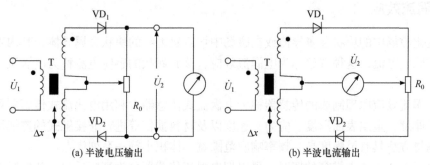

(a) 半波电压输出　　　　　　　　(b) 半波电流输出

图 5.8　差动整流电路

差动整流电路还可以接成全波电压输出和全波电流输出的形式。

差动整流电路结构简单，根据差动输出电压的大小和方向就可以判断被测量(如位移)的大小和方向，不需要考虑相位调整和零点残余电压的影响，分布电容影响小，便于远距离传输，因而获得广泛应用。

2. 相敏检波电路

图 5.9 所示的是相敏检波电路的原理图。图中 VD_1、VD_2、VD_3、VD_4 为四个性能相同的二极管，以同一方向串联成一个闭合回路，形成环形电桥。输入信号 u_2(差动变压器

式传感器输出的调幅波电压)通过变压器 T_1 加到环形电桥的一条对角线上。参考信号 u_s 通过变压器 T_2 加到环形电桥的另一条对角线上。输出信号 u_o 从变压器 T_1 与 T_2 的中心抽头引出。图中平衡电阻 R 起限流作用，以避免二极管导通时变压器 T_2 的次级电流过大。R_L 为负载电阻。u_s 的幅值要远大于输入信号 u_2 的幅值，以便有效控制四个二极管的导通状态，且 u_s 和差动变压器式传感器激磁电压 u_1 由同一振荡器供电，保证二者同频、同相（或反相）。

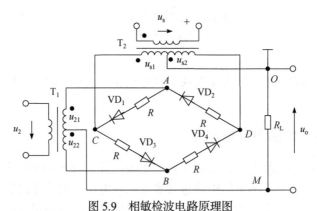

图 5.9　相敏检波电路原理图

此外，交流电桥也是常用的测量电路。

5.3　电涡流式传感器

5.3.1　电涡流效应

　　置于变化磁场中的块状金属导体或在磁场中切割磁力线的块状金属导体，其内部将产生旋涡状的感应电流，这种现象称为电涡流效应，该旋涡状的感应电流称为电涡流，简称涡流。

　　根据电涡流效应原理制成的传感器称为电涡流式传感器。利用电涡流式传感器可以对位移、材料厚度、金属表面温度、应力、速度以及材料损伤等进行非接触式的连续测量，并且这种测量方法具有灵敏度高、频率响应范围宽、体积小等一系列优点。

　　按照电涡流在导体内贯穿的情况，可以把电涡流传感器分为高频反射式和低频透射式两类。其工作原理是相似的。

5.3.2　工作原理

　　将一个通以正弦交变电流 $\dot{I}_1$，频率为 f，外半径为 r_{as} 的扁平线圈置于金属导体附近，则线圈周围空间将产生一个正弦交变磁场 $\dot{H}_1$，使金属导体中感应电涡流 $\dot{I}_2$，$\dot{I}_2$ 又产生一个与 $\dot{H}_1$ 方向相反的交变磁场 $\dot{H}_2$，如图 5.10 所示。根据楞次定律，$\dot{H}_2$ 的反作用必然削弱线圈的磁场 $\dot{H}_1$。由于磁场 $\dot{H}_2$ 的作用，涡流要消耗一部分能量，导致传感器线圈的等效阻抗发生变化。线圈阻抗的变化取决于被测金属导体的电涡流效应。而电涡流效应既与被测体的电阻率 ρ、磁导率 μ 以及几何形状有关，又与线圈的几何参数、线圈中激磁电流频率

f 有关，同时还与线圈和导体间的距离 x 有关。

因此，传感器线圈受电涡流影响时的等效阻抗 Z 的函数关系式为

$$Z=F(\rho, \mu, r, f, x)$$

式中，r 为线圈与被测体的尺寸因子。

如果保持上式中其他参数不变，而只使其中一个参数发生变化，则传感器线圈的阻抗 Z 就仅仅是这个参数的单值函数。通过与传感器配用的测量电路测出阻抗 Z 的变化量，即可实现对该参数的测量。图 5.11 所示的是电涡流式传感器的结构示意图。

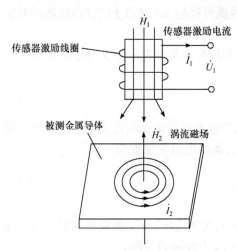

图 5.10 电涡流式传感器原理图

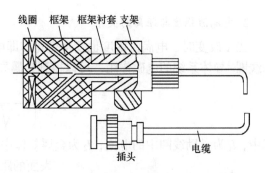

图 5.11 电涡流式传感器的结构示意图

5.3.3 电涡流形成范围

1. 电涡流的径向形成范围

线圈-导体系统产生的电涡流密度既是线圈与导体间距离 x 的函数，又是沿线圈半径方向 r 的函数。当距离 x 一定时，电涡流密度 J 与线圈半径 r 的关系曲线如图 5.12 所示(图中 J_0 为金属导体表面电涡流密度，即电涡流密度最大值。J_r 为半径 r 处的金属导体表面电涡流密度)。

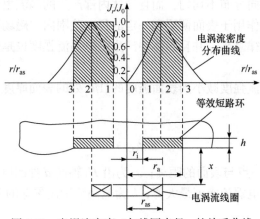

图 5.12 电涡流密度 J 与线圈半径 r 的关系曲线

由图 5.12 可知:

(1)电涡流密度在 $r_i = 0$ 处为零;在传感器线圈中心的轴线附近,电涡流密度很小,可以看作一个孔;在距离传感器线圈外径 r_{as} 的 1.8~2.5 倍范围内,电涡流密度大约衰减为最大值的 5%。

(2)电涡流径向形成范围在传感器线圈外径 r_{as} 的 1.8~2.5 倍范围内,且分布不均匀。

(3)为了充分利用涡流效应,被测导体的平面尺寸不应该小于传感器线圈外径的 2 倍,否则灵敏度将下降。

(4)若被测导体为圆柱体,当其直径为传感器线圈外径的 3.5 倍以上时,传感器的灵敏度近似为常数。

(5)可以用一个平均半径为 $r_{as}(r_{as} = (r_a + r_i)/2)$ 的短路环来集中表示分散的电涡流(图 5.12 中阴影部分)。

2. 电涡流强度与距离的关系

当 x 改变时,电涡流密度也发生变化,即电涡流强度随距离 x 的增大而迅速减小。根据线圈-导体系统的电磁作用,可以得到金属导体表面的电涡流强度为

$$I_2 = I_1 \left(1 - \frac{x}{\sqrt{x^2 + r_{as}^2}} \right) \tag{5.11}$$

式中,I_1 为激励线圈中的电流;I_2 为金属导体中涡流的等效电流;x 为激励线圈到金属导体表面的距离;r_{as} 为线圈的外径。

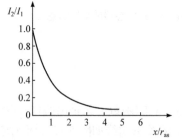

图 5.13 电涡流强度与距离归一化曲线

根据式(5.11)作出的归一化曲线如图 5.13 所示。

以上分析表明:

(1)电涡流强度与距离 x 呈非线性关系,且随着 x/r_{as} 的增加而迅速减小。

(2)当利用电涡流式传感器测量位移时,只有在 $x/r_{as} \ll 1$ (一般取 0.05~0.15)的条件下才能得到较好的线性和较高的灵敏度。

3. 电涡流的轴向贯穿深度

电涡流不仅沿导体径向分布不均匀,而且导体内部产生的涡流由于趋肤效应,贯穿金属导体的深度也有限,仅作用于表面薄层和一定的径向范围内。磁场进入金属导体后,强度随深度的增大按指数规律衰减,并且导体中产生的电涡流强度也是随导体厚度的增加按指数规律下降的。

贯穿深度是指把电涡流强度减小到表面强度的 1/e 处的表面厚度。其按指数衰减分布规律可用式(5.12)表示:

$$J_d = J_0 \mathrm{e}^{-\frac{d}{h}} \tag{5.12}$$

式中,d 为金属导体中某一点与表面的距离;J_d 为沿 H_1 轴向 d 处的电涡流密度;J_0 为金属导体表面电涡流密度,即电涡流密度最大值;h 为电涡流轴向贯穿的深度(趋肤深度)。

图 5.14 所示为电涡流密度轴向分布曲线。由图可见,电涡流密度主要分布在表面附近。
被测体电阻率越大,相对磁导率越小,以及传感器线圈的
激磁电流频率越低,则电涡流贯穿深度 h 越大。故透射式
电涡流传感器一般都采用低频激励。

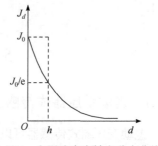

图 5.14　电涡流密度轴向分布曲线

4. 电涡流式传感器的测量电路

用于电涡流式传感器的测量电路主要有调频式、调幅
式电路两种。

1)调频式电路

传感器线圈接入 LC 振荡回路,当传感器与被测导体
的距离 x 改变时,在涡流影响下,传感器的电感变化,将导致振荡频率的变化,该变化的
频率是距离 x 的函数,即 $f=L(x)$,该频率可由数字频率计直接测量,或者通过 f-U 变换,
用数字电压表测量对应的电压。振荡器测量电路如图 5.15(a)所示。图 5.15(b)是振荡电路,
它由克拉泼电容三点式振荡器(C_2、C_3、L、C 和 VT_1)以及射极输出电路两部分组成。振荡
频率为

$$f = \frac{1}{2\pi\sqrt{L(x)C}} \tag{5.13}$$

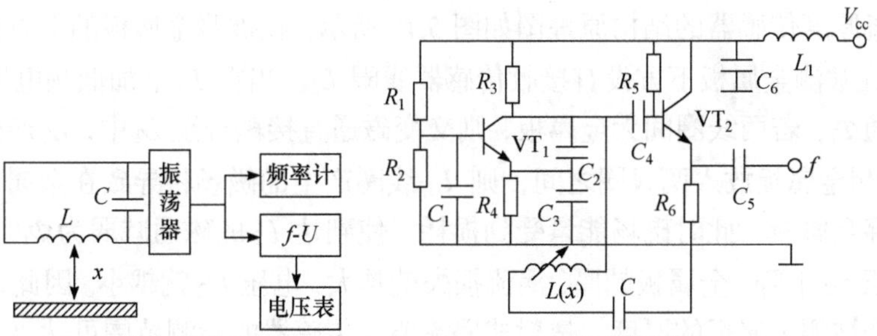

(a) 测量电路框图　　　(b) 振荡电路

图 5.15　调频式测量电路

为了避免输出电缆的分布电容的影响,通常将 L、C 装在传感器内。此时电缆分布电
容并联在大电容 C_2、C_3 上,因而对振荡频率 f 的影响将大大减小。

2)调幅式电路

由传感器线圈 L、电容器 C 和石英晶体组成的石英晶体振荡电路如图 5.16 所示。石英
晶体振荡器起恒流源的作用,给谐振回路提供一个
频率(f_0)稳定的激励电流 i_0,LC 回路输出电压为

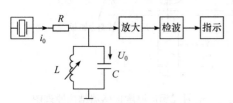

$$U_0 = i_0 f(Z) \tag{5.14}$$

式中,Z 为 LC 回路的阻抗。

当金属导体远离或去掉时,LC 并联谐振回路
谐振频率即为石英振荡频率 f_0,回路呈现的阻抗

图 5.16　调幅式测量电路示意图

最大,谐振回路上的输出电压也最大;当金属导体靠近传感器线圈时,线圈的等效电感
L 发生变化,导致回路失谐,从而使输出电压降低,L 的数值随距离 x 的变化而变化。

因此，输出电压也随 x 而变化。输出电压经放大、检波后，由指示仪表直接显示出 x 的大小。

5.4 电感式传感器的应用

5.4.1 差动变压器式传感器的应用

差动变压器式传感器可以直接用于位移测量，也可以测量与位移有关的任何机械量，如振动、加速度、应变、比重、张力和厚度等。

图 5.17 所示为差动变压器式加速度传感器的原理结构示意图。它由悬臂梁和差动变压器构成。测量时，将悬臂梁底座及差动变压器的线圈骨架固定，而将衔铁的 A 端与被测振动体相连，此时传感器作为加速度测量中的惯性元件，它的位移与被测加速度成正比，使加速度测量转变为位移的测量。当被测体带动衔铁以 $\Delta x(t)$ 振动时，差动变压器的输出电压也按相同规律变化。

5.4.2 涡流式传感器的应用

1. 低频透射式涡流厚度传感器

透射式涡流厚度传感器的结构原理图如图 5.18 所示。在被测金属板的上方设有发射传感器线圈 L_1，在被测金属板下方设有接收传感器线圈 L_2。当在 L_1 上加低频电压 $\dot{U}_1$ 时，L_1 上产生交变磁通 Φ_1，若两线圈间无金属板，则交变磁通直接耦合至 L_2 中，L_2 产生感应电压 $\dot{U}_2$。如果将被测金属板放入两线圈之间，则 L_1 线圈产生的磁场将导致在金属板中产生电涡流，并将贯穿金属板，此时磁场能量受到损耗，使到达 L_2 的磁通减弱为 Φ_1'，从而使 L_2 产生的感应电压 U_2 下降。金属板越厚，涡流损失就越大，电压 U_2 就越小。因此，可根据 $\dot{U}_2$ 电压的大小得知被测金属板的厚度。透射式涡流厚度传感器的检测范围可达 $1 \sim 100\mathrm{mm}$，分辨率为 $0.1\mathrm{\mu m}$，线性度为 1%。

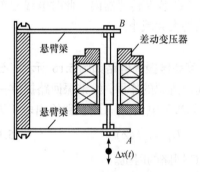

图 5.17 差动变压器式加速度传感器原理图

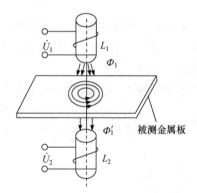

图 5.18 透射式涡流厚度传感器结构原理图

2. 电涡流式转速传感器

电涡流式转速传感器工作原理图如图 5.19 所示。在软磁材料制成的输入轴上加工一个键槽，在距输入表面 d_0 处设置电涡流传感器，输入轴与被测旋转轴相连。

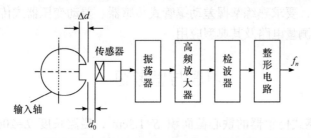

图 5.19 电涡流式转速传感器工作原理图

当被测旋转轴转动时，电涡流传感器与输出轴的距离变为 $d_0+\Delta d$。由于电涡流效应，传感器线圈阻抗随 Δd 的变化而变化，这种变化将导致振荡谐振回路的品质因数发生变化，它们将直接影响振荡器的电压幅值和振荡频率。因此，随着输入轴的旋转，从振荡器输出的信号中包含与转速成正比的脉冲频率信号。该信号由检波器检出电压幅值的变化量，然后经整形电路输出频率为 f_n 的脉冲信号。该信号经电路处理便可得到被测转速。

这种转速传感器可实现非接触式测量，抗污染能力很强，可安装在旋转轴旁长期对被测转速进行监视。最高测量转速可达 600000r/min。

3. 高频反射式涡流厚度传感器

图 5.20 所示的是应用高频反射式涡流厚度传感器检测金属带材厚度的原理框图。为了克服带材不够平整或运行过程中上、下波动的影响，在带材的上、下两侧对称地设置了两个特性完全相同的涡流传感器 S_1 和 S_2。S_1 和 S_2 与被测带材表面的距离分别为 x_1 和 x_2。若带材厚度不变，则被测带材上、下表面之间的距离总有 $x_1+x_2=$常数的关系存在。两传感器的输出电压之和为 $2U_0$，数值不变。如果被测带材厚度改变量为 $\Delta\delta$，则两传感器与带材之间的距离也改变 $\Delta\delta$，此时，两传感器输出电压为 $2U_0\pm\Delta U$，ΔU 经放大器放大后，通过指示仪表即可指示出带材的厚度变化值。带材厚度给定值与偏差指示值的代数和就是被测带材的厚度。

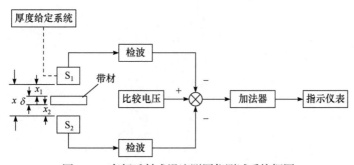

图 5.20 高频反射式涡流测厚仪测试系统框图

本 章 小 结

本章介绍了电感式传感器的工作原理、测量电路及其典型应用，主要内容有差动螺管式(自感式)传感器、差动变压器式(互感式)传感器、电涡流式传感器、电感式传感器的应用。通过本章的学习，要求熟练掌握差动螺管式传感器、差动变压器式传感器和电涡流式传感器的工作原理、测量电路及其典型应用。

习题与思考题

5-1 变气隙厚度电感式传感器的铁心截面积 $S=1.5\text{cm}^2$，磁路长度 $L=20\text{cm}$，相对磁导率 $\mu_r=5000$，气隙初始厚度 $\delta_0=0.5\text{cm}$，$\Delta\delta=\pm0.1\text{mm}$，真空磁导率 $\mu_0=4\times10^{-7}\text{H/m}$，线圈匝数 $N=3000$，求该传感器的灵敏度 $\Delta L/\Delta\delta$。若将其做成差动结构，灵敏度将如何变化？

5-2 差动电感位移传感器，已知电源电压 $U=4\text{V}$，$f=400\text{Hz}$，传感器线圈电阻与电感分别为 $R=40\Omega$，$L=30\text{mH}$，用两只匹配电阻设计成四臂等阻抗电桥，如图 5.21 所示。试求：(1) 匹配电阻 R_3 和 R_4 的值为多少时才能使电压灵敏度达到最大；(2) 当 $\Delta Z=10\Omega$ 时，分别接成单臂和差动电桥后的输出电压值。

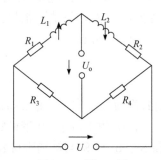

图 5.21 题 5-2 图

5-3 引起零点残余电压的原因是什么？如何消除零点残余电压？

5-4 在使用螺线管电感式传感器时，如何根据输出电压来判断衔铁的位置？

5-5 如何通过相敏检波电路实现对位移大小和方向的判定？

第6章 磁电式传感器

磁电式传感器是通过磁电作用将被测量(如振动、位移、转速等)转换成电信号的一种传感器。磁电式传感器是可以将各种磁场及其变化的量转变成电信号输出的装置。磁电式传感器主要有磁敏电阻、磁敏二极管、磁敏三极管和霍尔式磁敏传感器。

某些材料,如金属或半导体材料,当其受到一定强度和方向上的磁场作用时,会产生一定的电动势或者产生电阻率的变化,这种现象称为磁电效应。相应地,在磁场作用下产生电动势的现象称为霍尔效应,而产生电阻率变化的现象称为磁阻效应。

目前常用的磁电效应敏感材料主要有锗(Ge)、硅(Si)、砷化镓(GaAs)、砷化铟(InAs)、锑化铟(InSb)等,其中 N 型硅具有良好的温度特性和线性度,灵敏度高,应用较多。

6.1 磁 敏 电 阻

磁敏电阻是基于磁阻效应的磁敏元件。磁敏电阻的应用范围比较广,可以利用它制成磁场探测仪、位移和角度检测器、安培计以及磁敏交流放大器等。

6.1.1 磁阻效应

置于磁场中的载流金属导体或半导体材料,其电阻值随磁场变化的现象,称为磁致电阻变化效应,简称磁阻效应。磁阻效应与材料性质、几何形状等因素有关。当半导体中仅存在一种载流子(电子或空穴)时,磁阻效应几乎可以忽略。两种载流子都存在的半导体,其磁阻效应则很强,适于作磁阻元件。

在磁场中,电流的流动路径会因磁场的作用而加长,这使得材料的电阻率增加。当温度恒定时,在弱磁场范围内,对于只有电子参与导电的最简单的情况,理论推导磁阻效应的表达式为

$$\rho_B = \rho_0(1 + 0.273\mu^2 B^2) \tag{6.1}$$

式中,B 为磁感应强度;ρ_0 为材料零磁场下的电阻率;μ 为电子的迁移率;ρ_B 为磁感应强度为 B 时的电阻率。

设电阻率的变化为 $\Delta\rho = \rho_B - \rho_0$,则电阻率的相对变化率为

$$\Delta\rho/\rho_0 = 0.273\mu^2 B^2 = k\rho_0(\mu B)^2 \tag{6.2}$$

由式(6.2)可知,磁场一定时,迁移率高的材料磁阻效应明显。InSb、InAs 等半导体的载流子迁移率都很高,更适合制作磁敏电阻。

6.1.2 磁敏电阻的分类与特性

1. 磁敏电阻的分类

磁敏电阻主要分为半导体磁敏电阻和金属薄膜型磁敏电阻两大类。半导体磁敏电阻

适用于较强永久磁体的各种传感器，具有原始信号强、灵敏度高、后序处理电路简单等特点。金属薄膜型磁敏电阻是将坡莫合金沉积在衬底上形成薄膜，经光刻制成各种型号的芯片。由于坡莫合金材料是各向异性的，在外加磁场下，与通电电流平行和垂直的两个方向所体现的电阻率不同，导致芯片的交流电阻变化。金属薄膜电阻对弱磁场很敏感，但电阻变化率较低。该器件的温度系数比半导体低，成本低，易于实现批量生产和集成化处理。

2. 磁敏电阻的主要特性

1) B-R 特性

磁敏电阻的 B-R 特性用无磁场时的电阻 R_0 和磁场强度为 B 时的电阻 R_B 来表示。R 随元件的形状不同而异，为数十欧至数千欧；R_B 随磁感应强度的变化而变化。

2) 灵敏度特性

磁敏电阻的灵敏度特性是用在一定磁场强度下的电阻变化率来表示的，即磁场-电阻特性的斜率，常用 K 表示，常用磁场强度为 0.3T 时的磁阻元件电阻值与零磁场时的磁阻元件电阻值的比值求得

$$K = R_S/R_0 \tag{6.3}$$

式中，R_S 为磁感应强度为 0.3T 时的电阻值；R_0 为无磁场时的电阻。

一般情况下，磁敏电阻的灵敏度不小于 2.7。

3) 温度系数

磁敏电阻的温度系数一般约为–2%/℃。为了补偿电阻的温度特性，采用两个元件串联，用差动方式工作，电压从中点输出，这样可使温度系数下降一个数量级，约为 0.3%/℃，大幅度改善了温度特性。

4) 频率特性

磁敏电阻的工作频率范围通常为 1～10MHz。

6.2 磁敏二极管和磁敏三极管

磁敏二极管、磁敏三极管是继霍尔元件和磁敏电阻之后迅速发展起来的新型磁电转换器件。它们具有输出信号大、磁灵敏度高(磁灵敏度比霍尔元件高数百倍甚至数千倍)、工作电流小、体积小、电路简单、能识别磁场的极性等特点，因而在磁场、转速、探伤等检测与控制等方面得到普遍应用。

6.2.1 磁敏二极管

1. 磁敏二极管的结构与工作原理

磁敏二极管的工作原理如图 6.1 所示。当磁敏二极管的 P 区接电源正极，N 区接电源负极，即外加正向偏置电压时，随着磁敏二极管所受磁场的变化，流过二极管的电流也在变化，也就是说，二极管等效电阻随着磁场的不同而不同。

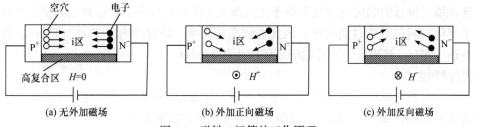

| (a) 无外加磁场 | (b) 外加正向磁场 | (c) 外加反向磁场 |

图 6.1　磁敏二极管的工作原理

在垂直于纸面方向上有磁感应强度 B 时，电子和空穴受洛伦兹力作用，其运动路径都偏向高复合区，如图中 6.1 箭头所示。这样加大了载流子的复合速率，空穴和电子复合就失去导电作用，意味着基区的等效电阻加大，电流减小。反之，如果磁感应强度 B 的方向与原方向相反，载流子偏向低复合区，基区等效电阻减小，电流加大。

随着磁场大小和方向的变化，会产生正负输出电压的变化，特别是在较弱的磁场作用下，可获得较大输出电压。如果 r 区和 r 区之外的复合能力之差越大，那么磁敏二极管的灵敏度就越高。

利用磁敏二极管随磁场强度变化而变化的关系，可以实现磁电转换。并且磁敏二极管在正、负向磁场作用下输出信号增量的方向不同，因此利用磁敏二极管可以判别磁场的方向。

2. 磁敏二极管的主要特性

1) 磁灵敏度

一般情况下，磁敏二极管的磁灵敏度是指在给定电压源 E 和负载电阻 R 的条件下，外加磁感应强度 $B=0.1\mathrm{T}$ 时，输出端的电压相对增量和电流相对增量，电压和电流相对磁灵敏度分别定义如下：

$$k_{\mathrm{R}u} = \frac{u_{\mathrm{B}} - u_0}{u_0} \times 100\% \tag{6.4}$$

$$k_{\mathrm{R}i} = \frac{I_{\mathrm{B}} - I_0}{I_0} \times 100\% \tag{6.5}$$

式中，u_0 为磁场强度为零时，二极管两端的电压；u_{B} 为磁场强度为 B 时，二极管两端的电压；I_0 为磁场强度为零时，二极管的电流；I_{B} 为磁场强度为 B 时，二极管的电流。

需要注意的是，如果使用磁敏二极管时的情况和元件出厂的测试条件不一致，应重新测试其灵敏度。

2) 伏安特性

在给定磁场情况下，磁敏二极管两端正向偏压和通过它的电流的关系曲线如图 6.2 所示。

由图 6.2 可见，在负向磁场作用下，磁敏二极管电阻小，电流大；在正向磁场作用下，磁敏二极管电阻大，电流小。

3) 频率特性

磁敏二极管的频率特性由注入载流子在"基区"被复合和保持动态平衡的弛豫时间所

决定。硅磁敏二极管的响应时间几乎等于注入载流子漂移过程中被复合并达到动态平衡的时间。半导体材料的弛豫时间很短，因此有较高的频率。硅管的响应时间小于 1μs，即响应频率高达 1MHz。锗磁敏二极管的响应频率小于 10kHz。

4）温度特性

温度特性是指在标准测试条件下，输出电压变化量ΔU（或无磁场作用时中点电压 u_m）随温度变化的规律，如图 6.3 所示，磁敏二极管受温度的影响较大。

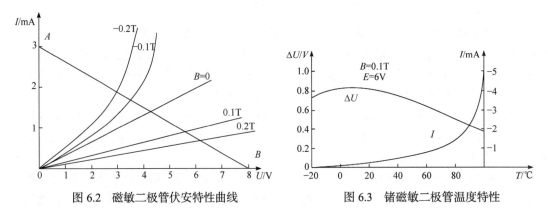

图 6.2　磁敏二极管伏安特性曲线　　　　图 6.3　锗磁敏二极管温度特性

磁敏二极管的温度特性好坏，也可用温度系数来表示。锗磁敏二极管在 0～40℃时输出电压的温度系数为–60mV/℃，硅磁敏二极管在温度为–20～120℃时，其输出电压的温度系数为+10mV/℃。它们受温度的影响较大。锗磁敏二极管的磁灵敏度温度系数为–1%/℃，温度高于 60℃时的灵敏度很低，不能应用。硅磁敏二极管的磁灵敏度温度系数为–6%/℃，它在 120℃时仍有较大的磁灵敏度。

6.2.2　磁敏三极管

1. 磁敏三极管的结构与工作原理

磁敏三极管是以长基区为主要特征，NPN 型磁敏三极管的结构和符号如图 6.4 所示。磁敏三极管有两个 PN 结，其中发射极 E 和基极 B 之间的 PN 结是由长基区二极管构成的，同时又设置了高复合区 r 区和本征区 r 区。

当不受磁场作用时，如图 6.5(a)所示，因为基区长度大于载流子有效扩散长度，载流子除少部分输入集电极 c 外，大部分形成基极电流，所以共发射极直流电流增益$\beta=I_c/I_b<1$。

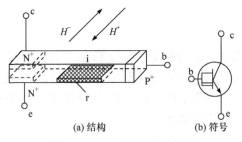

(a) 结构　　　　　(b) 符号

图 6.4　NPN 型磁敏三极管

当受到正向磁场作用时，如图 6.5(b)所示，载流子受洛伦兹力而偏向高复合区，使集电极 c 的电流减少。

当受到反向磁场作用时，如图 6.5(c)所示，载流子在洛伦兹力作用下背离高复合区，使集电极 c 的电流增加。

可见，磁敏三极管与磁敏二极管的工作原理基本相同，即使基极电流 I_b 恒定，靠外加

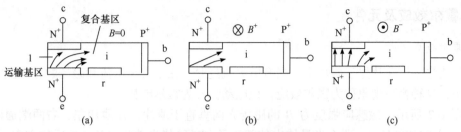

图 6.5 磁敏三极管工作原理示意图

磁场同样可改变集电极电流 I_c，这也是和普通晶体管不一样之处。

2. 磁敏三极管的主要特性

1）灵敏度

磁敏三极管的集电极电流的相对灵敏度 $h_\pm$ 定义为

$$h_\pm = \left| \frac{I_{c\pm} - I_{c0}}{I_{c0}} \right| \times 100\% \tag{6.6}$$

式中，$I_{c\pm}$ 为外加磁场 $B = \pm 0.1\text{T}$ 时，磁敏三极管的集电极电流；I_{c0} 为外磁场 $B = 0$ 时的集电极电流。

磁灵敏度还可以用输出电压来表示。设不加磁场、集电极负载为 R_L 时，输出电压为 U_o，在外加磁场 $B = \pm 0.1\text{T}$ 时，输出电压为 $U_\pm$，则

$$\Delta U_\pm = |U_o - U_\pm| = I_{c0} h_\pm R_L \tag{6.7}$$

2）伏安特性

伏安特性定义为基极电流恒定时，在不同磁感应强度下，集电极电流与集射电压的关系曲线，图 6.6 给出了磁敏三极管在基极恒流条件下（$I_b = 3\text{mA}$）、磁场为 0.1T 时的集电极电流的变化。

3）频率特性

长基区磁敏三极管的截止频率主要取决于载流子渡越基区的时间。3CCM 型硅磁敏三极管对可变磁场的响应时间约为 0.4μs，截止频率为 2.5MHz 左右。3BCM 型锗磁敏三极管对可变磁场的响应时间为 1μs，截止频率为 1MHz 左右。

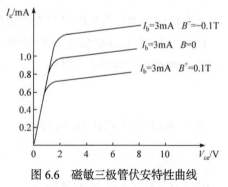

图 6.6 磁敏三极管伏安特性曲线

6.3 霍尔传感器

霍尔传感器也是一种磁电式传感器，它是利用霍尔元件基于霍尔效应而将被测量转换成电动势输出的一种传感器。霍尔元件在静止状态下具有感受磁场的独特能力，并且具有结构简单、体积小、噪声小、频率范围宽（从直流到微波）、动态范围大（输出电势变化范围

可达 1000:1) 以及寿命长等特点, 因此获得了广泛应用。

6.3.1　霍尔效应及元件

1. 霍尔效应

金属或半导体薄片置于磁场中, 当有电流流过时, 在垂直于电流和磁场的方向上将产生电动势, 这种物理现象称为霍尔效应, 该电动势称为霍尔电势。

如图 6.7 所示, 磁感应强度为 B 的磁场方向垂直于薄片, 在薄片左、右两端通以激励电流 I, 方向如图所示, 那么半导体中的载流子(电子)将沿着与电流 I 相反的方向运动。

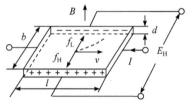

图 6.7　霍尔效应原理图

由于外磁场 B 的作用, 电子受到洛伦兹力而发生偏转。此时, 每个电子受洛伦兹力 f_L 的大小为

$$f_L = eBv \tag{6.8}$$

式中, e 为电子电荷; v 为电子运动平均速度; B 为磁场的磁感应强度。

电子除了沿电流反方向做定向运动外, 还在 f_L 的作用下漂移, 结果在薄片的后端面上电子积累带负电, 而前端面缺少电子带正电, 在前后两端形成附加的内电场 E_H, 称为霍尔电场, 该电场强度为

$$E_H = \frac{U_H}{b} \tag{6.9}$$

式中, U_H 为霍尔电势; b 为霍尔片的宽度。

由于霍尔电场的存在, 电子产生电场力 $f_H = eE_H$。随着内、外侧面积累电荷的增加, 霍尔电场增大, 电子受到的霍尔电场力也增大, 当 f_L 和 f_H 相等时, 电子积累达到动态平衡。此时有

$$E_H = vB \tag{6.10}$$

此时洛伦兹力与霍尔电场力方向相反, 二者大小相等, 电荷将不再向两侧面积累。

假设金属导电板单位体积内的电子数为 n, 电子运动平均速度为 v, 则激励电流 $I = Q/t = nevtbd/t = nevbd$, 则有

$$v = \frac{I}{nebd} \tag{6.11}$$

将式(6.11)代入式(6.10)可得

$$E_H = \frac{IB}{nebd} \tag{6.12}$$

将式(6.12)代入式(6.9)可得

$$U_H = \frac{IB}{ned} \tag{6.13}$$

$R_H = 1/ne$, 称为霍尔常数, 其大小取决于导体载流子密度, 则

$$U_H = \frac{R_H IB}{d} = K_H IB \tag{6.14}$$

式中, $K_H = R_H/d$, 称为霍尔片的灵敏度系数, 与载流材料的物理性质和几何尺寸有关,

表示在单位磁感应强度和单位激励电流时的霍尔电势大小。

霍尔元件激励极间电阻 $R = \rho l/(bd)$ ，同时 $R = U/I = El/I = vl/(\mu nevbd)$ （因为 $\mu = v/E$ ，μ 为电子迁移率），则

$$\frac{\rho l}{bd} = \frac{l}{\mu nebd} \tag{6.15}$$

所以

$$R_{\mathrm{H}} = \mu \rho \tag{6.16}$$

式中， ρ 为载流体的电阻率。

霍尔常数等于霍尔片材料的电阻率与载流子迁移率的乘积。若要霍尔效应强，则希望有较大的霍尔系数 R_{H} ，因此要求霍尔片材料有较大的电阻率和载流子迁移率。一般金属材料载流子迁移率很高，但电阻率很小；而绝缘材料电阻率极高，但载流子迁移率极低，故只有半导体材料(尤其是 N 型半导体)适合制造霍尔片。

当磁感应强度 B 和元件平面法线成一角度 α 时，作用在元件上的有效磁场是其法线方向的分量，即 $B\cos\alpha$ ，这时，

$$E_{\mathrm{H}} = K_{\mathrm{H}} IB\cos\alpha \tag{6.17}$$

当激励电流的方向或磁场的方向改变时，输出电势的方向也将改变。但当两者同时改变方向时，霍尔电势极性不变。霍尔电势正比于激励电流 I 及磁感应强度 B ，霍尔片的灵敏度系数与霍尔系数 R_{H} 成正比而与霍尔片的厚度 d 成反比，一般要求它越大越好。因此，为了提高灵敏度，霍尔元件常制成薄片形状。

2. 霍尔元件的结构

把具有霍尔效应的半导体材料进行一定的封装，就构成了霍尔元件。霍尔元件采用的材料有 N 型锗、锑化铟、砷化铟、砷化镓及磷砷化铟等。锑化铟元件的输出电势较大，但受温度的影响也较大；砷化铟元件及锗元件的输出不如锑化铟大，但温度系数小，并且线性度也好；砷化镓元件的温度特性好，但价格较贵；磷砷化铟元件的温度特性是所有霍尔元件中最好的，其霍尔系数受温度的影响极小。

6.3.2 霍尔元件的主要特性参数

1. 额定激励电流 I_{H} 和最大激励电流 I_{M}

使霍尔元件在空气中产生 10℃温升时所施加的激励电流称为额定激励电流。以元件允许最大温升为限制所对应的激励电流称为最大激励电流。由于霍尔电势随激励电流增加而增大，因此在应用中希望选用较大的激励电流。但激励电流增大，会使得霍尔元件的功耗增大，元件温度升高，引起霍尔电势的温漂增大，可以通过改善霍尔元件的散热条件，使激励电流增加。每种型号的霍尔元件均规定了相应的最大激励电流，数值从几毫安到几十毫安。

2. 灵敏度 K_{H}

霍尔元件在单位磁感应强度和单位激励电流作用下的空载霍尔电势值，称为霍尔元件

的灵敏度，它反映了霍尔元件本身所具有的磁电转换能力，一般都希望它越大越好。

3. 输入电阻 R_i 和输出电阻 R_o

输入电阻 R_i 是指霍尔元件激励电极间的电阻值，规定要在无外磁场和室温 (20℃±5℃) 的环境温度中测量。输出电阻 R_o 是指霍尔电极间的电阻，同样要求在无外磁场和室温下测量。

4. 不等位电势 U_M 和不等位电阻 R_M

不等位电势是指霍尔元件在额定激励电流下，当外加磁场为零时，霍尔元件输出端之间的开路电压，用符号表示 U_M。它主要是由两个霍尔电极不在同一等位面上所致。另外，霍尔元件的几何形状不对称和材料的电阻率不均匀，电极与基片接触不良，也会产生不等位电势，一般要求不大于 1mV。在实际应用中多采用电桥法来补偿不等位电势引起的误差。

不等位电阻是由霍尔电极 2 和 2′ 不在同一等位面上以及材料电阻率不均匀而引起的，用符号 R_M 表示，如图 6.8 所示。

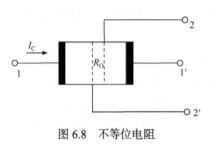

图 6.8　不等位电阻

5. 寄生直流电势 U_P

当没有外加磁场，霍尔元件用交流电流控制时，霍尔电极的输出有一个寄生直流电动势，它主要是由控制电极和基片之间的非完全欧姆接触所产生的整流效应造成的。寄生直流电势一般在 1mV 以下，它是影响霍尔片温漂的因素之一。

6.3.3　霍尔传感器的应用

1. 霍尔式微位移传感器

霍尔元件具有结构简单、体积小、动态特性好和寿命长的优点，它不仅用于磁感应强度、有功功率及电能参数的测量，也在位移测量中得到广泛应用。

图 6.9 给出了一些霍尔式位移传感器的工作原理图。图 6.9(a) 是磁场强度相同的两块永久磁铁，同极性相对地放置，霍尔元件处在两块磁铁的中间。由于磁铁中间的磁感应强度 $B=0$，因此霍尔元件输出的霍尔电势 U_H 也等于零，此时位移 $\Delta x = 0$。若霍尔元件在两磁铁中产生相对位移，霍尔元件感受到的磁感应强度也随之改变，这时 U_H 不为零，其量值大小反映出霍尔元件与磁铁之间相对位置的变化量。这种结构的传感器，其动态范围可达 5mm，分辨率为 0.001mm。

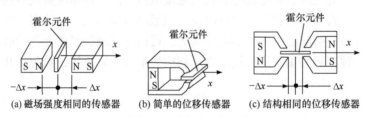

(a) 磁场强度相同的传感器　　(b) 简单的位移传感器　　(c) 结构相同的位移传感器

图 6.9　霍尔式位移传感器的工作原理图

2. 霍尔式无刷直流电机

这是一种采用霍尔传感器驱动的无触点直流电动机，它的基本原理如图 6.10 所示。由图 6.10 可知，转子是长度为 L 的圆筒形永久磁铁，并且以径向极化，定子线圈分成 4 组呈环形放入铁心内侧槽。当转子处于图 6.10(a) 中所示位置时，霍尔元件 H_1 感应到转子磁场，便有霍尔电势输出，其经 T_4 管放大后便使 L_{x2} 通电，对应定子铁心产生一个与转子呈 90°的超前激励磁场，它吸引转子逆时针旋转；当转子旋转 90°以后，霍尔元件 H_2 感应到转子磁场，便有霍尔电势输出，其经管 T_2 放大后便使 L_{y2} 通电，于是产生一个超前 90°的激励磁场，它再吸引转子逆时针旋转。这样线圈依次通电，由于有一个超前 90°的逆时针旋转磁场吸引着转子，电机便连续运转起来，其运转顺序如下：N 对 H_1→T_4 导通→L_{x2} 通电，S 对 H_2→T_2 导通→L_{y2} 通电，S 对 H_1→T_3 导通→L_{x1} 通电，N 对 H_2→T_1 导通→L_{y1} 通电。霍尔式直流无刷电机在实际使用时，一般需要采用速度负反馈的形式来达到电机稳定和电机调速的目的。

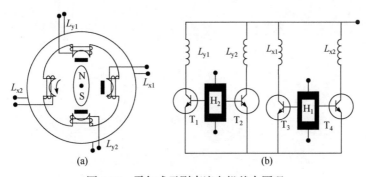

图 6.10 霍尔式无刷直流电机基本原理

本 章 小 结

(1)磁电式传感器是通过磁电作用将磁信号转换成电信号的传感器，其敏感元件主要是半导体材料。按结构不同可以分为体型和结型两大类，体型包括霍尔传感器和磁敏电阻，结型包括磁敏二极管和磁敏三极管等。

(2)磁敏电阻基于磁阻效应，频率特性好(可达数千赫兹)，动态范围宽，噪声低(信噪比高)，应用范围广泛。

(3)磁敏二极管和磁敏三极管是新型的半导体磁敏元件，具有较高的磁灵敏度、体积和功耗小、能识别磁场极性等优点，在交、直流弱磁场检测等方面应用较多。

(4)把霍尔元件置于磁场中时，磁场方向垂直于霍尔元件，当有控制电流流过霍尔元件时，在垂直于电流和磁场的方向上将产生感应电动势，这种现象称为霍尔效应。霍尔传感器的基本误差主要由不等位电势误差和温度误差构成，不等位电势产生的原因是当今制造工艺不可能保证两个霍尔电极绝对对称地焊接在霍尔元件的两侧。

习题与思考题

6-1 什么是磁阻效应？简述磁敏电阻的工作原理。

6-2 磁敏二极管和磁敏三极管的主要特性分别是什么？

6-3 磁敏三极管的应用场合有哪些？

6-4 什么是霍尔效应？霍尔电势与哪些因素有关？试设计一个利用霍尔元件作为运算器进行两个电压相乘运算的方案。

6-5 什么是不等位电势？如何消除不等位电势？

第7章　压电式传感器

压电式传感器是利用某些介质材料(如石英晶体)的压电效应制成的,是一种典型的双向有源传感器。压电式传感器具有体积小、重量轻、工作频带宽、灵敏度高、工作可靠、测量范围广等优点,适用于对各种动态力、机械冲击与振动的测量,广泛应用在力学、声学、医学、宇航等方面。

7.1　压电效应及材料

7.1.1　压电效应

压电效应分为正向压电效应和逆向压电效应。某些离子型晶体的电介质,当沿着一定方向对其施加外力时,其内部就会产生极化现象,相应地在它的两个相对的表面上产生符号相反的电荷,当去掉外力后,又重新恢复到不带电状态,当外力方向改变时,电荷的极性也随之改变,晶体受力所产生的电荷量与外力成正比,这种将机械能转换为电能的现象,称为正向压电效应。压电式传感器大多数是利用正向压电效应制成的。

反之,在晶体的极化方向施加一电场,晶体将产生机械变形,当外加电场消失时,机械变形也随之消失,这一现象称为逆向压电效应。

具有压电效应的材料称为压电材料,由上可见,压电材料能实现机-电能量的相互转换,具有可逆性。

7.1.2　压电材料与压电特性

1. 压电材料的主要特性参数

压电材料是压电式传感器的敏感材料,选择合适的压电材料是制作高性能压电式传感器的关键,其主要特性参数如下。

(1)压电常数:是衡量材料压电效应强弱的参数,一般应具有较大的压电常数。

(2)机械性能:通常希望其具有较高的机械强度和较大的刚度,以获得较宽的线性范围和较大的固有频率。

(3)电性能:应该具有较高的电阻率和大的介电常数,以减小电荷的泄漏,从而获得良好的低频特性。

(4)机械耦合系数:是指在压电效应中,转换输出能量与输入能量之比的平方根,它是衡量压电材料机-电能量转换效率的一个重要参数。

(5)居里点温度:是指压电材料开始丧失压电特性的温度,一般应具有较高的居里点温度,以得到更宽的工作温度范围。

2. 压电材料的分类

具有压电效应的材料很多。目前，常用的压电材料可以分为三类：压电晶体、压电陶瓷和高分子压电材料。

1) 压电晶体 (单晶体)

具有压电效应的单晶体统称为压电晶体。石英晶体 (SiO_2) 是一种具有良好压电特性的压电晶体。图 7.1(a) 所示的是天然结构的石英晶体，它是一个六角形晶柱。石英晶体是各向异性材料，在晶体学中可用三根相互垂直的轴 x、y、z 来表示。

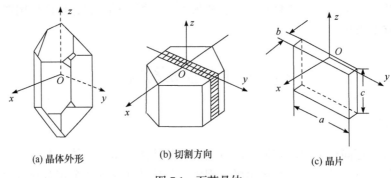

(a) 晶体外形　　　　(b) 切割方向　　　　(c) 晶片

图 7.1　石英晶体

z 轴：纵向轴 z 称为光轴 (或中性轴)，沿该方向受力时不产生压电效应。

x 轴：经过六面体棱线并垂直于光轴的轴 x 称为电轴，在垂直于此轴的面上压电效应最强。

y 轴：与 x 轴和 z 轴同时垂直的 y 轴称为机械轴，在电场作用下，沿该方向的机械变形最明显。

石英晶体的主要性能特点：①压电常数小。$d_{11}=2.1\times10^{-12}C/N$，$d_{14}=0.73\times10^{-12}C/N$。②时间和温度稳定性极好，在 20～200℃ 范围内，其压电常数几乎不变。③居里点温度为573℃，无热释电性，绝缘性、重复性好。④机械强度和品质因数高，刚度高，固有频率高，动态特性好。

2) 压电陶瓷 (多晶体)

压电陶瓷是人工制造的多晶体压电材料，材料内部有无数细微的单晶。每个单晶形成一个电畴。电畴具有一定的极化方向，从而存在电场。极化处理前的电畴在压电陶瓷中是杂乱分布的，各电畴的极化效应相互抵消，因此原始的压电陶瓷呈中性，不具有压电特性，如图 7.2(a) 所示。极化就是外加强电场使电畴趋向于按外电场方向排列，如图 7.2(b) 所示，且材料发生长度上的变形。当外电场去掉后，电畴的极化方向基本不变化，即剩余极化强度很大，这时的材料就具有压电特性，如图 7.2(c) 所示。

极化处理后的压电陶瓷在受外力作用时，剩余极化强度将随之发生变化，从而在某些表面上产生电荷。压电陶瓷在极化方向上的压电效应最明显，因此将极化方向定义为 z 轴，而垂直于 z 轴的平面内具有各向同性，压电效应相同，因此与 z 轴正交的任何方向都可以取做 x 轴和 y 轴，如图 7.3 所示。

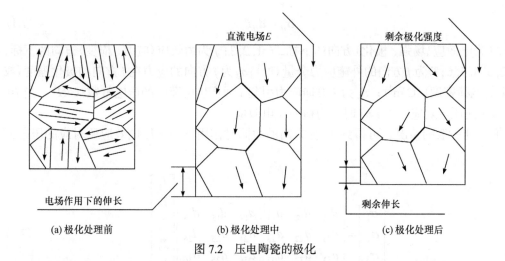

(a) 极化处理前　　　　　　(b) 极化处理中　　　　　　(c) 极化处理后

图 7.2　压电陶瓷的极化

压电陶瓷的种类繁多，常用的有钛酸钡（BaTiO₃）和锆钛酸铅（PZT）等。

钛酸钡：最早使用的压电陶瓷材料是钛酸钡（BaTiO₃）。它的压电常数约为石英的 50 倍，但居里点温度只有 $115℃$，使用温度不超过 $70℃$，温度稳定性和机械强度都不如石英。

锆钛酸铅：锆钛酸铅（PZT）的居里点温度在 $300℃$ 以上，且性能稳定，有较高的介电常数和压电常数。

此外还有铌镁酸铅系列，该系列具有极高的压电常数和较高的工作温度，而且能承受较高的压力。

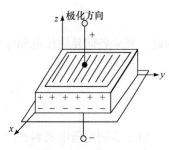

图 7.3　极化的压电陶瓷图

7.2　压电方程及压电常数矩阵

7.2.1　石英晶体的压电方程

压电方程是压电材料压电效应的数学描述，压电效应可以用一个方程 $\sigma = dT$ 来表示。对于各向异性的压电材料，方程必须能反映出材料压电特性的方向性。因此，该式实际应为向量矩阵形式。

设有一个 $X\,0°$ 切型的正六面体左旋石英晶片，其所在三维直角坐标系内的力-电作用状况如图 7.4 所示。

T_1、T_2、T_3 分别为沿 x、y、z 向的正应力分量（压应力为负），T_4、T_5、T_6 分别为绕 x、y、z 轴的切应力分量（顺时针方向为负）；σ_1、σ_2、σ_3 分别为在 x、y、z 面上产生的电荷密度。

因此，各向异性的石英晶片，单一作用力的压电效应：

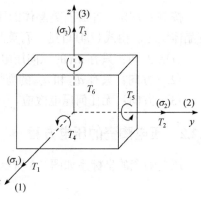

图 7.4　$X\,0°$ 切型石英晶体的力电分布

$$\sigma_{ij} = d_{ij}T_j \qquad (7.1)$$

式中，i 为电效应（场强、极化）方向的下标，$i=1, 2, 3$；j 为力效应（应力、应变）方向的下标，$j=1, 2, 3, 4, 5, 6$；T_j 为 j 方向的外施应力分量（Pa）；σ_{ij} 为 j 方向的应力在 i 方向的极化强度（或 i 面上的电荷密度）（C/m²）；d_{ij} 为 j 方向应力引起 i 面产生电荷时的压电常数（C/N）。当 $i=j$ 时，为纵向压电效应；当 $i \neq j$ 时，为横向压电效应。

推广到一般的情况，可得到 6 种方向的力同时作用下的全压电效应所对应的压电方程为

$$
\begin{bmatrix} \sigma_1 \\ \sigma_2 \\ \sigma_3 \end{bmatrix} =
\begin{bmatrix}
d_{11} & d_{12} & d_{13} & d_{14} & d_{15} & d_{16} \\
d_{21} & d_{22} & d_{23} & d_{24} & d_{25} & d_{26} \\
d_{31} & d_{32} & d_{33} & d_{34} & d_{35} & d_{36}
\end{bmatrix}
\begin{bmatrix} T_1 \\ T_2 \\ T_3 \\ T_4 \\ T_5 \\ T_6 \end{bmatrix}
\qquad (7.2)
$$

因此，完全各向异性压电晶体的压电特性用压电常数矩阵表示如下：

$$
\begin{bmatrix} d_{ij} \end{bmatrix} =
\begin{bmatrix}
d_{11} & d_{12} & d_{13} & d_{14} & d_{15} & d_{16} \\
d_{21} & d_{22} & d_{23} & d_{24} & d_{25} & d_{26} \\
d_{31} & d_{32} & d_{33} & d_{34} & d_{35} & d_{36}
\end{bmatrix}
\qquad (7.3)
$$

对于不同的压电材料，由于各向异性的程度不同，上述压电矩阵的 18 个压电常数中，实际独立存在的个数也各不相同，对于 $X\,0°$ 切型石英晶体的压电矩阵为

$$
\begin{bmatrix} d_{ij} \end{bmatrix} =
\begin{bmatrix}
d_{11} & d_{12} & 0 & d_{14} & 0 & 0 \\
0 & 0 & 0 & 0 & d_{25} & d_{26} \\
0 & 0 & 0 & 0 & 0 & 0
\end{bmatrix} =
\begin{bmatrix}
d_{11} & -d_{11} & 0 & d_{14} & 0 & 0 \\
0 & 0 & 0 & 0 & -d_{14} & -2d_{11} \\
0 & 0 & 0 & 0 & 0 & 0
\end{bmatrix}
\qquad (7.4)
$$

由式（7.4）可见，石英晶体具有较好的对称性，它独立的压电常数只有两个：

$$d_{11} = \pm 2.31 \times 10^{-12} (\text{C/N})$$

$$d_{14} = \pm 0.73 \times 10^{-12} (\text{C/N})$$

按 IRE 规定，左旋石英晶体的压电常数在受拉力时取 "+"，受压力时取 "-"；右旋石英晶体反之。由式（7.4）可见，石英晶体的压电效应如下。

(1) x 方向：只有 d_{11} 的纵向压电效应、d_{12} 的横向压电效应和 d_{14} 的剪切压电效应。

(2) y 方向：只有 d_{25} 和 d_{26} 的剪切压电效应。

(3) z 方向：无任何压电效应。

7.2.2　压电陶瓷的压电方程

压电陶瓷的坐标系如图 7.3 所示，现以钛酸钡压电陶瓷为例，给出其压电方程为

$$\begin{bmatrix} \sigma_1 \\ \sigma_2 \\ \sigma_3 \end{bmatrix} = \begin{bmatrix} 0 & 0 & 0 & 0 & d_{15} & 0 \\ 0 & 0 & 0 & d_{24} & 0 & 0 \\ d_{31} & d_{32} & d_{33} & 0 & 0 & 0 \end{bmatrix} \begin{bmatrix} T_1 \\ T_2 \\ T_3 \\ T_4 \\ T_5 \\ T_6 \end{bmatrix} \tag{7.5}$$

其压电矩阵为

$$[d_{ij}] = \begin{bmatrix} 0 & 0 & 0 & 0 & d_{15} & 0 \\ 0 & 0 & 0 & d_{24} & 0 & 0 \\ d_{31} & d_{32} & d_{33} & 0 & 0 & 0 \end{bmatrix} = \begin{bmatrix} 0 & 0 & 0 & 0 & d_{15} & 0 \\ 0 & 0 & 0 & d_{15} & 0 & 0 \\ d_{31} & d_{31} & d_{33} & 0 & 0 & 0 \end{bmatrix} \tag{7.6}$$

其中，独立的压电常数为

$$d_{33} = 190 \times 10^{-12} (\text{C/N})$$

$$d_{31} = d_{32} = -78 \times 10^{-12} (\text{C/N})$$

$$d_{15} = d_{24} = 250 \times 10^{-12} (\text{C/N})$$

由式(7.6)可见，钛酸钡压电陶瓷也不是在任何方向上都具有压电效应，其压电效应如图 7.5 所示。

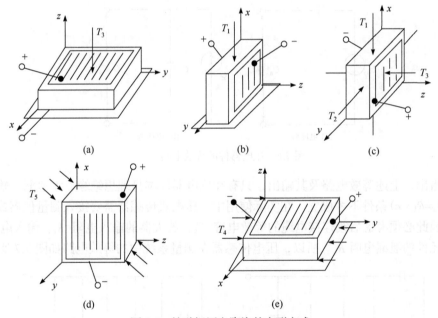

图 7.5 钛酸钡压电陶瓷的变形方式

(1)在 z 方向存在有 d_{33}(图 7.5(a))的纵向压电效应，d_{31}(图 7.5(b))和 d_{32} 的横向压电效应。

(2)在 z 方向还有三相应力 T_1、T_2、T_3 同时作用下的体积变形(图 7.5(c))，目前最常使用的是厚度变形的压缩式和剪切变形的剪切式两种。

(3)在 x 方向和 y 方向存在 d_{15}(图 7.5(d))和 d_{24}(图 7.5(e))的剪切压电效应。

7.3 压电式传感器的等效电路与测量电路

7.3.1 压电式传感器的等效电路

由压电元件的工作原理可知，压电式传感器可以看作一个电荷源，同时当其表面聚集电荷时又可以等效为一个电容器，则其电容量为

$$C_a = \frac{\varepsilon_r \varepsilon_0 A}{d} \tag{7.7}$$

式中，A 为压电片的面积；d 为压电片的厚度；ε_r 为压电材料的相对介电常数；ε_0 为真空的介电常数，$\varepsilon_0 = 8.854 \times 10^{-12} \, \text{F/m}$。

当压电元件受外力作用时，两表面产生的电荷量 Q，在开路状态下电容器上的电压 U_a 和电容量 C_a 三者之间的关系为

$$U_a = \frac{Q}{C_a} \tag{7.8}$$

因此，压电传感器可以等效为一个电压源与电容器的串联电路，如图 7.6(a) 所示。同时也可等效为一个电荷源与电容器的并联电路，如图 7.6(b) 所示。

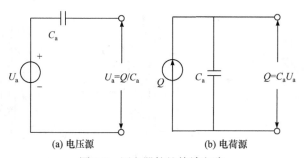

图 7.6　压电器件的等效电路

必须指出，上述等效电路及其输出，只有在压电器件本身理想绝缘、无泄漏、输出端开路(即 $R_a = R_L = \infty$)条件下才成立。在实际使用中，压电式传感器需要接入测量仪器或测量电路中，因此必须考虑后续连接电缆的等效电容 C_c、放大器的输入电阻 R_i、输入电容 C_i 以及压电元件的泄漏电阻 R_a。所以，压电传感器在测量系统中的等效电路如图 7.7 所示。

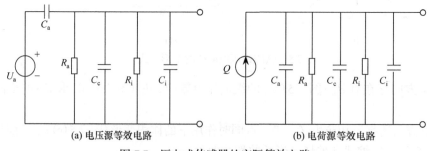

图 7.7　压电式传感器的实际等效电路

7.3.2　压电式传感器的测量电路

由于压电式传感器本身的内阻抗很大，输出能量较小，因此给它的后续测量电路提出了很高的要求。为解决这一问题，通常将压电传感器的输出接入一个高输入阻抗的前置放大器。经过阻抗变换后再送入普通的放大器进行放大、检波等处理。

前置放大器的作用是：①把传感器的高输出阻抗（一般 1000MΩ 以上）变换为低输出阻抗（小于 100Ω）；②放大传感器输出的微弱信号。压电传感器的输出可以是电压信号，也可以是电荷信号，因此前置放大器也有两种形式：电压放大器和电荷放大器。

1.电压放大器

如图 7.8(a) 所示，为压电元件与电压放大器连接的等效电路，可将图 7.8(a) 简化成图 7.8(b)，可得放大器的输入电压为

$$\dot{U}_i = \frac{U_a j\omega R C_a}{1 + j\omega R(C_a + C)} \tag{7.9}$$

式中，$R = R_a R_i / (R_a + R_i)$ 为测量回路等效电阻；$C = C_a + C' = C_a + C_i + C_c$ 为测量回路等效电容；ω 为压电转换的角频率。

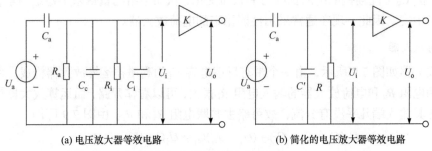

(a) 电压放大器等效电路　　　　　　　　(b) 简化的电压放大器等效电路

图 7.8　电压放大器电路

假设压电器件取压电常数为 d_{33} 的压电陶瓷，并在极化方向上受交变力 $F = F_m \sin\omega t$，产生的电荷为 $Q = d_{33}F$，则

$$U_a = \frac{Q}{C_a} = \frac{d_{33}}{C_a} F = \frac{d_{33}}{C_a} F_m \sin\omega t \tag{7.10}$$

因此有放大器的输入电压为

$$\dot{U}_i = \frac{d_{33}}{C_a} \dot{F} \frac{j\omega R C_a}{1 + j\omega R(C_a + C)} = d_{33}\dot{F} \frac{j\omega R}{1 + j\omega R(C_a + C_i + C_c)} \tag{7.11}$$

由式 (7.11) 可知，电压灵敏度的复数形式为

$$K_u = \frac{\dot{U}_i}{\dot{F}} = \frac{d_{33} j\omega R}{1 + j\omega R(C_a + C)} \tag{7.12}$$

电压灵敏度的幅值和相位分别为

$$K_{um} = \left|\frac{\dot{U}_i}{\dot{F}}\right| = \frac{d_{33}\omega R}{\sqrt{1 + \left[\omega R(C_a + C)\right]^2}} \tag{7.13}$$

$$\varphi = \frac{\pi}{2} - \arctan[\omega R(C_a + C)] \qquad (7.14)$$

由式(7.13)可知，当作用在压电元件上的力是静态力($\omega=0$)时，$K_{um}=0$，放大器的输入电压为 0，此时压电元件产生的电荷会通过放大器的输入电阻和传感器本身的泄露电阻漏掉，因此压电式传感器不能用于测量静态量。为扩大压电式传感器的低频响应范围，就必须尽量提高电路的时间常数。电容 C 的增加会降低传感器的电压灵敏度，故通过提高电路电阻的方式增加时间常数。由于传感器的等效漏电阻一般均很大，所以测量电路的电阻主要取决于前置放大器的输入电阻。放大器输入电阻越大，传感器低频特性越好。

压电材料在交变力的作用下，电荷可以不断补充，以供给测量回路一定的电流，故适用于动态测量。当 $\omega R(C_a + C) \gg 1$ 时，式(7.13)可简化为

$$K_{um} = \frac{d_{33}}{C_a + C} \qquad (7.15)$$

此时，电压灵敏度为一个常数，可见，压电器件的高频响应特性好，特别适合于测量动态量。

从前述分析可知，电压放大器电路的输出电压与电容 $C_a+C_i+C_c$ 密切相关，虽然 C_a 和 C_i 都很小，但 C_c 会随连接电缆的长度与形状而变化，从而会给测量带来不稳定因素，影响传感器的灵敏度。因此，现在通常采用性能稳定的电荷放大器。

2. 电荷放大器

电荷放大器如图 7.9 所示，由一个带有反馈电容 C_f 的高增益运算放大器构成。由于传感器的泄漏电阻 R_a 和电荷放大器的输入电阻 R_i 很大，可以看作开路，而运算放大器输入阻抗极高，在其输入端几乎没有分流，故可略去并联电阻 R_a 和 R_i。由图 7.9 可得

$$Q \approx U_i(C_a + C_c + C_i) + (U_i - U_o)C_f = U_i C + (U_i - U_o)C_f \qquad (7.16)$$

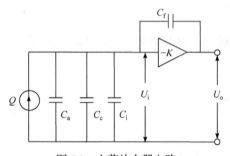

图 7.9　电荷放大器电路

由运算放大器基本特性：$U_o= -KU_i$，可求出电荷放大器的输出电压为

$$U_o = \frac{-KQ}{C_a + C_c + C_i + (1+K)C_f} \qquad (7.17)$$

通常 $K=10^4 \sim 10^8$，因此，当满足 $(1+K)C_f \gg C_a + C_c + C_i$ 时，式(7.17)可简化为

$$U_o \approx -\frac{Q}{C_f} \qquad (7.18)$$

可见，在一定条件下，电荷放大器的输出电压 U_o 仅取决于输入电荷与反馈电容 C_f，与电缆电容 C_c 无关，且与电荷 Q 成正比，这是电荷放大器的最大特点。为了得到必要的测量精度，要求反馈电容 C_f 的温度和时间稳定性都很好。在实际电路中，考虑到不同的量程等因素，C_f 的容量做成可选择的，范围一般为 $10^2 \sim 10^4 pF$。如果将 C_f 选择为一个高精度和高稳定性的电容，则输出电压将仅仅取决于电荷量 Q 的大小。

7.3.3　压电元件的连接

单片压电元件产生的电荷量很小，在实际应用中一般采用将两片(有时也采用多片)同

型号的压电元件黏结在一起的方式以提高压电传感器的输出灵敏度。由于压电晶体是有极性的，因而两片压电片连接的方式有串、并联两种，如图 7.10 所示。

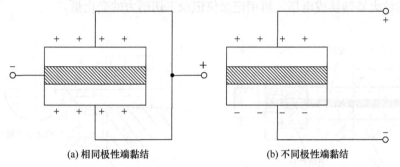

(a) 相同极性端黏结   (b) 不同极性端黏结

图 7.10　压电元件连接方式

从外加作用力看，压电元件是串接的，因而每片受到的作用力相同，产生的变形和电荷数量都与单片时相同。从电路上看，图 7.10(a) 是并联接法，两个压电片的负端黏结在一起，中间插入的金属电极成为压电片的负极，将两边的电极连接起来作为正电极，类似两个电容的并联。图 7.10(b) 是串联接法，两压电片不同极性端黏结在一起，中间黏结处正负电荷中和，上、下极板的电荷量与单片时相同。两种不同接法的特性如表 7.1 所示。

表 7.1　压电片串并联的特点

连接方式	输出参数	特点
并联	电压相等 $U_\Sigma = U_i$ 电容相加 $C_\Sigma = nC_i$ 电荷相加 $Q_\Sigma = nQ_i$	输出电荷大，本身电容大，时间常数大，适用于低频信号测量，并且以电荷作为输出量的场合
串联	电荷相等 $Q_\Sigma = Q_i$ 电压相加 $U_\Sigma = nU_i$ 电容减小 $C_\Sigma = C/n$	输出电压大，本身电容小，时间常数小，适用于高频信号测量、以电压作输出信号，并且测量电路输入阻抗很高的场合

7.4　压电式传感器的应用

7.4.1　压电式测力传感器

图 7.11 所示的是压电式单向测力传感器的结构图，主要由压电晶片、绝缘材料、电极、传力上盖、电极引出插头及底座等组成。被测力通过传力上盖使压电晶片在沿轴方向受压力作用而产生电荷，两块晶片沿轴向反方向叠在一起，中间是一个片形电极，它收集负电荷。两压电晶片正电荷侧分别与传感器的传力上盖及底座相连，因此两块压电晶片并联使用，提高了传感器的灵敏度。片形电极通过电极引出插头将电荷输出，只要用电荷放大器测出 ΔQ，就可以测知 ΔF。

图 7.12 是利用压电式单向测力传感器测量刀具切削力的示意图，压电式单向测力传感器位于车刀前端的下方。切削前，虽然车刀紧压在传感器上，压电晶片在压紧的瞬间也曾

产生很大的电荷，但几秒之内，电荷就通过电路的泄漏电阻中和掉。切削过程中，车刀在切削力的作用下，上下剧烈颤动，将脉动力传递给压电式单向测力传感器。传感器的电荷变化量由电荷放大器转换成电压，再用记录仪记录下切削力的变化量。

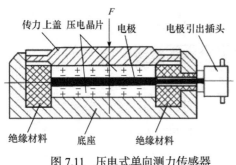

图 7.11　压电式单向测力传感器

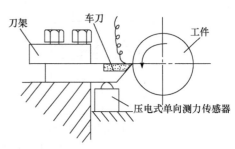

图 7.12　刀具切削力测量示意图

7.4.2　压电式加速度传感器

图 7.13 所示的是一种压电式加速度传感器的结构图。它主要由压电元件、质量块、预压弹簧、机座及外壳等组成。整个部件装在外壳内，并由螺栓加以固定。当压电式加速度传感器和被测物一起受到冲击振动时，压电元件受质量块惯性力的作用，根据牛顿第二定律，此惯性力是加速度 a 的函数，即

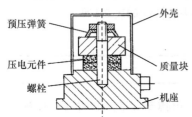

图 7.13　压电式加速度传感器结构图

$$F=ma \tag{7.19}$$

式中，F 为质量块产生的惯性力；m 为质量块的质量；a 为加速度。

此时惯性力 F 作用于压电元件上，因而产生电荷 q，当传感器选定后，m 为常数，则传感器输出电荷为

$$q=d_{11}F=d_{11}ma \tag{7.20}$$

因为 q 与加速度 a 成正比，所以只要测出压电式加速度传感器输出的电荷大小，就可以求出加速度 a 的大小。

本 章 小 结

压电式传感器的工作原理是基于某些材料(如石英晶体和压电陶瓷)的压电效应。压电效应分为正向压电效应和逆向压电效应。压电式传感器可以等效为电压源和电容的串联，也可以等效为电荷源与电容的并联。因为压电式传感器产生的电信号非常微弱，所以主要适于进行动态测量。

习题与思考题

7-1 压电式传感器的测量电路中为什么要接入前置放大器？压电式传感器为什么不适于对静态力的测量？

7-2 试说明压电元件在串联使用和并联使用时的输出电压、输出电荷、输出电容的关系，并说明各接法分别适用的场合。

7-3 用压电式加速度传感器后接电荷放大器测量振动输入量，若已知加速度传感器的灵敏度为 5pC/g，电荷放大器灵敏度为 100mV/pC。当输出电压为 5V 时，计算输入的加速度为多大？

7-4 有一压电式传感器，若采用 $X0°$ 切型的压电水晶作为敏感元件，其压电常数为 $d_{11} = 2.31×10^{-12}$ C/N，该压电水晶面积为 $A=250\text{mm}^2$，厚度为 1mm，当受到 $p = 10$ MPa 的压力作用时，求所产生的电荷量及输出电压值。

第8章 热电式传感器

在工业生产过程中，温度是一个非常重要的参数。热电式传感器就是一种将温度（热量）变化转换为电信号的装置，它是利用某些材料或元件的性能随温度变化的特性进行测温的。例如，将温度变化转换为电阻变化的热电阻、热敏电阻，将温度变化转换为电动势变化的热电偶等。除温度外，热电式传感器还可用于测量与温度相关的其他物理量，如流速、气体成分等。

8.1 热电偶传感器

热电偶是工业中使用最为普遍的接触式测温装置，它具有结构简单、使用方便、性能稳定、准确度高、热惯性小、测温范围大、信号可以远距离传输等特点。热电偶传感器广泛用于测量 100～1300℃ 的温度，根据需要还可以测量更高或更低范围内的温度。

8.1.1 热电效应

热电偶的工作原理是基于热电效应。将两种不同的导体组成一个闭合回路，当两个接点温度 t 和 t_0 不同时，回路中就会产生电动势，这种现象称为热电效应，相应的电动势称为热电势。这两种不同材料的导体的组合就称为热电偶，如图 8.1 所示。构成热电偶的导体 A、B 称为热电极。热电偶的两个接点中，置于被测温度场中的称为热端，也称为测量端或工作端（t）；另一个称为冷端，又称参考端或自由端（t_0），它通过导线与显示仪表或测量电路相连，如图 8.2 所示。

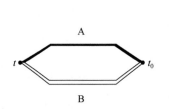

图 8.1 热电偶结构原理图

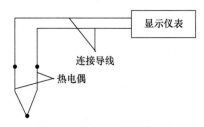

图 8.2 热电偶测温原理图

由理论分析可知，热电偶回路中的热电势是由温差电势和接触电势两部分组成的。

1. 温差电势

对单一金属导体，若导体两端的温度不同就会产生温差电势。在导体内部，热端的自由电子具有较大的动能，将向冷端移动，导致热端失去电子而带正电，冷端获得电子而带负电。这样，在导体两端便形成温差电势，其大小为

$$\begin{cases} E_A(t,t_0) = \dfrac{k}{e}\displaystyle\int_{t_0}^{t}\dfrac{1}{n_A(t)}\,\mathrm{d}[n_A(t)t] \\[3mm] E_B(t,t_0) = \dfrac{k}{e}\displaystyle\int_{t_0}^{t}\dfrac{1}{n_B(t)}\,\mathrm{d}[n_B(t)t] \end{cases} \tag{8.1}$$

式中，$E_A(t,t_0)$ 为导体 A 在两端温度为 t 和 t_0 时的温差电势；$E_B(t,t_0)$ 为导体 B 在两端温度为 t 和 t_0 时的温差电势；$n_A(t)$、$n_B(t)$ 分别为导体 A 和导体 B 的电子密度，是温度的函数。

2. 接触电势

接触电势是由两种导体的自由电子密度不同而在接触处形成的电动势。设两种金属 A、B 的自由电子密度不同，分别为 $n_A(t)$ 和 $n_B(t)$ 且 $n_A(t) > n_B(t)$。两种导体接触时，自由电子由密度大的导体 A 向密度小的导体 B 扩散，导体 A 因失去电子带正电，导体 B 因得到电子带负电。由于正负电荷的存在，在接触处产生电场，该电场阻碍扩散作用的进一步发生，同时引起反方向的电子转移，当扩散和反扩散达到动平衡时，在接触面的两侧就形成稳定的接触电势，如图 8.3 所示。

接触电势的大小取决于导体的性质和接触点的温度。两接点的接触电势可表示为

$$\begin{cases} E_{AB}(t) = \dfrac{kt}{e}\ln\dfrac{n_A(t)}{n_B(t)} \\[3mm] E_{AB}(t_0) = \dfrac{kt_0}{e}\ln\dfrac{n_A(t_0)}{n_B(t_0)} \end{cases} \tag{8.2}$$

式中，$E_{AB}(t)$、$E_{AB}(t_0)$ 为 A、B 两种导体在温度 t 和 t_0 时的接触电势；k 为玻耳兹曼常量，$k=1.38\times10^{-23}\mathrm{J/K}$；$e$ 为单位电荷量，$e=1.60\times10^{-19}\mathrm{C}$；$t$、$t_0$ 为两接触点的热力学温度；$n_A(t)$、$n_B(t)$ 和 $n_A(t_0)$、$n_B(t_0)$ 为温度分别为 t 和 t_0 时，A、B 两种材料的电子密度。

3. 回路总热电势

通过前面的分析可知，热电偶回路中产生的总热电势如图 8.4 所示。

$$E_{AB}(t,t_0) = E_{AB}(t) + E_B(t,t_0) - E_{AB}(t_0) - E_A(t,t_0) \tag{8.3}$$

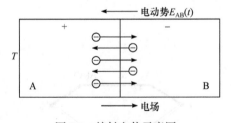

图 8.3　接触电势示意图

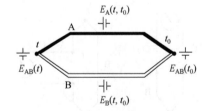

图 8.4　回路总热电势

由于温差电势比接触电势小很多，通常可以忽略不计，则热电偶的热电势可表示为

$$E_{AB}(t,t_0) = E_{AB}(t) - E_{AB}(t_0) \tag{8.4}$$

由式(8.4)可见，当热电偶两电极材料确定后，回路总热电势只与两端温度 t、t_0 有关。为了使用方便，一般取参考端温度 $t_0=0\,^{\circ}\mathrm{C}$，此时回路总的热电动势与热端温度 t 呈单值函

数关系，即

$$E_{\mathrm{AB}}(t, t_0) = E_{\mathrm{AB}}(t) - C = f(t) - C \tag{8.5}$$

在实际测量中，只要测出 $E_{\mathrm{AB}}(t, t_0)$ 的大小，就能通过查分度表得到被测温度 t，这就是热电偶的测温原理。

8.1.2 热电偶的基本定律

1. 中间导体定律

利用热电偶进行测温，必须在回路中引入连接导线和仪表，如图 8.5 所示，为热电偶接入仪表的两种不同形式。那么，接入导线和仪表后会不会影响回路中的热电势呢？

在图 8.5(a) 所示的回路中，忽略温差电势，则回路中的总热电势等于各接点的接触电势之和，即

$$E_{\mathrm{ABC}}(t, t_0) = E_{\mathrm{AB}}(t) + E_{\mathrm{BC}}(t_0) + E_{\mathrm{CA}}(t_0) \tag{8.6}$$

当 $t = t_0$ 时，有 $E_{\mathrm{ABC}}(t, t_0) = 0$，则

$$E_{\mathrm{BC}}(t_0) + E_{\mathrm{CA}}(t_0) = -E_{\mathrm{AB}}(t) \tag{8.7}$$

所以

$$E_{\mathrm{ABC}}(t, t_0) = E_{\mathrm{AB}}(t) - E_{\mathrm{AB}}(t_0) \tag{8.8}$$

式 (8.8) 说明，在热电偶测温回路内接入第三种导体，只要第三种导体的两端温度相同，则对回路的总热电势不会产生影响。这就是中间导体定律。该定律的意义在于：在用热电偶进行测温时，只要保证接入导线两端的温度相同即可保证测量的准确性。

2. 中间温度定律

在热电偶回路中，两接点温度为 t、t_0 时的热电势 $E_{\mathrm{AB}}(t, t_0)$ 等于热电偶在接点温度为 t、t_c 和 t_c、t_0 时的热电势 $E_{\mathrm{AB}}(t, t_\mathrm{c})$ 和 $E_{\mathrm{AB}}(t_\mathrm{c}, t_0)$ 的代数和，如图 8.6 所示，即

$$E_{\mathrm{AB}}(t, t_0) = E_{\mathrm{AB}}(t, t_\mathrm{c}) + E_{\mathrm{AB}}(t_\mathrm{c}, t_0) \tag{8.9}$$

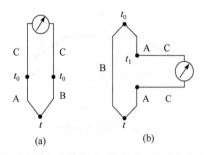

图 8.5　具有三种导体的热电偶回路

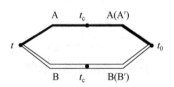

图 8.6　中间温度定律示意图

该定律是参考端温度计算修正法的理论依据，在实际热电偶测温回路中，利用热电偶这一性质，可对参考端温度不为 0℃ 的热电势进行修正。另外，根据这个定律，可以连接与热电偶热电特性相近的导体 A′ 和 B′，如图 8.6 所示，将热电偶冷端延伸到温度恒定的地

方，这也为热电偶回路中应用补偿导线提供了理论依据。

3. 标准电极定律

若两种导体 A、B 分别与导体 C 组成的热电偶在 (t, t_0) 时的热电势分别为 $E_{AC}(t, t_0)$ 和 $E_{BC}(t, t_0)$。在相同温度下，由 A、B 两种导体配对后的热电势 $E_{AB}(t, t_0)$ 可按式 (8.10) 计算：

$$E_{AB}(t, t_0) = E_{AC}(t, t_0) + E_{BC}(t, t_0) \tag{8.10}$$

这里导体 C 称为标准电极，如图 8.7 所示。标准电极定律也称为参考电极定律。

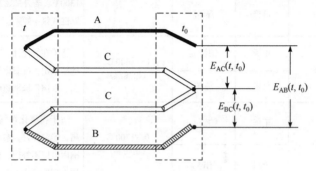

图 8.7　标准电极定律示意图

标准电极定律使得热电偶选配工作大为简化，只要已知任一导体与标准电极配对时的热电势，利用上述公式就可以求出任何两种导体配成热电偶的热电势。因为铂容易提纯，熔点高，性能稳定，所以标准电极通常采用纯铂丝制成。

8.1.3　热电偶类型和材料

为了准确可靠地测量温度，对组成热电偶的材料必须经过严格的选择。工程上用作热电偶的材料应满足以下条件：热电势变化尽量大，热电势与温度的关系尽量接近线性关系，物理、化学性能稳定，易加工，复现性好，便于成批生产，有良好的互换性。根据上面的要求，国际电工委员会 (IEC) 向世界各国推荐了 8 种标准化热电偶。标准化热电偶已列入工业标准化文件中，具有统一的分度表。表 8.1 列出了我国采用的几种符合 IEC 标准的热电偶的主要性能和特点。

表 8.1　标准化热电偶的主要性能和特点

热电偶名称	分度号	热电极		测温范围	特点
铜-康铜	T	正极	铜	−200～350℃ （低温）	适于在还原性气氛中测温，精度高，稳定性好，低温时灵敏度高，价格低。缺点为铜易氧化
		负极	铜-镍合金		
铁-康铜	J	正极	铁	−200～750℃ （中温）	适于在还原性气氛中测温，也可在真空、中性气氛中测温。稳定性好，灵敏度高，价格低。缺点为铁易氧化
		负极	铜-镍合金		

热电偶名称	分度号	热电极		测温范围	特点
镍铬-康铜	E	正极	镍-铬合金	-200~900℃ (中温)	稳定性好，灵敏度高，价格低。适于弱还原性气氛，按其电偶丝直径不同，测温范围为-200~900℃
		负极	铜-镍合金		
镍铬-镍硅	K	正极	镍-铬合金	-200~1200℃ (高温)	适于在氧化和中性气氛中测温，按其电偶丝直径不同，测温范围为-200~1300℃。若外加密封保护管，还可以在还原性气氛中短期使用
		负极	镍-硅		
铂铑₁₀-铂	S	正极	铂铑10	0~1600℃ (超高温)	适于在氧化性、惰性气体中测温，热电性能稳定，抗氧化性能好，精度高，价格高。常用作标准热电偶或用于高温测量
		负极	纯铂		
铂铑₃₀-铂铑₆	B	正极	铂铑30	0~1700℃ (超高温)	适于在氧化性气氛中测温，测温上限高，稳定性好，参考端温度在 0~40℃范围内可以不补偿。在冶金、钢水等高温领域得到广泛应用
		负极	铂铑6		

8.1.4 热电偶的结构形式

1. 普通型热电偶

普通型热电偶一般由热电极、绝缘管、保护管和接线盒组成，如图 8.8 所示。按其安装时的连接形式可分为固定螺纹连接、固定法兰连接、活动法兰连接、无固定装置等多种形式。热电偶的长度由安装条件和插入深度决定，一般为 350~2000mm。主要用于测量气体、液体、蒸汽等介质的温度。

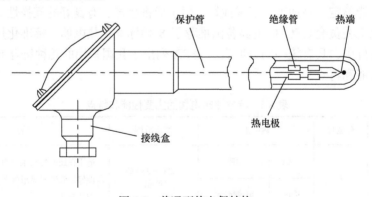

图 8.8 普通型热电偶结构

2. 铠装型热电偶

铠装型热电偶是由热电偶丝、绝缘材料和金属套管三者经拉伸加工而成的坚实组合体，如图 8.9 所示。其外径一般为 0.5~8mm，测量体在使用中能随需要任意弯曲，因此可安装在结构复杂的装置上。铠装型热电偶的主要优点是测温端热容量小、响应速度快、机械强度高、挠性好。

3. 薄膜热电偶

薄膜热电偶有片状、针状等类型。图 8.10 是片状薄膜热电偶的结构图，它是由两种薄膜热电极材料用真空蒸镀、化学涂层等办法蒸镀到绝缘基板上而制成的。薄膜热电偶的热接点可以做得很小(可薄到 $0.01 \sim 0.1 \mu m$)，因此热容量小、动态响应快，热响应时间达到微秒级。薄膜热电偶适于测量微小面积以及瞬时变化的温度。

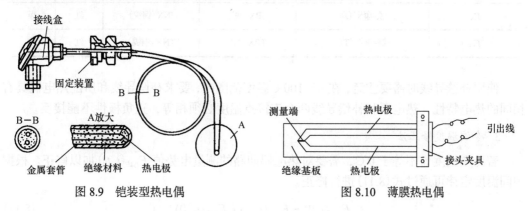

图 8.9　铠装型热电偶　　　　　图 8.10　薄膜热电偶

4. 浸入式热电偶

浸入式热电偶主要用于测量钢水、铜水、铝水以及熔融金属的温度，其优点是可以直接插入液态金属中进行测量。

8.1.5　热电偶的冷端温度的补偿

如前所述，为了使用方便，热电偶一般取冷端温度为 0℃，此时回路总的热电动势与热端温度 t 呈单值函数关系。热电偶的分度表也是以冷端温度为 0℃ 作为基准进行分度的。而在热电偶实际使用中，冷端温度常常不为 0℃，因而产生了冷端温度补偿的问题。热电偶冷端温度补偿的方法主要有 0℃ 恒温法、补偿导线法、冷端温度修正法和补偿电桥法。

1. 0℃ 恒温法

将冷端放入 0℃ 恒温器或放在 1 个标准大气压下装满冰水混合物的容器中，以便冷端温度保持 0℃，这种方法又称为冰浴法。这是一种理想的补偿方法，但工业中使用极为不便。它适用于实验室中的精确测量或检定热电偶时使用。

2. 补偿导线法

热电偶一般做得较短，通常为 350~2000mm，在实际测温时，需要把热电偶输出的热电势传输到远离测温现场数十米的显示仪表或控制仪表。因此需要用廉价的补偿导线将热电偶的冷端延伸出来。工程中一般采用直径粗、导电系数大的材料做补偿导线，以减小热电偶回路的电阻，节省电极材料。常用的补偿导线如表 8.2 所示。

表 8.2 常用补偿导线

补偿导线型号	配用的热电偶分度号	补偿导线		补偿导线颜色	
		正极	负极	正极	负极
SC	铂铑$_{10}$-铂(S)	SPC(铜)	SNC(铜镍)	红	绿
KC	镍铬-镍硅(K)	KPC(铜)	KNC(铜镍)	红	蓝
EX	镍铬-康铜(E)	EPX(镍铬)	ENX(铜镍)	红	棕
JX	铁-康铜(J)	JPX(铁)	JNX(铜镍)	红	紫
TX	铜-康铜(T)	TPX(铜)	TNX(铜镍)	红	白

使用补偿导线时需要注意，在 0～100℃温度范围内，要求补偿导线和所配热电偶具有相同的热电特性，热电偶和补偿导线两个连接点温度必须相等，正负极性不能接反。

3. 冷端温度修正法

若冷端温度 t_0 不等于 0℃，需要对热电偶回路的测量电势值 $E_{AB}(t, t_0)$ 加以修正。根据中间温度定律可通过式(8.11)进行修正。

$$E_{AB}(t, 0) = E_{AB}(t, t_0) + E_{AB}(t_0, 0) \tag{8.11}$$

式中，t、t_0 分别为工作端温度和冷端实际温度；$E_{AB}(t, 0)$ 为工作端温度为 t 时，分度表所对应的热电势；$E_{AB}(t, t_0)$ 为工作端温度为 t，冷端为 t_0 时，热电偶实际产生的热电势；$E_{AB}(t_0, 0)$ 为工作端温度为 t_0，冷端为 0℃时的补偿热电势，查分度表得到。

【例 8.1】 用 S 型热电偶测量某一温度 t，若参考端温度 t_0=30℃，实际测得的热电势 $E_{AB}(t, t_0)$ 为 7.5mV，求测量端实际温度 t。

解：查热电偶分度表有 $E_{AB}(30, 0)$=0.173mV，则 $E_{AB}(t, 0) = E_{AB}(t, t_0) + E_{AB}(t_0, 0)$ = 7.5+0.173=7.673(mV)。

反查分度表有 T = 830℃，测量端实际温度为 830℃。

4. 电桥补偿法

电桥补偿法也称为自动补偿法，它在热电偶与仪表之间加上一个补偿电桥，利用补偿电桥产生的不平衡电压 U_{ab} 作为补偿信号，自动补偿热电偶测量过程中因冷端温度不为 0℃或冷端温度变化而引起热电势的变化值。补偿电桥的工作原理如图 8.11 所示，电阻 R_1、R_2、R_3 由电阻温度系数较小的锰铜丝绕制，电阻 R_{Cu} 由电阻温度系数较大的铜丝绕制，E 为稳压电源。补偿电桥与热电偶冷端处在同一环境温度，设计时使电桥在 20℃或冷端温度 0℃时处于平衡状态，此时电桥无输出。当冷端温度变化引起的热电势 $E_{AB}(t, t_0)$ 变化时，R_{Cu} 的阻值会随冷端温度变化而变化，电桥失去平衡，不平衡电压与热电偶电动势叠加在一起输入测量仪表。适当选择桥臂电阻和桥路电流，就可以使电桥产生的不平衡电压 U_{ab} 补偿由于冷端温度 t_0 变化引起的热电势变化量，从而达到自动补偿的目的。

该方法需要注意的是：若电桥是在 20℃平衡，采用电桥补偿法需要把仪表的机械零位

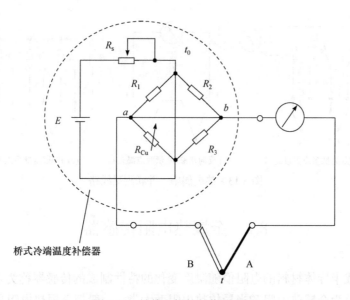

图 8.11 补偿电桥的工作原理图

调到 20℃ 处。不同型号的补偿电桥只能与相应的热电偶配用；注意正负极性不能接反；与热电偶相配的仪表必须是高输入阻抗的。

8.1.6 热电偶的实用测温电路

1. 测量单点温度

热电偶产生的热电势通常在毫伏级范围。测温时，它可以直接与显示仪表（如动圈式毫伏表、电子电位差计、数字表等）配套使用，也可与温度补偿器配套，转换成标准电流信号，图 8.12 所示为热电偶单点测温线路图。

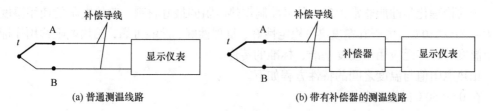

(a) 普通测温线路　　　　　　　　(b) 带有补偿器的测温线路

图 8.12 热电偶单点测温线路图

2. 测量多点温度

在特殊情况下，热电偶可以串联或并联使用，但只能是同一分度号的热电偶，且冷端应在同一温度下。例如，为了获得较大的热电势输出和提高灵敏度或测量多点温度之和，可以采用热电偶正向串联；采用热电偶反向串联可以测量两点间的温差；而利用热电偶并联可以测量多点平均温度。图 8.13 所示为热电偶串、并联测温的线路。

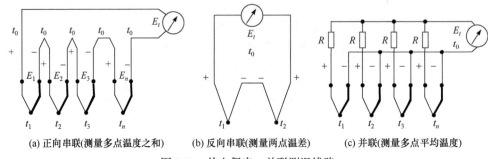

| (a) 正向串联(测量多点温度之和) | (b) 反向串联(测量两点温差) | (c) 并联(测量多点平均温度) |

图 8.13　热电偶串、并联测温线路

8.2　金属热电阻传感器

利用导体或半导体材料的电阻值随温度变化的特性制成的传感器称为热电阻传感器。热电阻传感器分为金属热电阻和半导体热电阻两大类,一般把金属热电阻称为热电阻,而把半导体热电阻称为热敏电阻。用于制造热电阻的材料通常具有以下特点:

(1)大的电阻率、温度系数大并且稳定。

(2)良好的输出特性。电阻值与温度变化具有良好的线性关系。

(3)热容量小,从而有较快的响应速度。

(4)在整个测温范围内具有稳定的物理化学性能。

(5)易于加工,价格便宜。

因此,适宜制作热电阻的材料有铂和铜等。

8.2.1　铂热电阻

铂的物理化学性能非常稳定,是目前制作热电阻的最好材料。铂热电阻的使用温度范围为-200~850℃。由于其精度高、稳定性好、复现性好、性能可靠,铂热电阻常用作标准电阻温度计,广泛应用于温度基准、标准的传递。

铂热电阻值与温度之间的特性方程如下。

在 0~850℃的温度范围内:

$$R_t = R_0(1+At+Bt^2) \qquad (8.12)$$

在-200~0℃的温度范围内:

$$R_t = R_0\left[1+At+Bt^2+Ct^3(t-100)\right] \qquad (8.13)$$

式中,R_t、R_0 为温度在 t℃和 0℃时的电阻值;A、B、C 为温度系数,其取值为 $A=3.968\times10^{-3}(℃)^{-1}$,$B=-5.847\times10^{-7}(℃)^{-2}$,$C=-4.22\times10^{-12}(℃)^{-4}$。

由特性方程可知,铂热电阻在温度 t 时的电阻值与 0℃时的电阻值 R_0(标称电阻)有关。目前,工业用铂电阻的 R_0 有 10Ω、50Ω、100Ω和 1000Ω,它们对应的分度号分别为 Pt_{10}、Pt_{50}、Pt_{100} 和 Pt_{1000},其中以 Pt_{100} 最为常用。铂热电阻不同分度号对应不同的分度表(即 R_t-t 的关系表),在实际测量中,只要测出电阻值 R_t,便可从分度表上查出对应的温度值。

8.2.2 铜热电阻

铂热电阻虽然优点多，性能好，但价格昂贵。在测量精度要求不高且温度较低的场合，常使用铜热电阻。铜热电阻的测量范围为-50~150℃，在此温度范围内线性度好，此外铜热电阻具有电阻温度系数大，价格便宜、易于提纯、工艺性好等特点，其主要缺点为电阻率低、体积较大、热惯性大、容易氧化、测量范围窄，因此不适宜在腐蚀性介质中或高温下工作。

铜热电阻的电阻值与温度之间的关系如下。

在-50~150℃温度范围内：

$$R_t = R_0(1+\alpha t) \tag{8.14}$$

式中，α 为铜热电阻的电阻温度系数，取 $\alpha = 4.28\times10^{-3}$ (℃)$^{-1}$；R_t、R_0 为铜热电阻在 t℃ 和 0℃时的电阻值。

铜热电阻有两种分度号，分别为 Cu_{50}(R_{50}=50Ω) 和 Cu_{100}(R_{100}=100Ω)，其中 Cu_{100} 较为常用。

8.2.3 热电阻的结构

热电阻由电阻体、保护套管和接线盒等部件组成，如图 8.14(a) 所示。电阻体由电阻丝和电阻支架组成。电阻丝绕制在具有一定形状的云母、石英或陶瓷支架上，为防止电阻体出现电感，热电阻丝一般采用双线并绕法，如图 8.14(b) 所示。支架起支撑和绝缘作用，引出线通常采用直径 1mm 的银丝或镀银铜丝，它与接线盒柱相接，以便与外接线路相连而测量及显示温度。

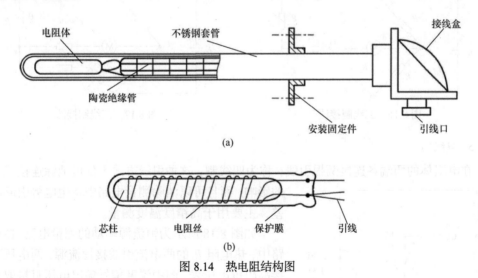

图 8.14　热电阻结构图

8.2.4 热电阻的引线方式

用热电阻传感器进行测温时，测量电路常采用电桥电路。由于热电阻的电阻值很小，其与检测仪表相隔一段距离，导线的电阻值不可忽略。热电阻传感器内部引线方式有二线制、三线制和四线制三种，如图 8.15 所示。

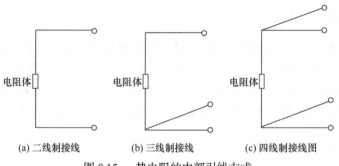

(a) 二线制接线　　　(b) 三线制接线　　　(c) 四线制接线图

图 8.15　　热电阻的内部引线方式

1. 二线制

在电阻体两端各接一根导线,使用时直接接入电桥某一桥臂,如图 8.16 所示。图中 R_t 为热电阻,r_1、r_2 为接线电阻,R_1、R_2 为桥臂电阻,通常取 $R_1=R_2$,R_p 为调零电阻。M 为指示仪表。这种形式配线简单,安装费用低,但要带入引线电阻的附加误差,适用于测温精度不高,引线较短的场合。

2. 三线制

在热阻感温元件一端接两根导线,另一端接一根导线,用其构成图 8.17 所示电桥。图中 r_1、r_2、r_3 为接线电阻。指示仪表 M 具有很大的内阻,所以流过 r_3 的电流近似为零。当 $U_A=U_B$ 时,电桥平衡,$r_1=r_2$,则 $R_P=R_t$,从而消除了接线电阻的影响。三线制可以减小热电阻与测量仪表之间连接导线的电阻因环境温度变化所引起的测量误差。

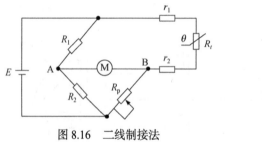

图 8.16　二线制接法

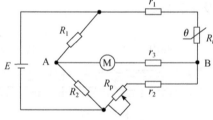

图 8.17　三线制接法

3. 四线制

在电阻体的两端各连接两根引线,称为四线制,这种引线方式不仅可消除连接线电阻的影响,而且可以消除测量电路中寄生电势引起的误差,主要用于高精度温度测量。

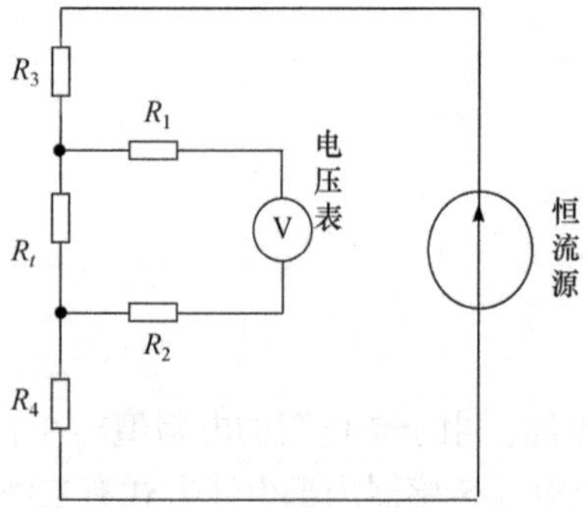

如图 8.18 所示为恒流源驱动的测量电路,在该电路中,热电阻 R_t 的两电流引线接恒流源,两电压引线接高阻抗电压表,图中温度信号输出电压直接取自热电阻两端。R_3 和 R_4 为两电流引线的电阻,R_1 和 R_2 为两电压引线电阻,这里的引线电阻包括导线电阻和接触电阻。由于与 R_t 并联的电压表测量支路的阻抗很高,因此,漏电流极小,恒流源的电流全部从 R_t 流过,

图 8.18　恒流源驱动电路

流过 R_t 的电流是一个常数。在电压表测量回路中，由于输入阻抗很大，R_1、R_2 上的压降可以忽略，电压表上测得的电压为 R_t 上的压降。

需要注意的是，流过金属电阻丝的电流不能过大，否则自身会产生较大的热量，对测量结果造成影响。

8.3 热 敏 电 阻

8.3.1 热敏电阻的特性与分类

1. 热敏电阻的分类

热敏电阻是利用半导体材料的电阻率随温度变化的性质制成的热敏器件。按照热敏电阻的温度特性可将其分为三种类型，即正温度系数（PTC）热敏电阻、负温度系数（NTC）热敏电阻、临界温度系数热敏电阻（CTR）。其中，最常用的为负温度系数的热敏电阻。

2. 热敏电阻的主要特性

1) 热敏电阻的温度特性

热敏电阻的温度特性是指半导体材料的电阻值随温度变化而变化的特性。半导体热敏电阻就是利用这种性质来测量温度的。一般情况下，热敏电阻的温度系数值远大于金属热电阻，灵敏度很高，但热敏电阻非线性严重，为减小非线性，其测温范围远小于金属热电阻。

现以负温度系数（NTC）型热敏电阻为例说明热敏电阻的温度特性。负温度系数（NTC）型热敏电阻是一种氧化物的复合烧结体，其电阻值随温度的增加而减小。用于测量的 NTC 型热敏电阻，在较小的温度范围内，其电阻温度特性可用式（8.15）表示：

$$R_T = R_{T1}e^{B\left(\frac{1}{T} - \frac{1}{T1}\right)} \tag{8.15}$$

通常取 20℃时热敏电阻的阻值 R_{T1}，记作 R_{20}，并称其为标称电阻值，则：

$$R_T = R_{20}e^{B\left(\frac{1}{T} - \frac{1}{293}\right)} \tag{8.16}$$

式中，R_T、R_{T1}、R_{20} 为温度为 T、$T1$、20℃时的电阻值；T 为热力学温度；B 为热敏电阻材料常数。

2) 热敏电阻的伏安特性

在周围介质热平衡情况下热敏电阻的端电压与通过热敏电阻的电流之间的关系称为伏安特性。它是热敏电阻的重要特性，如图 8.19 所示。

由图 8.19 可见，热敏电阻的伏安特性分为三个区域：线性区、非线性区和下降区。当流过热敏电阻的电流较小时，曲线呈线性，符合欧姆定律。当电流增加时，热敏电阻自身

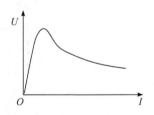

图 8.19 热敏电阻的伏安特性

温度升高，由于负温度系数，阻值下降，电压上升速度变慢，出现非线性区。当电流增加时到一定数值时，元件由于温度升高很快，阻值大幅下降，故电压反而下降，出现了电压随电流增加而减小的情况。因此，要根据热敏电阻的允许功耗线来确定电流，在测温中，热敏电阻应工作于线性区，流过的电流应较小。

8.3.2 热敏电阻的结构与特点

1. 热敏电阻的结构

热敏电阻的结构可以分为柱形、片形、珠状、松叶状等形式，如图 8.20 所示。

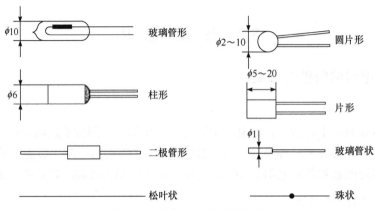

图 8.20 热敏电阻的结构形式

2. 热敏电阻的特点

负温度系数的热敏电阻通常用于测量–100～300℃范围内的温度，与热电阻相比，热敏电阻的特点是：①电阻温度系数大，灵敏度高，约为金属热电阻的 10 倍，因此可大大降低对仪器、仪表的要求；②结构简单，体积小，可测量点温度；③电阻率高，同温度情况下，热敏电阻阻值远大于金属热电阻，所以连接导线电阻的影响极小，适用于远距离测量；④热惯性小，适用于动态测量；⑤价格低廉，制造简单，可以根据需要制成各种形状，易于维护，使用寿命长。热敏电阻的缺点是复现性和互换性差，非线性严重，测温范围较窄，在使用时，必须进行非线性校正。

8.3.3 热敏电阻的应用

热敏电阻最直接的应用是测量温度，还可以用于测量管道流量、气体成分等。

图 8.21 所示为利用热敏电阻测量管道流量的原理图。图中，R_{t1} 和 R_{t2} 均为热敏电阻，

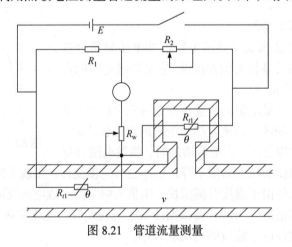

图 8.21 管道流量测量

R_{t1} 放入被测流量管道中；R_{t2} 放在不受流体流速影响的容器内，R_1 和 R_2 为平衡电阻，四个电阻组成电桥电路。当流体静止时，电桥平衡，电流计 A 上设有指示。当流体流动时，R_{t1} 上的热量被带走，R_{t1} 的温度发生变化并引起阻值变化，电桥失去平衡，电流计出现示数，其值与流体流速成正比。

本 章 小 结

热电式传感器就是一种将温度变化转换为电信号的装置，它是利用某些材料或元件的性能随温度变化的特性进行测温的。例如，将温度变化转换为电阻变化的热电阻、热敏电阻，将温度变化转换为电动势变化的热电偶等。

热电偶是工业中使用最为普遍的接触式测温装置，它具有结构简单、使用方便、性能稳定、准确度高、热惯性小、测温范围大、信号可以远距离传输等特点，广泛用于测量 100～1300℃ 范围内的温度。热电偶在使用时应该对其冷端进行温度补偿，工业上常用补偿导线进行温度补偿。

利用导体或半导体材料的电阻值随温度变化的特性制成的传感器称为热电阻传感器。热电阻传感器分为金属热电阻传感器和半导体热电阻传感器两大类，一般把金属热电阻称为热电阻，而把半导体热电阻称为热敏电阻。

除温度外，热电式传感器还可用于测量与温度相关的其他物理量，如流速、气体成分等。

习题与思考题

8-1 用金属热电阻进行测温时，热电阻与测量线路有哪些连接方式，各有什么特点？

8-2 用分度号为 Pt_{100} 的铂热电阻测温，当被测温度分别为 -50℃ 和 600℃ 时，求铂热电阻的阻值 R_{t1} 和 R_{t2} 分别为多大？

8-3 简述 NTC 型热敏电阻的伏安特性？

8-4 什么是热电效应、接触电势和温差电势？

8-5 为什么用热电偶测温时要进行冷端温度补偿？常用的补偿方法有哪些？

8-6 什么是补偿导线？为什么要使用补偿导线？补偿导线的类型有哪些？在使用时要注意哪些问题？

8-7 用 K 型热电偶(镍铬-镍硅)测量炉温，已知热电偶冷端温度为 $t_0=30℃$，$E_{AB}(30℃, 0℃)=1.203mV$，用电子电位差计测得 $E_{AB}(t, 30℃)=37.724$ mV。求炉温 t。

8-8 实验室备有铂铑$_{10}$-铂热电偶、铂电阻和半导体热敏电阻，如果要测量某设备外壳温度，已知其温度为 300～400℃，要求精度达 2℃，应该选用哪一种电阻，为什么？

第9章 光电式传感器

光电式传感器(或称光电传感器)是将光信号转换成电信号(电压、电流、电荷、电阻等)的装置。光电式传感器工作时,先将被测量转换成光量的变化,然后通过光电器件将光量的变化转换成电量的变化。光电式传感器具有结构简单、响应速度快、精度高、可靠性高、可实现非接触式测量等特点。光电式传感器可以直接检测光信号,还可以间接测量温度、压力、位移、速度、加速度等。

9.1 光 电 效 应

光电式传感器的工作基础是光电效应。光子是具有能量的粒子,每个光子的能量可表示为

$$E = h\nu_0 \tag{9.1}$$

式中,h 为普朗克常量($h = 6.626 \times 10^{-34} \text{J} \cdot \text{s}$);$\nu_0$ 为光的频率。

当光照射在某些物体上时,光能量作用于被测物体而释放出电子,即物体吸收具有一定能量的光子后所产生的电效应称为光电效应。光电效应中释放出的电子称为光电子,能产生光电效应的敏感材料称为光电材料。根据光电效应可以制作出相应的光电转换元件,简称光电器件或光敏器件,它是构成光电式传感器的主要部件。光电效应按其作用原理一般分为外光电效应和内光电效应两大类。

1. 外光电效应

当光照射某些光电材料时,光子的能量传递给光电材料表面的电子,如果入射到光电材料表面的光能使电子获得足够的能量,电子会克服正离子对它的吸引力,脱离材料表面而进入外界空间,这种现象称为外光电效应。即外光电效应是在光线作用下,物体内的电子从物体表面逸出的现象。

2. 内光电效应

内光电效应是指物体受到光照后所产生的光电子只在物体内部运动,而不会逸出物体的现象。内光电效应多发生于半导体内,可分为因光照引起半导体电阻率变化的光电导效应和因光照产生电动势的光生伏特效应两种。

(1)光电导效应是指物体在入射光能量的激发下,其内部产生光生载流子(电子-空穴对),物体中载流子数量显著增加而电阻减小的现象(即光照后电阻率发生变化的现象)。这种效应在大多数半导体和绝缘体中都存在,而金属因电子能态不同,不会产生光电导效应。

(2)光生伏特效应是光照引起半导体 PN 结两端产生电动势的效应,是将光能变为电

能的一种效应。光照在半导体 PN 结或金属-半导体接触面上时，在 PN 结或金属-半导体接触面的两侧会产生光生电动势，这是因为 PN 结或金属-半导体接触面因材料不同或不均匀而存在内建电场，半导体受光照激发产生的电子或空穴会在内建电场的作用下向相反方向移动和积聚，从而产生电位差。

9.2 光电器件

光电器件是将光能转变为电能的一种传感器件。光电器件按其工作原理不同，主要分为外光电效应型光电器件和内光电效应型光电器件。

9.2.1 外光电效应型光电器件

基于外光电效应制作的光电器件有光电管和光电倍增管(photo-multipler tube，PMT)。下面主要介绍光电倍增管的结构与工作原理及其基本特性。

1. 结构与工作原理

光电倍增管是一种常用的灵敏度很高的光探测器，最适用于微弱光信号的检测，其外形和典型结构如图 9.1 所示。光电倍增管主要由光阴极、次阴极(倍增极)以及阳极三部分组成。阳极用来收集电子和输出电压脉冲。光电倍增管是灵敏度极高、响应速度极快的光探测器，其输出信号在很大范围内与入射光子数呈线性关系。

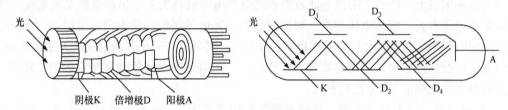

图 9.1　光电倍增管的外形和结构

光电倍增管的工作电路如图 9.2 所示，使用时在各个倍增电极上均需加上电压。阴极电位最低，从阴极开始，各个倍增电极的电位依次升高，阳极电位最高。这些倍增电极用次级发射材料制成，这种材料在具有一定能量的电子轰击下，能够产生更多的"次级电子"。由于相邻两个倍增电极之间有电位差，因此，存在加速电场，对电子加速。从阴极发出的光电子，在电场的加速下，打到第一个倍增电极上，引起二次电子发射。每个电子能从这

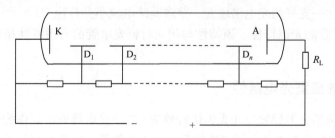

图 9.2　光电倍增管电路

个倍增电极上打出 3～6 个次级电子，被打出的次级电子再经过电场的加速后，打在第二个倍增电极上，电子数又增加 3～6 倍，如此不断倍增，阳极最后收集到的电子数将达到阴极发射电子数的 10^5～10^8 倍，即光电倍增管的放大倍数可以达到几十万倍甚至上亿倍。因此，光电倍增管的灵敏度比普通光电管高几十万倍至上亿倍，相应的电流可以由零点几微安放大到安或十安级，即使在很微弱的光照下，它仍能产生很大的光电流。

2. 主要参数

(1) 倍增系数 M。倍增系数等于各倍增电极的二次电子发射系数 δ 的乘积。如果 n 个倍增电极的 δ 都相同，则阳极电流为

$$I = i \cdot M = i \cdot \delta^n \tag{9.2}$$

式中，I 为光电倍增管阳极的光电流；i 为光电倍增管阴极发出的初始光电流；δ 为倍增电极的电子发射系数；n 为光电倍增极数 (一般 9～11 个)。

光电倍增管的电流放大倍数为

$$\beta = I / i = \delta^n = M \tag{9.3}$$

倍增系数 M 与所加电压有关，反映倍增极收集电子的能力，一般 M 为 10^5～10^8。如果电压有波动，倍增系数也会随之波动。一般阳极和阴极之间的电压为 1000～2500V。两个相邻的倍增电极的电位差为 50～100V。

(2) 灵敏度。一个光子在阴极上所能激发的平均电子数称为光电阴极的灵敏度。一个光子入射到阴极上，最后在阳极上能收集到的总的电子数称为光电倍增管的总灵敏度，该值与加速电压有关。极间电压越高，灵敏度越高，光电倍增管的最大灵敏度可达 10A/lm。但是极间电压不能太高，太高会使阳极电流不稳定。另外，由于光电倍增管的灵敏度很高，所以其不能受强光照射，否则易被损坏。因此，一般将光电倍增管放在暗室内避光使用，使其只对入射光响应 (称为光激发)。

(3) 暗电流。由于环境温度、热辐射等其他因素影响，即使没有光信号输入，加上电压后阳极仍有电流，这种电流称为暗电流。光电倍增管的暗电流在正常使用时很小，一般为 10^{-16}～10^{-10}A。暗电流主要由热电子发射引起，它随温度增加而增加 (称为热激发)。影响光电倍增管暗电流的因素还包括欧姆漏电 (光电倍增管电极之间玻璃漏电、管座漏电、灰尘漏电等)、残余气体放电 (光电倍增管中高速运动的电子会使管中的气体电离产生正离子和光电子) 等。当入射光非常微弱，光电倍增管输出的阳极电流和暗电流在同一数量级时，暗电流的存在将严重影响光信号测量的准确性。所以暗电流决定了光电倍增管可测量光信号的最小值。一支好的光电倍增管，要求其暗电流小并且稳定。

(4) 光电倍增管的光谱特性。该特性与相同材料光电管的光谱特性相似，主要取决于光阴极材料。

9.2.2　内光电效应型光电器件

内光电效应包括光电导效应和光生伏特效应：基于光电导效应制作的光电器件有光敏电阻和 PN 结反向偏置工作的光敏二极管及光敏三极管等；基于光生伏特效应制作的典型光电器件有光电池。下面分别介绍上述光电器件的结构与工作原理及其基本特性。

1. 光敏电阻及其基本特性

光敏电阻具有灵敏度高、工作电流大(可达数毫安)、光谱响应范围宽、体积小、质量轻、机械强度高、耐冲击、耐振动、抗过载能力强、寿命长、使用方便等优点。其缺点是响应时间长、频率特性差、强光线性差、受温度影响大等缺点。光敏电阻主要应用于红外的弱光探测和开关控制等领域。

1)结构与工作原理

某些半导体材料(如硫化镉、氧化锌等)受光照射时，若光子能量大于本征半导体材料的禁带宽度，价带中的电子吸收一个光子后便可跃迁到导带，从而激发出电子-空穴对。在外加电压作用下，导带中的电子和价带中的空穴同时参与导电，即载流子增多，电阻率下降。电阻率的大小随光照的增强而降低，且停止光照后，自由电子与空穴重新复合，电阻率恢复原来的值。由于光的照射使半导体的电阻值发生变化，因此将其称为光敏电阻。

图 9.3(a)为单晶光敏电阻的结构图。一般单晶的体积小，受光面积也小，额定电流容量低。为了加大感光面，通常采用微电子工艺在玻璃(或陶瓷)基片上均匀涂敷一层薄薄的光电导多晶材料，经烧结后放上掩蔽膜，蒸镀上两个金(或铟)电极，再在光敏电阻材料表面覆盖一层漆保护膜(用于防止周围介质的影响，但要求该漆膜对光敏层最敏感波长范围内的光线透射率最大)。感光面大的光敏电阻的表面大多采用图 9.3(b)所示的梳状电极结构，这样可得到比较大的光电流。图 9.3(c)为光敏电阻的测量电路。

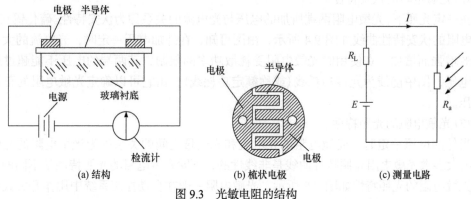

(a) 结构　　　　　　(b) 梳状电极　　　　　　(c) 测量电路

图 9.3　光敏电阻的结构

2)典型光敏电阻

典型的光敏电阻主要有硫化镉(CdS)、硫化铅(PbS)、锑化铟($InSb$)以及碲镉汞($Hg_{1-x}Cd_xTe$)系列光敏电阻。

(1)硫化镉光敏电阻：是最常见的光敏电阻，其光谱响应特性最接近人眼光谱视觉效率，在可见光波段范围内的灵敏度最高，因此被广泛应用于灯光的自动控制和照相机的自动测光等领域。硫化镉光敏电阻的峰值响应波长为 $0.52\mu m$。

(2)硫化铅光敏电阻：在近红外波段最灵敏，在 $2\mu m$ 附近的红外辐射的探测灵敏度很高，常用于火灾等领域的探测。硫化铅光敏电阻的光谱响应特性与工作温度有关，随着工作温度的降低，其峰值响应波长将向长波方向移动。

(3)锑化铟光敏电阻：是 $3\sim5\mu m$ 光谱范围内的主要探测器件之一，其主要应用于导弹制导、天文探测、人体病变探测、红外光谱、红外通信等国防、科学研究和工农业生产等领域。

(4)碲镉汞系列光敏电阻：是目前所有红外探测器中性能最优良、最有前途的探测器件，尤其是对 4~8μm 大气窗口波段辐射的探测。碲镉汞系列光敏电阻由碲化汞(HgTe)和碲化镉(CdTe)两种材料的晶体混合制备而成，其中，x 表示镉元素含量的组分，其变化范围一般为 0.18~0.4，对应的波长范围为 1~30μm。

3)光敏电阻的主要参数和基本特性

光敏电阻的选用主要取决于它的主要参数和一系列基本特性，如暗电流、光电流、光敏电阻的伏安特性、光照特性、光谱特性、频率特性、温度特性以及灵敏度、时间常数和最佳工作电压等。

(1)暗电阻、亮电阻与光电流。

暗电阻、亮电阻和光电流是光敏电阻的主要参数。光敏电阻在未受到光照时的阻值称为暗电阻，此时流过的电流称为暗电流。光敏电阻在受到光照时的电阻称为亮电阻，此时的电流称为亮电流。亮电流与暗电流之差，称为光电流。

光敏电阻的暗电阻越大、亮电阻越小则性能越好。也就是说，暗电流要小，亮电流要大，光敏电阻的灵敏度就高。实际上光敏电阻的暗电阻往往超过 1MΩ，甚至超过 100MΩ，而亮电阻即使在正常白昼条件下也可降低到 1kΩ 以下。暗电阻与亮电阻之比一般为 10^2~10^6，可见光敏电阻的灵敏度是相当高的。

(2)光敏电阻的伏安特性。

在一定光照下，光敏电阻两端所加的电压与光电流的关系称为伏安特性。硫化镉(CdS)光敏电阻的伏安特性曲线如图 9.4 所示，由图可知，在外加电压一定时，光流的大小随光照的增强而增加。在使用时光敏电阻受耗散功率的限制，其两端的电压不能超过最高工作电压，图中虚线为允许功耗线(或称额定功耗线)，由它可以确定光敏电阻的正常工作电压。

(3)光敏电阻的光照特性。

当外加电压一定时，光敏电阻的光电流和光通量之间的关系称为光敏电阻的光照特性。绝大多数光敏电阻光照特性曲线是非线性的，不同光敏电阻的光照特性是不同的，硫化镉光敏电阻的光照特性如图 9.5 所示。光敏电阻一般在自动控制系统中用作开关式光电信号转换器而不宜用作线性测量元件。

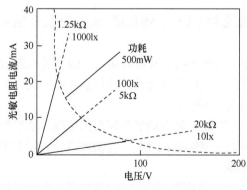

图 9.4　硫化镉光敏电阻的伏安特性

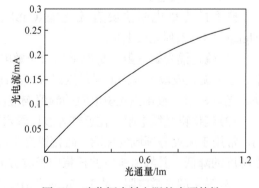

图 9.5　硫化镉光敏电阻的光照特性

（4）光敏电阻的光谱特性。

对于不同波长的光，不同的光敏电阻的灵敏度是不同的，即不同的光敏电阻对不同波长的入射光有不同的响应特性。光敏电阻的相对灵敏度与入射波长的关系称为光谱特性。几种常用光敏电阻材料的光谱特性如图9.6所示。由图可知，不同材料的光敏电阻其峰值光谱响应的峰值波长是不一样的，即不同的光敏电阻最敏感的光波长是不同的，从而决定了它们的适用范围不同。如硫化镉的峰值在可见光范围，而硫化铊的峰值在红外范围。因此，在选用光敏电阻时应结合光敏元件和光源的种类综合考虑，才能获得满意的效果。

（5）光敏电阻的响应时间和频率特性。

实验证明，光敏电阻的光电流不能随着光照量的改变而立即改变，即光敏电阻产生的光电流有一定的惰性，这个惰性通常用响应时间来描述。响应时间越短，响应越迅速。但大多数光敏电阻的响应时间都较长，这是它的缺点之一。不同材料的光敏电阻有不同的时间常数，因此其频率特性也各不相同，与入射的辐射信号的强弱有关。

图9.7所示为硫化镉和硫化铅光敏电阻的频率特性（K 表示相对灵敏度）。硫化铅光敏电阻的使用频率范围最大，其他都较差。目前正在通过改进生产工艺来改善各种材料光敏电阻的频率特性。

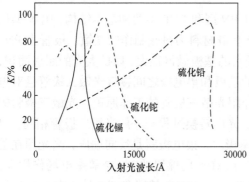

图9.6　光敏电阻的光谱特性

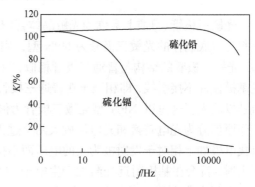

图9.7　光敏电阻的频率特性

2. 光敏管及其基本特性

大多数半导体二极管和三极管都是对光敏感的，当二极管和三极管的 PN 结受到光照射时，通过 PN 结的电流将增大。因此，常规的二极管和三极管都采用金属罐或其他壳体材料密封，以防光照；而光敏管（包括光敏二极管和光敏三极管）则必须使 PN 结能接收最多的光照射。光敏管工作时外加反向工作电压，PN 结处于反向偏置；无光照时反向电阻很大、反向电流很小，相当于截止状态。当有光照时产生光生电子-空穴对，在 PN 结电场作用下电子向 N 区移动，空穴向 P 区移动，形成光电流。

1）光敏管的结构和工作原理

光敏二极管是一种 PN 结型半导体器件，与一般半导体二极管类似，其 PN 结装在管的顶部，以便接收光照，上面有一个透镜制成的窗口，可使光线集中在敏感面上。其工作原理和基本使用电路如图9.8所示。当无光照射时，处于反偏的光敏二极管工作在截止状态，这时只有少数载流子在反向偏压下越过阻挡层，形成微小的反向电流，即暗电流。当光敏二极管受到光照射之后，光子在半导体内被吸收，使 P 区的电子数增多，也使 N 区的空穴增多，即产生新的自由载流子(即光生电子-空穴对)。这些载流子在结电场的作用下，空穴向 P 区移动，电子向 N 区移动，使通过 PN 结的反向电流大为增加，从而形成光电流，使 PN 结处于导通状态。当入射光的强度发生变化时，光生载流子的数量相应发生变化，通过光敏二极管的电流也随之变化，这样就将光信号变成了电信号。

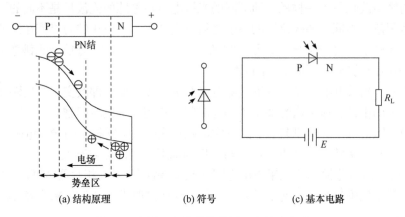

(a) 结构原理   (b) 符号   (c) 基本电路

图 9.8 　光敏二极管的结构原理和基本电路

光敏三极管(习惯上常称为光敏晶体管)有 NPN 型和 PNP 型两种基本结构，用 N 型硅材料为衬底制作的光敏三极管为 NPN 型，用 P 型硅材料为衬底制作的光敏三极管为 PNP 型。光敏三极管的结构与普通三极管相似，只是它的基极做得很大，以扩大光的照射面积，且基极往往不接引线，即相当于在普通三极管的基极和集电极之间接有光敏二极管且对电流加以放大。这里以 NPN 型光敏三极管为例介绍光敏三极管的工作原理。光敏三极管的工作原理分为光电转换和光电流放大两个过程：光电转换过程与一般光敏二极管相同，只有集电极加上相对于发射极为正的电压而不接基极时，集电极就是反向偏压，当光照在基极上时，就会在基极附近光激发产生电子-空穴对，在反向偏置的 PN 结势垒电场作用下，自由电子向集电区(N 区)移动并被集电极所收集，空穴流向基区(P 区)被正向偏置的发射结发出的自由电子填充，这样就形成一个由集电极到发射极的光电流，相当于三极管的基极电流 I_b。空穴在基区的积累提高了发射结的正向偏置，发射区的多数载流子(电子)穿过很薄的基区向集电区移动，在外电场作用下形成集电极电流 I_c，结果表现为基极电流将被集电结放大 β 倍，这一过程与普通三极管放大基极电流的作用相似。不同的是普通三极管是由基极向发射结注入空穴载流子控制发射极的扩散电流，而光敏三极管是由注入发射结的光生电流控制的。PNP 型光敏三极管的工作与 NPN 型光敏三极管相同，只是它以 P 型硅为衬底材料构成，它工作时的电压极性与 NPN 型相反，集电极的电位为负。

光敏三极管是兼有光敏二极管特性的器件，它在把光信号变为电信号的同时又将信号电流放大，光敏三极管的光电流可达 0.4~4mA，而光敏二极管的光电流只有几十微安，因此光敏三极管有更高的灵敏度。图 9.9 给出了它的结构和基本使用电路。

2)光敏管的基本特性

(1)光谱特性。

光谱特性是指光敏管在照度一定时，输出的光电流(或光谱相对灵敏度)随入射光的波

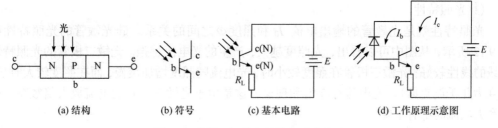

图 9.9　光敏三极管的结构和基本电路

长而变化的关系。如图 9.10 所示为硅和锗光敏管(光敏二极管、光敏三极管)的光谱特性曲线。对一定材料和工艺制成的光敏管,必须对应一定波长范围(即光谱)的入射光才会响应,这就是光敏管的光谱响应。从图中可以看出:硅光敏管适用于 0.4~1.1μm 波长,最灵敏的响应波长为 0.8~0.9μm;而锗光敏管适用于 0.6~1.8μm 的波长,其最灵敏的响应波长为 1.4~1.5μm。

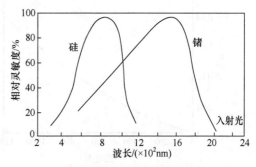

图 9.10　光敏管的光谱特性

　　由于锗光敏管的暗电流比硅光敏管大,故在可见光作光源时,都采用硅管;但是,在用红外光源探测时,则锗管较为合适。光敏二极管、光敏三极管几乎全用锗或硅材料做成。由于硅管比锗管无论在性能上还是制造工艺上都更为优越,所以目前硅管的发展与应用更为广泛。

　　(2)伏安特性。

　　伏安特性是指光敏管在照度一定的条件下,光电流与外加电压之间的关系。图 9.11 所示为光敏二极管、光敏三极管在不同照度下的伏安特性曲线。由图可见,光敏三极管的光电流比相同管型的光敏二极管的光电流大百倍。

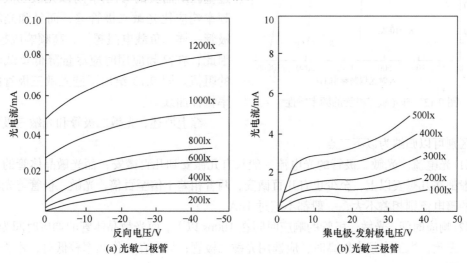

图 9.11　光敏管伏安特性

(3)光照特性。

光照特性就是光敏管的输出电流 I_0 和照度 Φ 之间的关系。硅光敏管的光照特性如图 9.12 所示,从图中可以看出,光照度越大,产生的光电流越强。光敏二极管的光照特性曲线的线性较好;光敏三极管在照度较小时,光电流随照度增加缓慢,而在照度较大时(光照度为几千勒克斯),光电流存在饱和现象,这是由于光敏三极管的电流放大倍数在小电流和大电流时都有下降。

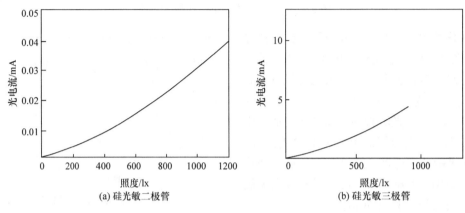

图 9.12　光敏管的光照特性

(4)频率特性。

光敏管的频率特性是光敏管输出的光电流(或相对灵敏度)与光照度变化频率的关系。光敏二极管的频率特性好,其响应时间可达 $9^{-7}\sim10^{-8}\,s$,因此它适用于测量快速变化的光信号。由于光敏三极管存在发射结电容和基区渡越时间(发射极的载流子通过基区所需要的时间),所以光敏三极管的频率响应比光敏二极管差,而且和光敏二极管一样,负载电阻越大,高频响应越差。因此,在高频应用时应尽量降低负载电阻的阻值。图 9.13 给出了硅光敏三极管的频率特性曲线。

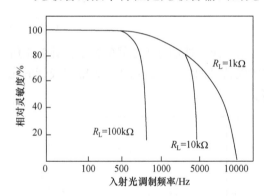

图 9.13　硅光敏三极管的频率特性

综上所述,光敏二极管和光敏三极管的主要区别可以归纳为以下三点。

(1)光电流。光敏二极管的光电流一般只有几微安到几百微安,而光敏晶体管的光电流一般都在几毫安以上,至少也有几百微安,两者相差十倍至百倍。光敏二极管与光敏晶体管的暗电流则相差不大,一般都不超过 $1\mu A$。

(2)响应时间。光敏二极管的响应时间在 100ns 以下,而光敏晶体管的响应时间为 $5\sim10\mu s$。因此,当工作频率较高时,应选用光敏二极管;只有在工作频率较低时,才选用光敏晶体管。

(3)输出特性。光敏二极管有较好的线性特性,而光敏晶体管的线性较差。

3. 光电池及其基本特性

光电池实质上是一个电压源，是利用光生伏特效应把光能直接转换成电能的光电器件。由于它主要用于将太阳能直接转变成电能，因此也称太阳能电池。一般能用于制造光敏电阻器件的半导体材料均可用于制造光电池，如硒光电池、硅光电池、砷化镓光电池等。

1）光电池的结构和工作原理

硅光电池是在一块 N 型硅片上采用扩散的方法掺入一些 P 型杂质形成 PN 结。当入射光照射在 PN 结上时，若光子能量 $h\nu_0$ 大于半导体材料的禁带宽度 E，则在 PN 结内附近激发出电子-空穴对，在 PN 结内电场的作用下，N 区的光生空穴被拉向 P 区，P 区的光生电子被拉向 N 区，结果使 P 区带正电，N 区带负电，这样 PN 结就产生了电位差，若将 PN 结两端用导线连接起来，电路中就有电流流过，电流方向由 P 区流经外电路至 N 区，如图 9.14 所示。若将外电路断开，就可以测出光生电动势。

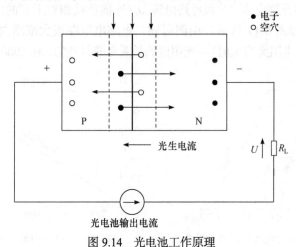

图 9.14　光电池工作原理

光电池的符号、基本电路及等效电路如图 9.15 所示。

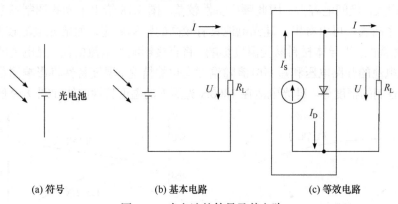

(a) 符号　　　　　(b) 基本电路　　　　　(c) 等效电路

图 9.15　光电池的符号及其电路

2）光电池种类

光电池的种类很多，有硅光电池、硒光电池、锗光电池、砷化镓光电池、氧化亚铜光电池等，但最受人们重视的是硅光电池。这是因为其具有性能稳定、光谱范围宽、频率特性好、转换效率高、能耐高温辐射、价格便宜、寿命长等特点。它不仅广泛应用于人造卫星和宇宙飞船，而且更广泛地应用于自动检测和其他测试系统中。硒光电池由于其光谱特性与人眼的视觉很相近，频谱较宽，因此也广泛应用于很多分析仪器、测量仪表。

3）光电池的基本特性

（1）光谱特性。光电池的光谱特性是指其相对灵敏度和入射光波长之间的关系。图 9.16 所示为硅光电池和硒光电池的光谱特性曲线。硅光电池的光谱响应波长范围为 0.4～1.2μm，而硒光电池为 0.38～0.75μm。相对而言，硅光电池的光谱响应范围更宽，而硒光电池在可见光谱范围内有较高的灵敏度。不同材料的光电池的光谱响应峰值所对应的入射光波长也是不同的。硅光电池在 0.8μm 附近，硒光电池在 0.5μm 附近。因此，使用光电池时对光源应有所选择。

（2）光照特性。光电池在不同光照度（指单位面积上的光通量，表示被照射平面上某一点的光亮程度。单位：勒克斯，lx 或 lm/m²）下，其光电流和光生电动势之间的关系称为光照特性。硅光电池的开路电压 U 和短路电流 J_c（外接负载相对于它的内阻很小时的电流）与光照度 E_e 的关系如图 9.17 所示。由图可知，短路电流在很大范围内与光照度呈线性关系，而开路电压（负载电阻无穷大时）与光照度的关系是非线性的，在 2000lx 照度时趋于饱和。

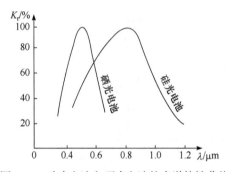

图 9.16　硅光电池和硒光电池的光谱特性曲线　　　图 9.17　硅光电池的光照特性曲线

（3）频率特性。光电池的频率特性是指光的调制频率和输出电流之间的关系。光电池的 PN 结面积大，极间电容大，因此频率特性较差。图 9.18 给出了光的调制频率和输出电流之间的关系曲线。可以看出，硅光电池具有较高的频率响应，而硒光电池较差。

（4）温度特性。半导体材料易受温度影响，将直接影响光电流的值。光电池的温度特性用于描述光电池的开路电压和短路电流随温度变化的情况。温度特性将影响测量仪器的温漂和测量或控制的精度等。硅光电池在 1000lx 光照下的温度特性曲线如图 9.19 所示。由图

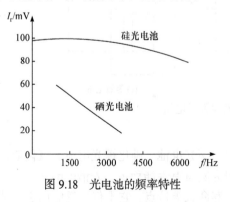

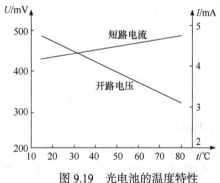

图 9.18　光电池的频率特性　　　　　　　图 9.19　光电池的温度特性

可知，开路电压随温度升高而快速下降，而短路电流随温度升高而增加的速度却较缓慢。在一定温度范围内，开路电压和短路电流都与温度呈线性关系。因此，用光电池作为敏感元件时，在自动检测系统设计时就应考虑到温度的漂移，采取温度补偿措施。

9.3 光纤传感器

光纤传感器(fiber optical sensor，FOS)是伴随着光纤及光通信技术的发展而出现的新型传感器。光纤传感器与传统的传感器相比具有许多优点，如不受电磁干扰、灵敏度高、电绝缘性能好、结构简单、体积小、重量轻、光路可弯曲、便于实现遥测、耐腐蚀、耐高温等，可广泛用于位移、振动、转动、速度、加速度、压力、温度、液位、流量、声场、电流、磁场、浓度、pH值、放射性射线等70多种物理量的测量，在制造业、军事、航天、航空、航海等领域具有广泛的应用潜力和发展前景。

9.3.1 光纤的结构和传光原理

1. 光纤的结构

光纤是用光透射率高的电介质(如石英、玻璃、塑料等)构成的光通路，基本结构如图9.20所示，由纤芯、包层、保护套组成。中心圆柱体称为纤芯，围绕纤芯的圆形外层称为包层，纤芯和包层主要由不同掺杂的石英玻璃或塑料制成，且纤芯的折射率 n_1 略大于包层的折射率 n_2，这样可以保证入射到光纤内的光波集中在纤芯内传输。在包层外面还有一层保护套，多为尼龙材料，它一方面用来增强光纤的机械强度，起保护作用；另一方面可以通过颜色来区分各种光纤。光纤的导光能力取决于纤芯和包层的性质。

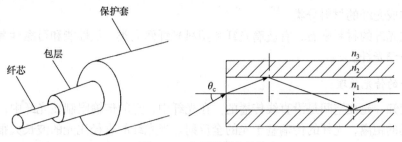

图9.20　光纤的基本结构

2. 光纤的分类

1)按折射率的变化分类

根据光纤横截面上折射率的不同，光纤可以分为阶跃型光纤和渐变型(阶梯型)光纤，其结构如图9.21所示。阶跃型光纤的纤芯和包层间的折射率分别是一个常数，在纤芯和包层的交界面，折射率呈阶梯型突变；渐变型光纤纤芯的折射率随着半径的增加按一定规律减小，在纤芯与包层交界处减小为包层的折射率，而在包层中折射率保持不变。

2)按传输模式分类

光纤按其传输模式分为单模光纤和多模光纤。光以一特定的入射角度射入光纤，在光

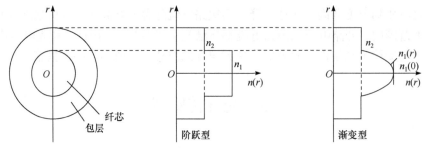

图 9.21　阶跃型光纤和渐变型光纤

纤和包层间发生全反射，从而可以在光纤中传播，即称为一个模式。当光纤直径较大时（几十微米），可以允许光以多个入射角射入并传播，此时就称为多模光纤；当直径较小（通常为几微米）时，只允许一个方向的光通过，就称单模光纤，二者的光传输模式如图 9.22 所示。单模光纤的传输性能好，制成的传感器较多模传感器具有更好的线性、更高的灵敏度和动态测量范围，但单模光纤由于纤芯太小，制造、连接和耦合都很困难，单模光纤常用于干涉型传感器；由于多模光纤会产生干扰、干涉等复杂问题，因此在带宽、容量上均不如单模光纤，但纤芯的截面大、容易制造、连接耦合也比较方便，这种光纤常用作强度型传感器。

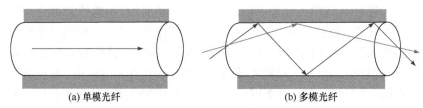

(a) 单模光纤　　　　　　　　　　　　　(b) 多模光纤

图 9.22　单模光纤和多模光纤

3) 按构成光纤的材料分类

从构成光纤的材料来看，有玻璃光纤和塑料光纤两大类。从性能和可靠性考虑，当前大多采用玻璃光纤。

3. 光纤的传光原理

众所周知，光在空间是沿直线传播的。在光纤中，光的传输限制在光纤中，并随光纤传送到很远的距离，光纤的传输基于光的全反射。当光纤的直径比光的波长大很多时，可以用几何光学方法来说明光在光纤内的传播。

光经过不同介质的界面时要发生折射和反射。当光线以较小的入射角 α 由折射率 (n_1) 较大的光密介质 1 射向折射率 (n_2) 较小的光疏介质 2 时，一部分入射光以折射角 β 折射到介质 2，另一部分以反射角 α 反射回介质 1，如图 9.23(a) 所示。根据斯涅耳 (Snell) 定律有

$$n_1 \sin \alpha = n_2 \sin \beta \tag{9.4}$$

由于 $n_1 > n_2$ 时，$\alpha < \beta$。当入射角 α 加大到 $\alpha = \alpha_c = \arcsin \left(\dfrac{n_2}{n_1} \right)$ 时，$\beta = 90°$，折射光沿着界面传播，如图 9.23(b) 所示。当继续加大入射角，即 $\alpha > \alpha_c$ 时，光不再发生折射，只有反射，也就是说，光不能穿过两个介质的分界面而完全反射回来，因此称为全反射。产

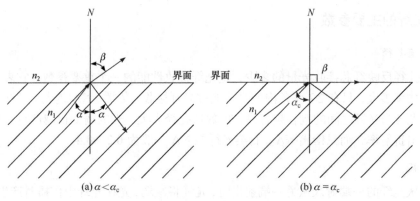

图 9.23 光的折射和反射

生全反射的条件为

$$\alpha > \alpha_c = \arcsin\left(\frac{n_2}{n_1}\right), \quad n_1 < n_2 \tag{9.5}$$

式中，α_c 为临界角。

　　由于光纤纤芯的折射率大于包层的折射率，所以在光纤纤芯中传播的光只要满足上述条件，光线就能在纤芯和包层的界面上不断地产生全反射，呈 "Z" 字形向前传播，从光纤的一端以光速传播到另一端，这就是光纤的传光原理，如图 9.24 所示。

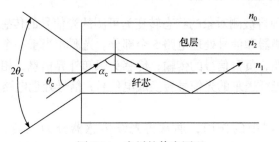

图 9.24 光纤的传光原理

　　在光纤的入射端，光线从空气中以入射角 θ 射入光纤，在光纤内折射，然后以角 α 入射到纤芯与包层的界面。根据式(9.5)，为了满足全反射，须使 $\alpha > \alpha_c$，即 $\sin\alpha > \dfrac{n_1}{n_2}$，则

$$\cos\alpha < \sqrt{1 - \left(\frac{n_2}{n_1}\right)^2} \tag{9.6}$$

根据 Snell 定律，界面发生全反射时有

$$n_0 \sin\theta_c = n_1 \sin(90° - \alpha_c) = n_1 \cos\alpha_c \tag{9.7}$$

　　综上可得，能在光纤内产生全反射的端面入射角的最大允许值 θ_c 应满足：

$$\sin\theta_c = \frac{\sqrt{n_1^2 - n_2^2}}{n_0^2} = \mathrm{NA} \tag{9.8}$$

式中，NA 定义为光纤的数值孔径；$2\theta_c$ 称为光纤的孔径角，表示光纤的集光性能。

9.3.2　光纤的主要参数

1. 数值孔径

数值孔径反映纤芯接收光量的多少，是光纤接收性能的一个重要参数。它表示，无论光源发射功率多大，只有 $2\theta_c$ 张角内的光才能被光纤接收、传播。NA 越大，光纤的集光能力越强，光纤与光源之间的耦合越容易，但数值孔径太大，光的畸变也越严重。产品光纤一般不给出折射率，而只给出 NA。石英光纤的 NA 一般为 0.2～0.4。

2. 损耗

当光从光纤的一端射入从另一端射出时，光强将减弱，光在光纤中传播时产生了损耗。引起光纤损耗的因素可归结为吸收损耗和散射损耗两类。物质的吸收作用将传输的光能变成热能，造成光能的损失，称为吸收损耗。散射损耗是由于光纤的材料及其不均匀性或其几何尺寸的缺陷引起的，如瑞利散射就是由于材料的缺陷引起折射率随机性变化所致。

3. 色散

当一个光脉冲信号通过光纤时，由于光纤的色散，在输出端的光脉冲被展宽，出现明显失真，这种现象称为色散。色散是表征光纤传输特性的一个重要参数，特别是在光纤通信中，它反映传输带宽，关系到通信信息的容量和品质。

9.3.3　光纤传感器的组成及分类

光纤传感器是一种将被测对象的状态转变为可测的光信号的传感器，一般包括光源、光纤、传感头、光探测器和信号处理电路 5 个部分。光源相当于一个信号源，负责信号的发射；光纤是传输媒质，负责信号的传输；传感头感知外界信息，相当于调制器；光探测器负责信号转换，将光纤送来的光信号转换成电信号；信号处理电路的功能是还原外界信息，相当于解调器。

根据光纤在传感器中的作用，通常将光纤传感器分为三类：功能型光纤传感器（function fiber optic sensor，简称 FF 型光纤传感器）、非功能型光纤传感器（non-function fiber optic sensor，简称 NF 型传感器）和拾光型光纤传感器。

1. 功能型光纤传感器

功能型光纤传感器的原理如图 9.25 所示，它是利用光纤本身的特性把光纤作为敏感元件，被测量对光纤内传输的光进行调制，使光的特性发生变化，再通过对被调制的信号进行解调，从而得到被测信号，所以又称传感型光纤传感器。在功能型光纤传感器中，光纤不仅是传输光的媒质，而且是敏感元件，光在光纤内受被测量调制，多采用多模光纤。此类传感器的优点是结构紧凑、灵敏度高，但是它需用特殊光纤和先进的检测技术，因此成本高。其典型例子如光纤陀螺、光纤水听器等。

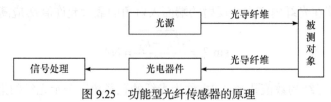

图 9.25　功能型光纤传感器的原理

2. 非功能型光纤传感器

非功能型光纤传感器是利用其他敏感元件感受被测量的变化,光纤仅作为光的传输介质,所以又称传光型光纤传感器,其原理如图 9.26 所示。此类光纤传感器常采用单模光纤,且无需特殊光纤及其他特殊技术,比较容易实现,成本低,但灵敏度也较低。目前,已实用化或尚在研制中的光纤传感器,大都是非功能型的。

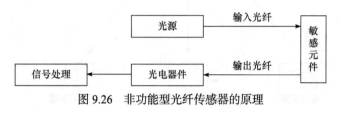

图 9.26 非功能型光纤传感器的原理

3. 拾光型光纤传感器

拾光型光纤传感器的原理如图 9.27 所示。用光纤作为探头,接收由被测对象辐射的光或被其反射、散射的光。其典型例子如光纤激光多普勒速度计、辐射式光纤温度传感器等。

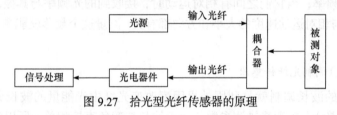

图 9.27 拾光型光纤传感器的原理

9.3.4 光纤传感器的工作原理

光纤传感器的基本原理是将光源入射的光束经由光纤送入调制器,在调制器内,外界被测参数与进入调制区的光相互作用,使光的光学性质,如光的强度、波长(颜色)、频率、相位、偏振态等发生变化,成为被调制的光信号,再经过光纤送入光敏器件、解调器而获得被测参数。

1. 强度调制光纤传感器

利用外界因素改变光纤中光的强度,通过测量光纤中光强的变化来测量外界被测参数的原理称为强度调制,其原理如图 9.28 所示。光源发射的光经入射光纤传输到传感头,经调制器把光反射到出射光纤,通过出射光纤传输到光电接收器。传感头又称调制器,通过调制器把被测量的变化转变为光的强度变化,即对光强进行调制,光电接收器接收到强度变化的光信号,最后解调出被测量的变化。由于调制形式的不同,调制器可分为外调制型(即可动反射调制器和可动透射调制器),以及内调制型(即微弯调制器)。由于调制器的动作受到被测量的控制,因此光电接收器接收的光强是随被测量变化的。调制器采用不同的传感头,可构成不同用途的光纤传感器,测量不同的被测量。

2. 频率调制光纤传感器

光纤传感器中的频率调制就是利用外界因素改变光纤中光的频率,通过测量光的频率变化来测量外界被测参数。频率调制并不以改变光纤的特性来实现调制,光纤往往只是作

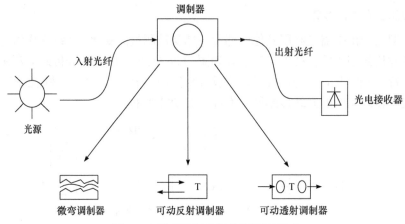

图 9.28　强度调制光纤传感器原理图

为传输光信号的介质而非敏感元件。目前，频率调制的机理主要是利用光学多普勒效应，即光的频率与光接收器和光源之间的运动状态有关。当它们之间相对静止时，接收到的光频率为光的振荡频率；当它们之间有相对运动时，接收到的光频率与其振荡频率发生了频移，频移的大小与相对运动速度的大小和方向都有关，测量这个频移就能测量到物体的运动速度。

3. 波长（颜色）调制光纤传感器

光纤传感器的波长调制就是利用外界因素改变光纤中光能量的波长分布或者光谱分布，通过检测光谱分布来测量被测参数。由于波长与颜色直接相关，所以波长调制也称颜色调制，其原理如图 9.29 所示。

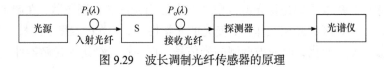

图 9.29　波长调制光纤传感器的原理

光源发出的光能量分布为 $P_i(\lambda)$，由入射光纤耦合到传感头 S 中，在传感头 S 内，被测信号 $S_o(t)$ 与光相互作用，使光谱分布发生变化，输出光纤的能量分布为 $P_o(\lambda)$，由光谱分析仪检测出 $P_o(\lambda)$，即可得到 $S_o(t)$。在波长调制光纤传感器中，有时并不需要光源，而是利用黑体辐射、荧光等的光谱分布与某些外界参数有关的特性来测量外界参数，其调制方式有黑体辐射调制、荧光波长调制、滤光器波长调制和热色物质波长调制。

4. 相位调制光纤传感器

相位调制光纤传感器的原理是通过被测能量场的作用，使光纤内传播的光波相位发生变化，再利用干涉测量技术把相位变化转化为光强变化，从而检测出被测物理量。

光纤中光波的相位是由光纤波导的物理长度、折射率及其分布、波导横向几何尺寸所决定的。一般来说，压力、张力、温度等外界物理量能直接改变上述三个波导参数，产生相位的变化，实现光纤的相位调制。但是，目前的各类光探测器都不能感知光波相位的变化，必须采用光的干涉技术将相位变化转变为光强变化，才能实现对外界物理量的检测。因此光纤传感器中的相位调制技术包括产生光波相位变化的物理机理和光的干涉技术，与其他调制方法相比，相位调制技术由于采用干涉技术而具有更高的相位调制灵敏度。

9.3.5 光纤传感器的应用

利用光纤传感器的调制机理、光纤导光及调制方式可以制备出各种光纤传感器，如光纤压力传感器、光纤加速度传感器、光纤温度传感器、光纤声传感器和光纤图像传感器等。

1. 光纤压力传感器

对光纤压力传感器的研究始于 20 世纪 70 年代，当时用于测量血管压力，随即出现膜片式光纤压力传感器，此时为强度调制光纤传感器。到 20 世纪 90 年代开始对光纤法珀压力传感器进行重点研究，传感器的精度和线性度都得到很大的提升。目前，光纤压力传感器主要包括光纤光栅及光纤法珀两种形式，其研究较多且相对成熟，并且已成功实现了商业化。

图 9.30 为一种光纤法珀传感器的原理示意图，它是基于法珀干涉仪发展而来的，主要包括光源、耦合器、光纤、传感器(法珀腔)以及接收器。在这个光纤法珀传感器系统中，法珀腔作为敏感元件获取外界信息，它主要由两块间隔为 L 且端面镀有反射膜的光纤组成。当入射光强一定，即入射光源为一个单色光源时，可知传感器中的法珀腔长度是波长和输出光强的函数，传感器的腔长随着外界压力的作用而发生改变，导致腔内光信号的传输路径也发生改变，传感器的输出光强发生改变，解调光强的变化即可获取外界信号信息。根据以上工作原理，还可制作光纤法珀应变、应力、折射率传感器等。

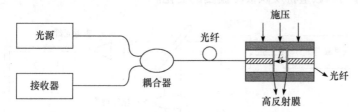

图 9.30　光纤法珀传感器原理示意图

2. 光纤加速度传感器

光纤传感器测量运动加速度的基本原理是：一定质量的物体在加速度作用下产生惯性力，这种惯性力转变为位移、转角或是变形等变量，通过对这些变量的测量，就可得出加速度数值。与其他光纤传感器一样，它可以是强度调制的，也可以是相位调制的，采用光纤干涉仪配以适当的电路和微机处理系统，就能够将加速度值计算并显示出来。

图 9.31 为利用马赫-曾德尔干涉仪的光纤加速度传感器实验装置。激光束通过分束器后分为两束光，透射光作为参考光束，反射光作为测量光束。测量光束经透镜耦合进入单模光纤，单模光纤紧紧缠绕在一个顺变柱体上，顺变柱体上端固定有质量块。顺变柱体做加速度运动时，质量块的惯性力使圆柱体变形，从而使绕于其上的单模光纤被拉伸，引起光程(相位)差的改变，干涉条纹(信号)变化。相位改变的激光束由单模光纤射出后与参考光束在分束器处会合，产生干涉效应。在垂直位置放置的两个光探测器接收到亮暗相反的干涉信号，两路电信号由差动放大器处理。

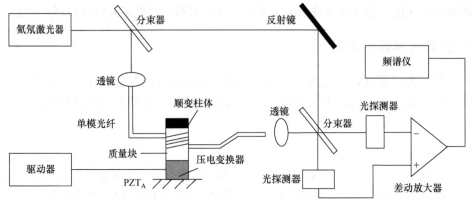

图 9.31 光纤加速度传感器结构示意图

3. 光纤温度传感器

光纤温度传感器是目前仅次于压力、加速度传感器而广泛使用的光纤传感器。根据工作原理可分为相位调制型、光强调制型和偏振光型等，这里仅介绍一种相位调制型光纤温度传感器，其结构如图 9.32 所示。它是利用马赫-曾德尔干涉原理实现温度测量的，包括氦氖激光器、扩束器、两个显微物镜、两根单模光纤(其中一根为测量光纤，另一根为参考光纤)、光探测器等。传感器工作时，激光器发出的激光束经扩束器分别送入长度基本相同的测量光纤和参考光纤，将两根光纤的输出端汇合在一起，则两束光产生干涉，从而出现了干涉条纹。当测量光纤受到温度场的作用时，产生相位变化，从而引起干涉条纹的移动，显然干涉条纹移动的数量将反映被测温度的变化。

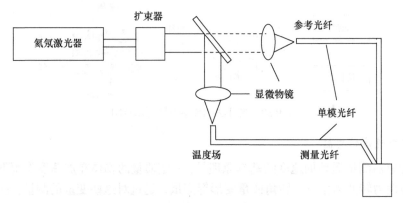

图 9.32 光纤温度传感器的结构图

4. 光纤流量、流速传感器

图 9.33 为光纤多普勒血流传感器的原理图。测量光束通过光纤探针进到被测血流中，经直径约 7μm 的红细胞散射，一部分光按原路返回，得到多普勒频移信号 $f + \Delta f$，频移 Δf 可用式(9.9)表示：

$$\Delta f = \frac{2nv\cos\theta}{\lambda} \tag{9.9}$$

式中，v 为血流速度；n 为血液的折射率；θ 为光纤轴线与血管轴线的夹角；λ 为激光波长。另一束进入驱动频率为 f_1=40MHz 的布拉格盒(频移器)，得到频率为 $f - f_1$ 的参考光信号。将参考光信号与多普勒频移信号进行混频，就得到要探测的信号，这种方法称为光学外差法。经光电二极管将混频信号变换成光电流送入频谱分析仪，得出对应于血流速度的多普勒频移谱，就可实现对血流速度的测量。

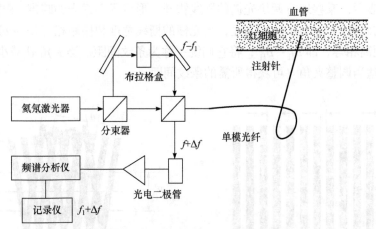

图 9.33　光纤多普勒血流传感器原理图

典型的光纤多普勒血流传感器可在 0～1000cm/s 速度范围内使用，空间分辨率为100μm，时间分辨率为 8ms。光纤多普勒血流传感器的缺点是光纤插入血管中会干扰血液流动，另外背向散射光非常微弱，在设计信号检测电路时必须考虑。

9.4　光栅数字传感器

光栅数字传感器是利用光栅的莫尔条纹现象，以线位移和角位移为基本测试内容，应用于高精度加工机床、光学坐标镗床、制造大规模集成电路的设备及检测仪器等。光栅按应用范围不同可分为透射光栅和反射光栅两种；按用途不同有测量线位移的长光栅和测量角位移的圆光栅；按光栅的表面结构不同，又可分为幅值(黑白)光栅和相位(闪耀)光栅。光栅数字传感器的测量精度高、分辨率高(长光栅 0.05μm，圆光栅 0.1″)，适用于非接触式动态测量。但是光栅数字传感器对环境有一定要求，油污、灰尘等会影响其工作可靠性，且测试电路较复杂，成本较高。

9.4.1　光栅的结构和工作原理

1. 光栅的结构

在一块长条形镀膜玻璃上均匀刻制许多明暗相间、等间距分布的细小条纹(称为刻线)，这就是光栅，如图 9.34 所示。图中 a 为光栅的宽度(不透光)，b 为光栅的间距(透光)，$a+b=W$ 称为光栅的栅距(也称光栅常数)，通常 $a=b$。目前常用的光栅是每毫米宽度上刻 10、25、50、100、125、250 条线。

2. 光栅的工作原理

这里以黑白、透射型长光栅为例介绍光栅的工作原理。如图 9.35 所示，两块具有相同栅线宽度和栅距的长光栅（即选用两块同型号的长光栅）叠合在一起，中间留有很小的间隙，并使两者的栅线之间形成一个很小的夹角 θ，则在大致垂直于栅线的方向上出现明暗相间的条纹，称为莫尔条纹。莫尔（Moire）在法文中的原意是水面上产生的波纹。由图可见，在两块光栅栅线重合的地方，透光面积最大，出现亮带（图中的 d-d），相邻亮带之间的距离用 B_H 表示；某些地方两块光栅的栅线错开，形成了不透光的暗带（图中的 f-f），相邻暗带之间的距离用 B'_H 表示。很明显，当光栅的栅线宽度和栅距相等（$a = b$）时，所形成的亮、暗带距离相等，即 $B_\mathrm{H} = B'_\mathrm{H}$，将它们统一称为条纹间距。当夹角 θ 减小时，条纹间距 B_H 增大，适当调整夹角 θ 可获得所需的条纹间距。

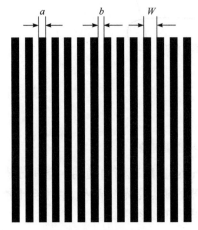

图 9.34 光栅的结构

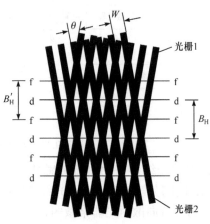

图 9.35 莫尔条纹

莫尔条纹测位移具有以下特点。

（1）对位移的放大作用。

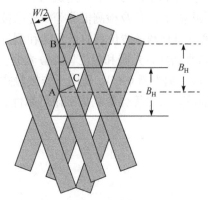

图 9.36 莫尔条纹间距与栅距
和夹角之间的关系

光栅每移动一个栅距 W，莫尔条纹移动一个间距 B_H。设 $a = b = W / 2$，在 θ 很小的情况下，由图 9.36 可得出莫尔条纹的间距 B_H 与两光栅夹角 θ 的关系为

$$B_\mathrm{H} = \frac{W/2}{\sin\dfrac{\theta}{2}} \approx \frac{W/2}{\theta/2} = \frac{W}{\theta} \tag{9.10}$$

式中，W 为光栅的栅距；θ 为刻线夹角（单位：rad）。

由此可见，θ 越小，B_H 越大，B_H 相当于把 W 放大了 $1/W$ 倍。即光栅具有位移放大作用，从而可提高测量的灵敏度。例如，每毫米有 50 条刻线的光栅，$a = b = \dfrac{1}{50 \times 2} = 0.01 \text{(mm)}$，$W = a + b = 0.02\text{mm}$，如果刻线夹角 $\theta = 0.1° = 0.001745\text{rad}$，则条纹间距 B_H=11.46mm，相当于把栅距近似放大到原来的 $\dfrac{11.46}{0.02} = 573$ 倍。这样无论肉眼还是光电元件都能清楚地辨认出来。

(2)莫尔条纹移动方向。

光栅每移动一个光栅间距 W，条纹跟着移动一个条纹宽度 B_H。当固定一个光栅，另一个光栅向右移动时，莫尔条纹将向上移动；反之，如果另一个光栅向左移动，则莫尔条纹将向下移动。因此，莫尔条纹的移动方向有助于判别光栅的运动方向。

(3)莫尔条纹的误差平均效应。

由于光电元件所接收到的是进入它的视场的所有光栅刻线的总光能量，它是许多光栅刻线共同作用造成的对光强进行调制的集体作用的结果。这使个别刻线在加工过程中产生的误差、断线等所造成的影响大为减小。如其中某一刻线的加工误差为 δ_0，根据误差理论，它所引起的光栅测量系统的整体误差可表示为

$$\Delta = \pm \frac{\delta_0}{\sqrt{n}} \tag{9.11}$$

式中，n 为光电元件能接收到对应信号的光栅刻线的条数。

例如，对 50 线/mm 的光栅，用 4mm 宽的光电元件进行接收，那么光电元件所接收到的就是总共达 200 条光栅刻线的集体作用的结果，光电元件的输出是这 200 条刻线共同对光调制结果的总和。假定其中某一条刻线的位置偏移了 1μm，则它所造成的光电元件的输出相当于整个光栅的偏差约为 0.07μm。莫尔条纹的这种误差平均效应使得它在应用中对光栅质量的要求可以大大降低，这对高精度测量非常有利。

利用光栅具有莫尔条纹的特性，可以通过测量莫尔条纹的移动数来测量两光栅的相对位移量，这比直接计数光栅的线纹更容易。由于莫尔条纹是由光栅的大量刻线形成的，对光栅刻线的本身刻划误差有平均抵消作用，所以其成为精密测量位移的有效手段。

9.4.2 光栅数字传感器的组成

光栅数字传感器由光电转换装置(光栅读数头)、光栅数显表两部分组成。

1. 光电转换

光电转换装置利用光栅原理把输入量(位移量)转换成电信号，将非电量转换为电量。如图 9.37 所示，光电转换装置主要由主光栅(用于确定测量范围)、指示光栅(用于检出信号——读数)、光路系统和光电元件等组成。

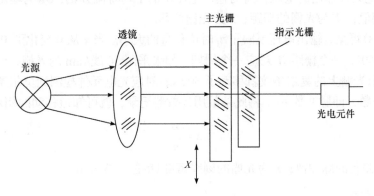

图 9.37　光电转换装置

用光栅的莫尔条纹测量位移，需要两块光栅。长的称为主光栅，与运动部件连在一起，它的大小与测量范围一致。短的称为指示光栅，固定不动。主光栅与指示光栅之间的距离：

$$d = \frac{W^2}{\lambda} \tag{9.12}$$

式中，W 为光栅栅距；λ 为有效光波长。

根据前面的分析已知，莫尔条纹是一个明暗相间的带，光强变化是从最暗→渐亮→最亮→渐暗→最暗的过程。

用光电元件接收莫尔条纹移动时的光强变化，可将光信号转换为电信号。上述的遮光作用和光栅位移呈线性变化，故光通量的变化是理想的三角形波形，但实际情况并非如此，而是近似正弦周期信号，之所以称为"近似"正弦信号，是因为最后输出的波形是在理想三角形的基础上被削顶和削底的结果，这是为了使两块光栅不致发生摩擦，它们之间有间隙存在，再加上衍射、刻线边缘总有毛糙不平和弯曲等造成的，如图 9.38 所示。

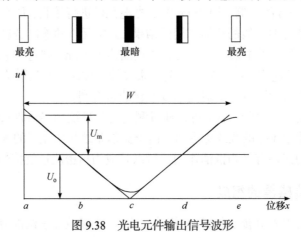

图 9.38　光电元件输出信号波形

其电压输出近似用正弦信号形式表示为

$$u = U_o + U_m \sin\left(\frac{\pi}{2} + \frac{2\pi x}{W}\right) \tag{9.13}$$

式中，u 为光电元件输出的电压；U_o 为输出电压中的平均直流分量；U_m 为输出电压中正弦交流分量的幅值；W 为光栅的栅距；x 为光栅位移。

由式(9.13)可见，输出电压反映了瞬时位移量的大小。当 x 从 0 变化到 W 时，相当于角度变化了 360°，一个栅距 W 对应一个周期。如果采用 50 线/mm 的光栅，当主光栅移动 x mm 时，指示光栅上的莫尔条纹就移动了 $50x$ 条(对应光电元件检测到莫尔条纹的亮条纹或暗条纹的条数，即脉冲数 p)，将此条数用计数器记录，就可知道移动的相对距离 x，即

$$x = \frac{p}{n} \tag{9.14}$$

式中，p 为检测到的脉冲数；n 为光栅的刻线密度(单位：线/mm)。

2. 辨向与细分

光电转换装置只能产生正弦信号，实现确定位移量的大小。为了进一步确定位移的方

向和提高测量分辨率，需要引入辨向和细分技术。

1) 辨向原理

根据前面的分析可知：莫尔条纹每移动一个间距 B_H，对应着光栅移动一个栅距 W，相应输出信号的相位变化一个周期 2π。因此，在相隔 $B_H/4$ 间距的位置上，放置两个光电元件 1 和 2，如图 9.39 所示，得到两个相位差 $\pi/2$ 的正弦信号 u_1 和 u_2（设已消除式 (9.13) 中的直流分量），经过整形后得到两个方波信号 u_1' 和 u_2'。

从图 9.39 中波形的对应关系可看出，当光栅沿 A 方向移动时，u_1' 经微分电路后产生的脉冲，正好发生在 u_2' 的"1"电平时，从而经 Y_1 输出一个计数脉冲；而 u_1' 经反相并微分后产生的脉冲，则与 u_2' 的"0"电平相遇，与门 Y_2 被阻塞，无脉冲输出。

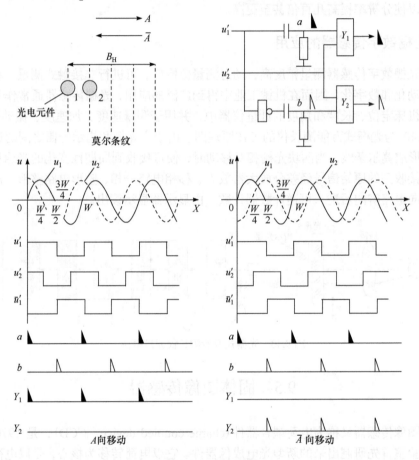

图 9.39　辨向原理

当光栅沿 $\overline{A}$ 方向移动时，u_1' 的微分脉冲发生在 u_2' 为"0"电平时，与门 Y_1 无脉冲输出；而 u_1' 的反相微分脉冲则发生在 u_2' 的"1"电平时，与门 Y_2 输出一个计数脉冲，则说明 u_2' 的电平状态作为与门的控制信号，用于控制在不同的移动方向时，u_1' 所产生的脉冲输出。这样，就可以根据运动方向正确地给出加计数脉冲或减计数脉冲，再将其输入可逆计数器。根据式 (9.14) 可知脉冲数对应位移量，因此通过计算能实时显示出相对于某个参考点的位移量。

2)细分原理

光栅测量原理是以移过的莫尔条纹的数量来确定位移量,其分辨率为光栅栅距。现代测量不断提出高精度的要求,数字读数的最小分辨值也逐步减小。为了提高分辨率,测量比光栅栅距更小的位移量,可以采用细分技术。

细分就是为了得到比栅距更小的分度值,即在莫尔条纹信号变化一个周期内,发出若干个计数脉冲,以减小每个脉冲相当的位移,相应地提高测量精度,例如,一个周期内发出 N 个脉冲,计数脉冲频率提高到原来的 N 倍,每个脉冲相当于原来栅距的 $1/N$,则测量精度将提高到原来的 N 倍。

细分方法可以采用机械或电子方式实现,常用的有倍频细分法和电桥细分法。利用电子方式可以使分辨率提高几百倍甚至更高。

9.4.3　光栅数字传感器的应用

由于光栅数字传感器测量精度高,动态测量范围广,可进行非接触式测量,易于实现系统的自动化和数字化,因而在机械工业中得到广泛的应用,光栅传感器通常作为测量元件应用于机床定位、长度和角度的计量仪器中,并用于测量速度、加速度、振动等。

图 9.40 为光栅式万能测长仪的工作原理图。由于主光栅和指示光栅之间的透光与遮光效应,形成莫尔条纹,当两块光栅相对移动时,便可接收到周期性变化的光通量。由光敏晶体管接收到的原始信号经差分放大器放大、移相电路分相、整形电路整形、倍频电路细分、辨向电路辨向后进入可逆计数器计数,由显示器显示读出。

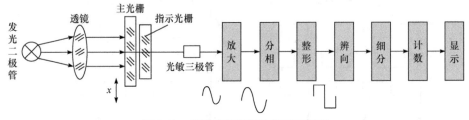

图 9.40　光栅式万能测长仪原理框图

9.5　固体图像传感器

固体图像传感器又称为电荷耦合器件(charge coupled device,CCD),是 1970 年由美国贝尔实验室首先研制出来的新型光电成像器件。它以电荷转移为核心,是以电荷包的形式存储和传递信息的半导体表面器件,是在 MOS(metal oxide semiconductor)结构电荷存储器的基础上发展起来的,是半导体技术的一次重大突破。固体图像传感器具有体积小、质量轻、灵敏度高、寿命长、功耗低、动态范围广等优点,在固体图像传感、信息存储和处理等方面得到广泛应用,其典型产品有数码相机、数码摄像机等。

9.5.1　CCD 的基本原理

CCD 的突出特点是以电荷作为信号,而不同于其他大多数电子元器件是以电流或者电压为信号。有人将其称为"排列起来的 MOS 电容阵列"。一个 MOS 电容器是一个光敏单元，可以感应一像素，如一个图像有 1024×768 像素，就需要同样多个光敏单元，即传递一幅图像需要由许多 MOS 光敏单元大规模集成的器件。因此，CCD 的基本功能是信号电荷的产生、存储、传输和输出。

1. CCD 的 MOS 光敏单元结构

CCD 是按照一定规律排列的 MOS 电容器阵列组成的移位寄存器，CCD 的单元结构是 MOS 电容器，如图 9.41(a)所示。其中"金属"为 MOS 结构的电极，称为"栅极"(此栅极材料通常不是用金属而是能够透过一定波长范围光的多晶硅薄膜)；"半导体"作为衬底电极；在两电极之间有一层"氧化物"(SiO_2)绝缘体，构成电容，但它具有一般电容所不具有的耦合电荷的能力。

2. 电荷存储原理

所有电容器都能存储电荷，MOS 电容器也不例外。例如，如果 MOS 电容器的半导体是 P 型硅，当在金属电极上施加一个 V_G 正电压时(衬底接地)，金属电极板上就会充上一些正电荷，附近的 P 型硅中的多数载流子——空穴被排斥到表面入地，如图 9.41(b)在衬底 Si-SiO_2 界面处的表面势能将发生变化，处于非平衡状态，表面区有表面势 Φ_s，若衬底电位为 0，则表面处电子的静电位能为$-e\Phi_s$(e 代表单个电子的电荷量)。因为 Φ_s 大于 0，电位能$-e\Phi_s$ 小于 0，则表面处有储存电荷的能力，半导体内的电子被吸引到界面处，从而在表面附近形成一个带负电荷的耗尽区(称为电子势阱或表面势阱)，电子在这里势能较低，沉积于此，成为积累电荷的场所，如图 9.41(c)所示。势阱的深度与所加电压成正比，在一定条件下，若 V_G 增加，栅极上充的正电荷数目增加，在 SiO_2 附近的 P-Si 中形成的负离子数目相应增加，耗尽区的宽度增加，表面势阱加深。

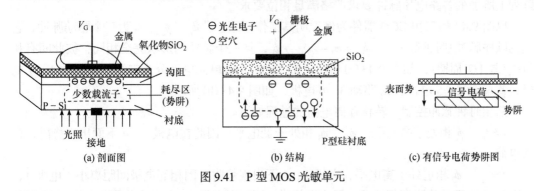

(a) 剖面图　　　　　　　　(b) 结构　　　　　　(c) 有信号电荷势阱图

图 9.41　P 型 MOS 光敏单元

若形成 MOS 电容的半导体材料是 N-Si，则 V_G 加负电压时，在 SiO_2 附近的 N-Si 中形成空穴势阱。

如果此时有光照射在硅片上，在光子作用下，半导体硅吸收光子，产生电子-空穴对，其中的光生电子被附近的势阱吸收，吸收的光生电子数量与势阱附近的光强成正比：光强越大，产生电子-空穴对越多，势阱中收集的电子数就越多；反之，光越弱，收集的电子数越少。同时，产生的空穴被电场排斥出耗尽区。因此势阱中电子数目的多少可以反映光的强弱和图像的明暗程度，即这种 MOS 电容器可实现光信号向电荷信号的转变。若给光敏

单元阵列同时加上 V_G，整个图像的光信号将同时变为电荷包阵列。当有部分电子填充到势阱中时，耗尽层深度和表面势将随着电荷的增加而减小。势阱中的电子处于被存储状态，即使停止光照，一定时间内也不会损失，这就实现了对光照的记忆。

3. 电荷转移原理

由于所有光敏单元共用一个电荷输出端，因此需要进行电荷转移。为了方便进行电荷转移，CCD 器件基本结构是一系列彼此非常靠近(间距为 $15\sim20\mu m$)的 MOS 光敏单元，这些光敏单元使用同一半导体衬底；氧化层均匀、连续；相邻金属电极间隔极小。

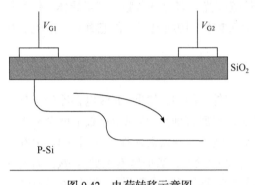

两个相邻 MOS 光敏单元所加的栅压分别为 V_{G1}、V_{G2}，且 $V_{G1}<V_{G2}$，如图 9.42 所示。任何可移动的电荷都将向表面势大的位置移动。因 V_{G2} 高，表面形成的负离子多，则表面势 $\phi_{s2}>\phi_{s1}$，电子的静电位能 $-e\phi_{s2}<-e\phi_{s1}<0$，则 V_{G2} 吸引电子能力强，形成的势阱深，则 1 中电子有向 2 中转移的趋势。若串联很多光敏单元，且使 $V_{G1}<V_{G2}<\cdots<V_{Gn}$，可形成一个输运电子的路径，实现电子的转移。

图 9.42 电荷转移示意图

由前面的分析可知，MOS 电容的电荷转移原理是通过在电极上加不同的电压(称为驱动脉冲)实现的。电极的结构按所加电压的相数分为二相、三相和四相系统。二相结构要保证电荷单向移动，必须使电极下形成不对称势阱，通过改变氧化层厚度或掺杂浓度来实现，这两者都使工艺复杂化。为了保证信号电荷按确定的方向和路线转移，在 MOS 光敏单元阵列上所加的各路电压脉冲要求严格满足相位要求。

以图 9.43 的三相 CCD 器件为例说明其工作原理。设 ϕ_1、ϕ_2、ϕ_3 为三个驱动脉冲，它们的顺序脉冲(时钟脉冲)为 $\phi_1\rightarrow\phi_2\rightarrow\phi_3\rightarrow\phi_1$，且三个脉冲的形状完全相同，彼此间有相位差(差 1/3 周期)，如图 9.43(a)所示。把 MOS 光敏单元电极分为三组，ϕ_1 驱动 1、4 电极，ϕ_2 驱动 2、5 电极，ϕ_3 驱动 3、6 电极，如图 9.43(b)所示。

三相时钟脉冲控制、转移存储电荷的过程如下。

$t=t_1$：ϕ_1 相处于高电平，ϕ_2、ϕ_3 相处于低电平，因此在电极 1、4 下面出现势阱，存入电荷。

$t=t_2$：ϕ_2 相也处于高电平，电极 2、5 下出现势阱。因相邻电极间距离小，电极 1、2 及 4、5 下面的势阱互相连通，形成大势阱。原来在电极 1、4 下的电荷向电极 2、5 下的势阱中转移。接着 ϕ_1 相电压下降，电极 1、4 下的势阱相应变浅。

$t=t_3$：更多的电荷转移到电极 2、5 下势阱内。

$t=t_4$：只有 ϕ_2 相处于高电平，信号电荷全部转移到电极 2、5 下的势阱内。

依次类推，通过脉冲电压的变化，在半导体表面形成不同的势阱，且右边产生更深势阱，左边形成阻挡势阱，使信号电荷自左向右做定向运动，在时钟脉冲的控制下从一端移位到另一端，直到输出。

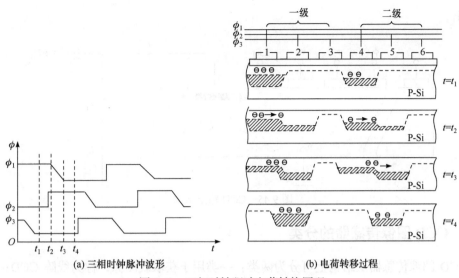

(a) 三相时钟脉冲波形   (b) 电荷转移过程

图 9.43 三相时钟驱动电荷转换原理

4. 电荷的注入

1) 光信号注入

当光信号照射到 CCD 衬底硅片表面时，在电极附近的半导体内产生电子-空穴对，空穴被排斥入地，少数载流子(电子)则被收集在势阱内，形成信号电荷存储起来。存储电荷的多少与光强成正比，如图 9.44(a) 所示。

2) 电信号注入

CCD 通过输入结构(如输入二极管)，将信号电压或电流转换为信号电荷，注入势阱中。如图 9.44(b) 所示，二极管位于输入栅衬底下，当输入栅 I_G 加上宽度为 Δt 的正脉冲时，输入二极管 PN 结的少数载流子通过输入栅下的沟道注入 ϕ_1 电极下的势阱中，注入电荷量为 $Q = I_D \cdot \Delta t$。

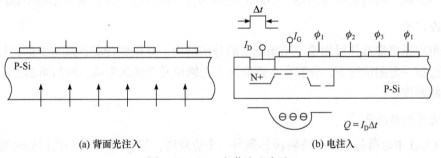

(a) 背面光注入   (b) 电注入

图 9.44 CCD 电荷注入方法

5. 电荷的输出

CCD 信号电荷在输出端被读出的方法如图 9.45 所示。OG 为输出栅。它实际上是 CCD 阵列的末端衬底上制作的一个输出二极管，当输出二极管加上反向偏压时，转移到终端的电荷在时钟脉冲作用下移向输出二极管，被二极管的 PN 结所收集，在负载 R_L 上形成脉冲电流 I_o。输出电流的大小与信号电荷的大小成正比，并通过负载电阻 R_L 转换为信号电压

U_o 输出。

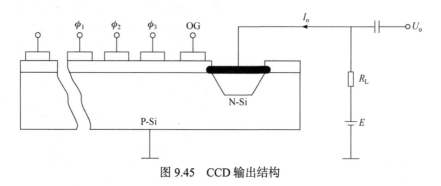

图 9.45 CCD 输出结构

9.5.2 CCD 图像传感器的分类

CCD 图像传感器从结构上可分为两类：一类用于获取线图像，称为线阵 CCD；另一类用于获取面图像，称为面阵 CCD。线阵 CCD 目前主要用于产品外部尺寸非接触检测或产品表面质量评定、传真和光学文字识别技术等方面；面阵 CCD 主要用于摄像领域。

线阵 CCD 可以直接接收一维光信息，而不能将二维图像转换为一维的电信号输出，为了得到整个二维图像，就必须采取扫描的方法来实现。线阵 CCD 图像传感器由线阵光敏区、转移栅、模拟移位寄存器、偏置电荷电路、输出栅和信号读出电路等组成。

面阵 CCD 图像器件的感光单元呈二维矩阵排列，能检测二维平面图像。按传输和读出方式不同，可分为行传输、帧传输和行间传输三种。面阵 CCD 图像传感器主要用来装配数码照相机、数码摄像机。

9.5.3 CCD 图像传感器的特性参数

用来评价 CCD 图像传感器的主要参数有：分辨率、光电转移效率、灵敏度、光谱响应、动态范围、暗电流及噪声等。不同的应用场合，对特性参数的要求也各不相同。

1. 分辨率

分辨率指摄像器件对物像中明暗细节的分辨能力，是图像传感器最重要的特性参数，在感光面积一定的情况下，分辨率主要取决于光敏单元之间的距离，即相同感光面积下光敏单元的密度。

2. 光电转移效率

当 CCD 中电荷包从一个势阱转移到另一个势阱时，若 Q_1 为转移一次后的电荷量，Q_0 为原始电荷量，转移效率定义为

$$\eta = \frac{Q_1}{Q_0} \tag{9.15}$$

当信号电荷进行 N 次转移时，总转移效率为

$$\frac{Q_N}{Q_0} = \eta^N = (1-\varepsilon)^N \tag{9.16}$$

式中，ε 为转移损耗。

因为CCD中每个电荷在传送过程中要进行成百上千次的转移，所以要求转移效率 η 必须达到 99.99%，以保证总转移效率在 90% 以上。CCD 总效率太低时就失去了实用价值，所以 η 一定时，就限制了转移次数或器件的最长位数。

3. 暗电流

暗电流的产生源于热激发产生的电子-空穴对，是缺陷产生的主要原因。光信号电荷积累时间越长，其影响越大。同时暗电流不均匀会在固体图像传感器中出现固定图形。暗电流与光积分时间、温度密切相关，温度每降低 10℃，暗电流约减少一半。对于每个器件，暗电流大的地方(称为暗电流尖峰)总是出现在相同位置的单元上，利用信号处理，将出现暗电流尖峰的单元位置存储在 PROM(可编程只读存储器)中，单独读取相应单元的信号值，就能消除暗电流尖峰的影响。

4. 噪声

CCD 是低噪声器件，但是由于其他因素产生的噪声会叠加到信号电荷上，信号电荷的转移受到干扰。噪声的来源主要有转移噪声、散粒噪声、电注入噪声、信号输入噪声等。散粒噪声虽然不是主要的噪声源，但是在其他几种噪声可以采用有效措施来降低或消除的情况下，散粒噪声就决定了固体图像传感器的噪声极限值。在低照度、低反差下应用时，散粒噪声影响更为显著。

9.5.4　CCD 图像传感器的应用

CCD 图像传感器的应用主要在以下几方面。

(1)计量检测仪器：工业生产产品的尺寸、位置、表面缺陷的非接触在线检测、距离测定等。

(2)光学信息处理：光学字符识别(optical character recognition，OCR)、标记识别、图形识别、传真、摄像等。

(3)生产过程自动化：自动工作机械、自动售货机、自动搬运机、监视装置等。

(4)军事应用：导航、跟踪、侦查(带摄像机的无人驾驶飞机、卫星侦查)。

在自动化生产线上经常需要进行物体尺寸的在线检测，例如，零件的几何尺寸检测、轧钢厂钢板宽度的在线检测和控制等。利用线型阵列光敏图像传感器可实现物体尺寸的高精度非接触测量。

9.6　红外传感器

近年来，红外光电器件的大量出现，以大规模集成电路为代表的微电子技术的发展，使红外传感的发射、接收和控制电路高度集成化，大大提高了红外传感器的可靠性。红外传感技术已经越来越多地被人们所利用，例如，在军事上有热成像系统、搜索跟踪系统、红外辐射计、警戒系统等；在航空航天系统中有人造卫星的遥感、红外研究天体的演化；在医学上有红外诊断、红外测温和辅助治疗等。

9.6.1 红外线

红外线是一种不可见光，由于是位于可见光中红色光以外的光线，故称红外线。它的波长介于可见光和微波之间，波长在 0.75～3μm 为近红外区，3～30μm 为中红外区，30～1000μm 为远红外区或极远红外区。红外线在电磁波谱中的位置如图 9.46 所示。

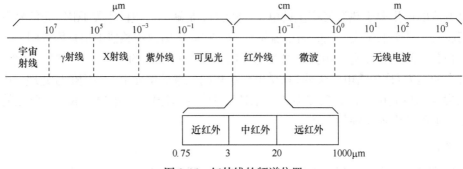

图 9.46　红外线的频谱位置

红外线不具有无线电遥控那样穿过遮挡物控制被控对象的能力，红外线的辐射距离一般为几米到几十米或更远一点。红外线有以下特点：

(1) 红外线易于产生，容易接收；

(2) 采用红外发光二极管，结构简单，易于小型化，且成本低；

(3) 红外线调制简单，依靠调制信号解码可实现多路控制；

(4) 红外线不能透过遮挡物，不会产生信号串扰等误动作；

(5) 功率消耗小，反应速度快；

(6) 对环境无污染，对人、物无损害；

(7) 抗干扰能力强。

9.6.2 红外探测器

红外辐射的物理本质是热辐射，一个炽热物体向外辐射的能量大部分是通过红外线辐射出来的。物体的温度越高，辐射出来的红外线越多，辐射的能量就越强。

红外传感器就是指将红外辐射能量转换成电能的光敏器件，用来检测物体辐射的红外线，一般由光学系统、探测器、信号调理电路及显示单元等组成，红外探测器是红外传感器的核心。红外探测器是利用红外辐射与物质相互作用所呈现的物理效应来探测红外辐射的。红外探测器的种类很多，按探测机理的不同，分为热探测器和光子探测器两大类。

1. 热探测器(热电型)

热探测器的工作原理是利用红外辐射的热效应，探测器的敏感元件吸收辐射能后引起温度升高，进而使某些物理参数发生相应变化，通过测量物理参数的变化来确定探测器所吸收的红外辐射。与光子探测器相比，热探测器的探测率比光子探测器的峰值探测率低、响应时间长，但热探测器的主要优点是响应波段宽，响应范围可扩展到整个红外区域，可以在常温下工作，使用方便，应用广泛。

热探测器主要有四类：热释电型、热敏电阻型、热电阻型和气体型。其中热释电型探测器探测效率最高，频率响应最宽，以下主要介绍热释电型探测器。

热释电效应是指当某些电介质的表面温度发生变化时，在这些电介质的表面上就会产生电荷的变化。热释电红外探测器就是利用热释电效应制成的，图 9.47 为热释电红外传感器的结构和内部电路图，主要由外壳、滤光片、PZT 热电子元件、结型场效应管(FET)、电阻、二极管等组成。热释电红外传感器的工作原理是：入射的红外线首先照射在滤光片上，滤光片为 6μm 多层膜干涉滤光片，它对 5μm 以下短波长光有高反射率，而对 6μm 以上人体发射出来的红外线热源(10μm)有高穿透性。透射过来的红外线照射在光敏元件上，随后光敏元件输出的信号由高输入阻抗的场效应管放大器放大，并转换为低输出阻抗的输出电压信号。按照采用的敏感元件的不同，热释电红外传感器又分为热敏电阻型红外传感器、热电偶型红外传感器、光电池型红外传感器、光导纤维型红外传感器和光敏电阻型红外传感器等。

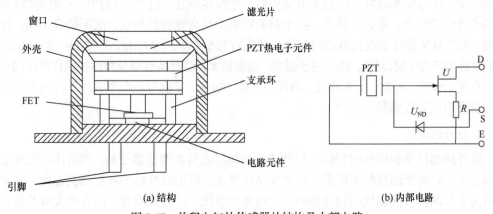

(a) 结构   (b) 内部电路

图 9.47　热释电红外传感器的结构及内部电路

2. 光子探测器(量子型)

光子探测器的工作原理是利用入射光辐射的光子流与探测器材料中的电子相互作用，从而改变电子的能量状态，引起各种电学现象，这种效应称为光子效应。光子探测器有内光电和外光电探测器两种。光子探测器的主要特点是灵敏度高、响应速度快，具有较高的响应频率。但探测波段较窄，一般需在低温下工作。

1)内光电探测器

物质受到光照后所产生的光电子只在物质内部运动而不会逸出物质外部的现象称为内光电效应，在内光电效应的基础上研制、开发出来的光电传感器称为内光电传感器，如现在广泛应用的太阳能电池和各种以光敏元件为基础的探测器等。

2)外光电传感器

物质受到光照后向外发射电子的现象称为外光电效应，利用外光电效应制成的传感器称为外光电传感器，如光电二极管、光电倍增管等组成的电子传感器就是外光电传感器。这类传感器的响应速度比较快，但电子逸出需要较大的光子能量，只适宜在近红外或可见光范围内使用。外光电传感器又分为光电导、光生伏特和光磁电探测器三种。

图 9.48 为一种 PbS 量子型红外光敏元件结构图，主要由 PbS 光敏元件、电极、玻璃基极、引脚等组成。PbS 量子型红外光敏元件对近红外光到 3μm 红外光有较高的灵敏度，

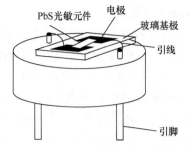

图 9.48 PbS 红外光敏元件的结构图

可在室温下工作。当红外光照射在 PbS 光敏元件上时，会发生光电效应，PbS 光敏元件的阻值发生变化，从而引起 PbS 光敏元件两电极间电压的变化。PbS 光敏元件先在玻璃基极上制成金电极，然后蒸镀 PbS 薄膜，再引出电极线。为了防止 PbS 光敏元件被氧化，将 PbS 光敏元件封入真空容器中，并用玻璃或蓝宝石做光窗口。当光照射在 PbS 光敏元件上时，电极两端产生光生电动势，此电动势的大小与光照度成比例。

9.6.3 红外传感器的应用

红外传感器可以检测到物体发射出的红外线，用红外线作为检测媒介，实现某些非电量的测量，比可见光做媒介的检测方法要好。主要体现在：红外线（指中、远红外线）不受周围可见光的影响，可昼夜测量；由于被测对象本身会辐射红外线，故不必设光源，比较方便；大气对某些特定波长范围内的红外线吸收很少（如 2~2.6μm，3~5μm，8~14μm 三个波段称为"大气窗口"），故适用于遥感、遥测技术。红外传感器及检测技术广泛应用于工业、农业、水产、医学、土木建筑、海洋、气象、航空、宇航等各个领域，下面列举几个实例简单介绍红外传感器的应用。

1. 红外测温仪

红外测温仪是利用热辐射体在红外波段的辐射通量来测量温度的。当物体的温度低于1000℃时，它向外辐射的不再是可见光而是红外光，可用红外探测器检测其温度。图 9.49 是目前常见的红外测温仪结构原理图，它由光学系统、红外探测器、信号放大器及信号处理、显示输出等部分组成，是一个光、机、电一体化的红外测温系统。它的光学系统是一个固定焦距的透射系统，步进电机带动调制转盘转动，将被测的红外辐射调制成交变的红外辐射射线；红外探测器一般为热释电型探测器，透镜的焦点落在其光敏面上，被测目标的红外线通过透镜聚焦在红外探测器上，红外探测器将红外辐射变换为电信号输出，该电信号经前置放大、选频放大、线性化、发射率(ε)调节等处理电路，得到温度数值。

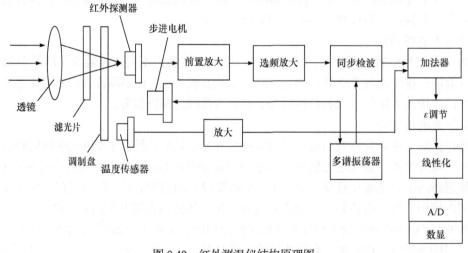

图 9.49 红外测温仪结构原理图

2. 红外热像仪

通过红外测温仪，可以知道物体表面的平均温度，但要了解物体的温度分布情况，探测物体内部的结构等情况，就需要把物体的温度分布以图像的形式直观地显示出来，即红外成像。目前，主要采用了红外变像管、红外摄像管、集成红外电荷耦合器件(CCD)三种成像器件显示物体红外辐射的热像图。其中，集成红外CCD是最理想、最有发展前途的固态成像器件。

红外热像仪原理如图9.50所示，主要由红外扫描系统、红外摄像头、显示器等组成。红外热像仪的光学系统为全折射式，物镜材料为单晶硅，光学系统中的垂直扫描和水平扫描采用具有高折射率的多面平行棱镜，扫描棱镜由电动机带动旋转，扫描速度与相位由扫描触发器、脉冲发生器和有关控制电路控制。红外传感器首先将物体的辐射转换成电信号，然后把输出的微弱信号送入前置放大器放大输出，随后经视频放大器放大，再控制显像管屏幕上射线的强弱，形成可供人眼观察的热图像并显示到屏幕上。

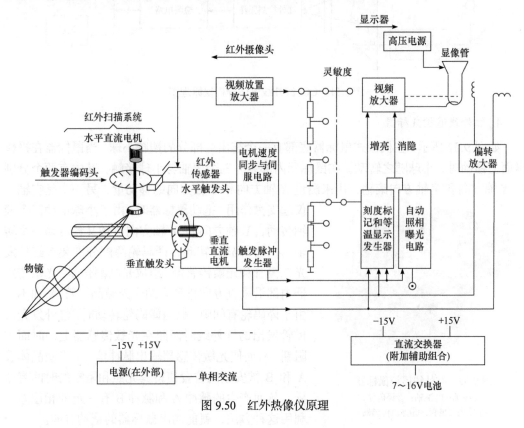

图 9.50   红外热像仪原理

3. 红外线气体分析仪

红外线气体分析仪通过气体选择性吸收红外线的特点完成对气体成分的分析。图9.51为 CO_2 红外线气体分析仪的工作原理：分析仪设有"参比室"和"样品室"。在参比室内充满没有 CO_2 的气体或含有一定量 CO_2 的气体，被测气体连续地通过样品室，光源发出的红外辐射经反射镜分别投射到参比室和样品室，经反射系统和滤光片由红外检测器件接收。由于 CO_2 气体在 $4.26\mu m$ 波长处对红外线有较强的吸收能力，滤光片设计成只允许中心波长为 4.26μm 的红外辐射通过，利用电路使红外接收器件交替接收通过参比室和样品室的红外辐射。若参比室和样品室中均不含 CO_2 气体，调节仪器使两束辐射完全相等，红外接收器件接收到的是恒定不变的辐射，交流选频放大器输出为零；若进入样品室的气体含有 CO_2 气体，则其吸收 4.26μm 的红外辐射，两束辐射的光通量不等，红外接收器件接收到交变辐射，交流选频放大器就有输出。通过预先对仪器进行标定，就可以通过输出确定 CO_2 气体的含量。由此可认为，只要在红外波段范围内存在吸收带的任何气体，都可用这种方法进行分析，该方法的特点是灵敏度高、反应速度快、精度高、可连续分析和长期观察气体浓度的瞬时变化。

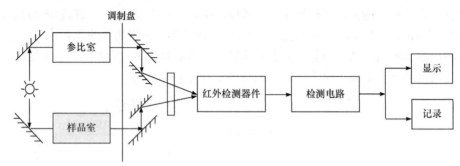

图 9.51 CO_2 红外线气体分析仪原理图

4. 红外线遥控鼠标器

如图 9.52 所示，在机械式鼠标器底部有一个露出一部分的塑胶小球，当鼠标器在操作桌面上移动时，小球随之转动。在鼠标器内部装有三个滚轴与小球接触，其中有两个分别是 X 轴方向和 Y 轴方向滚轴，用来测量 X 轴方向和 Y 轴方向的移动量；另一个是空轴，

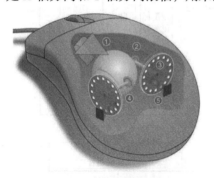

图 9.52 红外线遥控鼠标器
①支撑轴；②滚轴；③译码轮；
④发光二极管；⑤光敏传感器

仅起支撑作用。拖动鼠标器时，由于小球带动三个滚轴转动，X 轴方向和 Y 轴方向滚轴又各带动一个转轴（称为译码轮）转动，译码轮两侧分别装有红外发光二极管和光敏传感器，组成光电耦合器。光敏传感器内部沿垂直方向排列有两个光敏晶体管 A 和 B。由于译码轮有间隙，故当译码轮转动时，红外发光二极管发出的红外线时而照在光敏传感器上，时而被阻断，从而使光敏传感器输出脉冲信号。光敏晶体管 A 和 B 被安放的位置使得其光照和阻断的时间有差异，从而产生的脉冲 A 和脉冲 B 有一定的相位差，利用这种方法，就能测出鼠标器的拖动方向。

5. 红外无损检测

红外无损检测是 20 世纪 60 年代以后发展起来的实用技术，它是通过测量热流或热量来鉴定物质材料质量、探测内部缺陷的。与超声波、X 射线、磁化等常用的检测技术相比，红外无损检测技术具有适用面广（可用于所有金属和非金属材料）、速度快（每个测量周期一般只需数秒钟）、观测面积大（根据被测对象，一次测量可覆盖面积近 $1m^2$），测量结果用图像显示、直观易懂、无须接触试件等优点。

红外无损检测技术应用范围广,如用于新材料,特别是多层复合材料的研究;工业、制造业中探测承重设备表面及表面下的疲劳裂纹;黏接、焊接质量检测;涂层检测;产品质量的监测;设备运转情况的监测;产品研发过程中加载或破坏性实验过程的评估;航空、航天、军工领域中有关飞行器安全的检测等。此外,这项技术还可以用来做定量测量分析,如测量材料厚度和各种涂层、夹层的厚度以及进行表面下的材料和结构的特征识别。

6. 被动式红外报警器

一般人体都有恒定的体温,通常为 36~37℃,所以会发出特定波长(10μm 左右)的红外线,被动式红外报警器就是靠探测人体发射的 10μm 左右的红外线而进行工作的。被动式红外报警器主要由光学系统、热释电红外传感器、信号处理电路和报警电路等几部分组成,如图 9.53 所示。菲涅尔透镜可以将人体辐射的红外线聚焦到热释电红外探测元上,同时产生交替变化的红外辐射高灵敏区和盲区,以适应热释电探测元要求信号不断变化的特性;热释电红外传感器是报警器设计中的核心器件,它可以把人体的红外信号转换为电信号以供信号处理部分使用;信号处理主要是把传感器输出的微弱电信号进行放大、滤波、延迟和比较。

图 9.53 被动式红外报警器结构框图

在该探测技术中,"被动式"是指探测器本身不发出任何形式的能量,只是靠接收自然界的能量和能量变化来完成探测目的。被动式红外报警器的特点是能够检测入侵者在所防范区域内移动时所引起的红外辐射变化,并能使监控报警器产生报警信号,从而完成报警功能。

本 章 小 结

(1)光电式传感器(或称光敏传感器)是利用光电器件把光信号转换成电信号(电压、电流、电荷、电阻等)的器件。其基于光电效应。物体吸收具有一定能量的光子后所产生的电效应称为光电效应。光电效应按其作用原理一般分为外光电效应和内光电效应两大类。光电器件有光电倍增管、光敏电阻、光敏二极管、光敏三极管、光电池等。

(2)光纤是用光透射率高的电介质(如石英、玻璃、塑料等)构成的光通路,由纤芯、包层、保护套组成。光纤传感器是一种将被测对象的状态转变为可测的光信号的传感器,一般包括光源、光纤、传感头、光探测器和信号处理电路 5 部分。根据光纤在传感器中的作用,通常将光纤传感器分为两大类:一类是功能型光纤传感器,简称 FF 型光纤传感器;另一类是非功能型光纤传感器,简称 NF 型传感器。

(3)光栅数字传感器是利用光栅的莫尔条纹现象,以线位移和角位移为基本测试内容,应用于高精度加工机床、光学坐标镗床,制造大规模集成电路的设备及检测仪器等。光栅数字传感器由光电转换装置(光栅读数头)、光栅数显表两部分组成。其中光电转换装置利用光栅原理把输入量(位移量)转换成电信号，将非电量转换为电量。

(4)固体图像传感器又称为电荷耦合器件，它以电荷转移为核心，是以电荷包的形式存储和传递信息的半导体表面器件。固体图像传感器从结构上可分为两类：一类用于获取线图像，称为线阵 CCD；另一类用于获取面图像，称为面阵 CCD。

(5)红外传感器可以检测物体发射出的红外线，用红外线作为检测媒介，实现某些非电量的测量，比可见光做媒介的检测方法要好。红外传感器一般由光学系统、探测器、信号调理电路及显示单元等组成，红外探测器是红外传感器的核心。红外探测器是利用红外辐射与物质相互作用所呈现的物理效应来探测红外辐射的。红外探测器的原理很多，按探测机理的不同，分为热探测器和光子探测器两大类。

习题与思考题

9-1 什么是光电式传感器？光电式传感器的基本工作原理是什么？

9-2 什么是光电器件？典型的光电器件有哪些？

9-3 阐述光纤的结构和传光原理。

9-4 阐述光纤传感器的基本原理及分类。

9-5 某光纤，其纤芯折射率为 $n_1=1.56$，包层折射率 $n_2=1.24$，外部介质为空气，$n_0=1$，试求光纤的数值孔径和最大入射角。

9-6 简述计量光栅的结构和基本原理。

9-7 简述光栅莫尔条纹测量位移的三个主要特点。

9-8 CCD 的电荷转移原理是什么？

9-9 举例说明 CCD 图像传感器的应用。

9-10 红外探测器有哪些类型？简述它们的工作原理。

9-11 简述红外辐射的物理本质。试举出用红外辐射技术进行检测的应用实例。

第10章　化学式传感器

化学式传感器(chemical sensor)是由化学敏感层和物理转换器结合而成的，是能提供化学组成的直接信息的传感器件。化学敏感层接触检测对象后，物理转换器将检测对象的浓度信号转换为电信号而实现化学测量。化学式传感器在生产流程分析、环境污染监测、矿产资源的探测、气象观测和遥测、工业自动化、医学上用于远距离诊断和实时监测，在农业上用于生鲜保存和鱼群探测、防盗、安全报警和节能等。

对化学式传感器的研究是近年来由化学、生物学、电学、热学微电子技术、薄膜技术等多学科互相渗透和结合而形成的一门新兴学科。化学式传感器的历史并不长，但世界各国对这门新学科的开发研究投入了大量的人力、物力和财力，研究人员俱增，正在向产业化方面开展有效的工作。化学式传感器是当今传感器领域中最活跃、最有成效的领域。

化学式传感器的重要意义在于可把化学组分及其含量直接转化为模拟量(电信号)，通常具有体积小、灵敏度高、测量范围宽、价格低廉、易于实现自动化测量和在线或原位连续检测等特点。国内外科研人员很早就致力于研究化学式传感器的检测方法和控制方法，研制各式各样的化学式传感器分析仪器，并将其广泛应用于环境监测、生产过程中的监控及气体成分分析、气体泄漏报警等。化学式传感器类型众多、应用广泛，本章重点介绍气敏传感器的原理及其应用。

10.1　概　　述

1. 气敏传感器的基本概念

随着科学技术的发展和社会的进步，生产过程控制、环保、安全、办公、家庭等各方面的自动化正在迅速发展。作为感官或信息输入部分之一的气敏传感器是不可缺少的。气敏传感器是对气体(多为空气)中所含特定气体成分(即待测气体)的物理或化学性质迅速感应，并把这一感应状态转换为适当的电信号，从而提供有关待测气体是否存在及其浓度信息的传感器。

气敏传感器用来检测气体浓度和成分，它在环境保护和安全监督方面起着极重要的作用。气敏传感器是暴露在各种成分的气体中使用的，由于检测现场温度、湿度的变化很大，又存在大量粉尘和油雾等，所以其工作条件较恶劣，而且气体与传感元件的材料会产生化学反应物，附着在元件表面，这往往会使其性能变差。所以对气敏传感器有下列要求：能够检测报警气体的允许浓度和其他标准数值的气体浓度，能长期稳定工作，重复性好，响应速度快，共存物质所产生的影响小等。

气敏传感器的研究涉及面广、难度大，属于多学科交叉的研究内容。气敏材料的开发和根据不同原理进行传感器结构的合理设计，是未来气敏传感器发展的主要内容。气敏材料的进一步开发，一方面是寻找新的添加剂对已开发的气敏材料性能进行进一步提高；另一方面是充分利用纳米、薄膜等新材料制备技术寻找性能更加优越的气敏材料。近年来，表面声波气敏传感器、光学式气敏传感器、石英振子式气敏传感器等新型传感器的开发成功，进一步开阔了设计者的视野。目前，仿生气敏传感器也在研究中，警犬的鼻子就是一种灵敏度和选择性都非常好的理想气敏传感器，结合仿生学和传感器技术研究类似犬鼻子的"电子鼻"，将是气敏传感器发展的重要方向之一。另外，气敏传感器的智能化生产和生活日新月异的发展对气敏传感器提出了更高的要求，气敏传感器智能化是其发展的必由之路。智能气敏传感器将在充分利用微机械与微电子技术、计算机技术、信号处理技术、电路与系统、传感技术、神经网络技术、模糊理论等多学科综合技术的基础上得到发展。

2. 气敏传感器的特性参数

1) 灵敏度

灵敏度 (s) 是气敏元件的一个重要参数，标志着气敏元件对气体的敏感程度，决定了其测量精度可用其阻值变化量 ΔR 与气体浓度变化量 ΔP 之比来表示，即 $s = \Delta R / \Delta P$；或者用气敏元件在空气中的阻值 R_0 与在被测气体中的阻值 R 之比表示，即 $k = R_0 / R$。

2) 响应时间

从气敏元件与被测气体接触，至气敏元件的特性达到新的恒定值所需要的时间，称为响应时间，它是反映气敏元件对被测气体浓度反应速度的参数。

3) 选择性

在多种气体共存的条件下，气敏元件区分气体种类的能力称为选择性。对某种气体的选择性好，就表示气敏元件对该气体有较高的灵敏度。选择性是气敏元件的重要参数，也是目前较难解决的问题之一。

4) 稳定性

气体浓度不变时，若其他条件发生变化，在规定的时间内气敏元件输出特性维持不变的能力，称为稳定性。稳定性表示气敏元件对于气体浓度以外的各种因素的抵抗能力。

5) 温度特性

气敏元件灵敏度随温度变化的特性称为温度特性。温度有元件自身温度与环境温度之分。这两种温度对灵敏度都有影响。元件自身温度对灵敏度的影响相当大，解决这个问题的措施之一就是采用温度补偿方法。

6) 湿度特性

气敏元件的灵敏度随环境湿度变化的特性称为湿度特性。湿度特性是影响检测精度的另一个因素，解决这个问题的措施之一就是采用湿度补偿方法。

7) 电源电压特性

气敏元件的灵敏度随电源电压变化的特性称为电源电压特性，为改善这种特性，需采用恒压源。

8) 气体浓度特性

传感器的气体浓度特性表示被测气体浓度与传感器输出之间的确定关系。

9) 初始稳定、气敏响应和恢复特性

无论哪种类型 (薄膜、厚膜、集成片或陶瓷) 的气敏元件，其内部均有加热器，一方面用于烧灼元件表面油垢或污物，另一方面可起加速被测气体的吸附、脱附过程的作用。加热温度一般为 200～400℃。

气敏传感器按设计规定的电压值对加热丝通电加热后,敏感元件电阻值首先急剧下降,一般经 2～10min 过渡过程后达到稳定的电阻值输出状态,这一状态称为初始稳定状态。达到初始稳定状态的时间及输出电阻值,除与元件材料有关外,还与元件所处大气环境有关。达到初始稳定状态以后的敏感元件才能用于气体检测。

当加热的气敏元件表面接触并吸附被测气体时,首先是被吸附的分子在表面自由扩散(称为物理性吸附)而失去动能,这期间,一部分分子被蒸发掉,剩下的一部分分子则因热分解而固定在吸附位置上(称为化学性吸附)。若元件材料的功函数比被吸气体分子的电子亲和力小,则被吸气体分子就会从元件表面夺取电子而以阴离子形式吸附。具有阴离子吸附性质的气体称为氧化性气体,如 NO_x、O_2 等。若气敏元件材料的功函数大于被吸附气体的离子化能量,则被吸附气体将把电子给予元件而以阳离子形式吸附。具有阳离子吸附性质的气体称为还原性气体,如 H_2、CO、HC 等。

氧化性气体吸附于 N 型半导体或还原性气体吸附于 P 型半导体的气敏材料,都会使载流子数目减少而表现出元件电阻值增加的特性;相反,还原性气体吸附于 N 型半导体或氧化性气体吸附于 P 型半导体的气敏材料,都会使载流子数目增加而表现出元件电阻值减小的特性,如图 10.1 所示。

达到初始稳定状态的元件,迅速置入被测气体之后,其电阻值减小(或增加)的速度称为气敏响应速度特性。各种元件响应特性不同,一般情况是元件通电 20s 后才能出现阻值变化后的稳定状态。

测试完毕,把传感器置于大气环境中,其阻值复原到保存状态数值的速度称为元件的复原特性。它与敏感元件的材料及结构有关,当然也与大气环境条件有关。一般约 1min 便可复原到不用时保存电阻值的 90%。

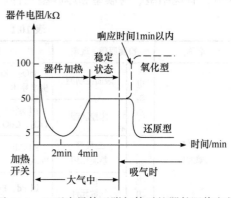

图 10.1 N 型半导体吸附气体时的器件阻值变化

3. 气敏传感器的分类

由于被测气体的种类繁多,性质各不相同,不可能用一种传感器来检测所有气体,所以气敏传感器的种类也有很多。近年来,随着半导体材料和加工技术的迅速发展,实际使用最多的是半导体气敏传感器,这类传感器一般多用于气体的粗略鉴别和定性分析,具有结构简单、使用方便等优点。

气敏传感器有各种不同的分类方法。从检测对象来分,可分为可燃性气敏传感器、毒气传感器、氧气传感器和水蒸气传感器等。从测量信号的方式来分,可分为电流测定型、电位测定型等。从气体分子与传感器检测元件间的相互作用来分类,可分为以下几种。

(1)利用待测气体的化学吸附与反应的气敏元件,属于这一类的主要是对可燃气体敏感的气敏半导体元件。气体分子吸附过程发生的表面化学反应,引起气敏材料表面的电子或空穴浓度变化,最终导致表面电导发生变化。这类敏感元件有 ZnO、SnO_2 等气敏元件,用于检测可燃气体、CO、N_2、烃类等气体。

(2) 利用气体成分的反应性，如催化燃烧式可燃性气敏传感器。它利用可燃气在元件表面氧化燃烧时因温升而引起的铂丝电阻变化，测出可燃气体的浓度。

(3) 利用待测气体对固体的分配平衡，如半导体氧敏元件和体电导型半导体可燃性气体敏感元件，属于这类的有 TiO 和 CoO 等气敏元件，可用于氧、煤气、液化气、酒精等的检测。

(4) 以固体电解质氧敏元件为例，利用气体成分的选择透过特性，当元件两侧的氧浓度不同时，形成的浓差电池电动势也不同，从而检测氧浓度的变化。这类元件有 ZrO_2-CaO、ZrO_2-Y_2O_3、ZrO_2-MgO、TrO_2-Y_2O_3 等气敏元件。气敏传感器还可以根据材料的不同分为半导体气敏元件、固体电解质气敏元件及其他材料的气敏元件。

10.2 半导体气敏传感器

1. 电阻型半导体气敏传感器

1) 电阻型半导体气敏传感器的结构

电阻型半导体气敏传感器一般由三部分组成：敏感元件、加热器和外壳。按其制造工艺来分，有烧结型、薄膜型和厚膜型三种。如表 10.1 所示为半导体气敏元件分类。

表 10.1 半导体气敏元件分类

名称	检测原理、现象		具有代表性的气敏元件及材料	检测气体
半导体气敏元件	电阻型	表面控制型	SnO_2、ZnO、In_2O_3、W_2O_3、V_2O_5、β-Cd_2SnO_4 有机半导体、金属、酞菁、蒽	可燃性气体，如 C_2H_2CO、NO_2 等
		体控制型	γ-Fe_2O_3、α-Fe_2O_3、CoC_3、Co_3O_4、$La_{1-x}CoSrO_3$、TiO_2、CoO、CoO-MgO、Nb_2O_5 等	可燃性气体，如 O_2、C_nH_{2n}、C_nH_{2n-6} 等
	非电阻型	二极管整流作用	Pd/CdS、Pd/TiO_2、Pd/ZnO、Pt/TiO_2、Au/TiO_2、Pd/MoS	H_2、CO、SiH_4 等
		FET气敏元件	以 Pd、Pt、SnO_2 为栅极的 MOSFET	H_2、CO、H_2S、NH_3
		电容型	Pb-$BaTiO_3$、CuO-$BaSnO_3$、CuO-$BaTiO_3$、AgCuO-$BaTiO_3$ 等	CO_2
固体电解质气敏元件	电池电动势		CaO-ZrO_2、Y_2O_3-ZrO_2、Y_2O_3-TiO_2、LaF_3、KAg_4I_5、$PbCl_2$、$PbBr_2$、K_2SO_4、Na_2SO_4、β-$A1_2O_3$、$LiSO_4$、Ag_2SO_4、Ba$(NH_3)_2$ 等	O_2、卤素、SO_2、CO、NO_x、H_2O、H_2 等
	混合电位		CaO-ZrO_2、Zr$(HPO_4)_2 \cdot nH_2O$、有机电解质	CO、H_2
	电解电流		CaO-ZrO_2、YF_6、LaF_3	H_2
	电流		$Sb_2O_3 \cdot nH_2O$	O_2
接触燃烧式	燃烧热(电阻)		Pt 丝＋催化剂(Pd、Pt-Al_2O_3、CuO)	可燃性气体
电化学式	恒电位电解电流		气体透过膜+贵金属阴极+贵金属阳极	CO、NO、SO_2、O_2
	伽伐尼电池式		气体透过膜+贵金属阴极+贱金属阳极	O_2、NH_3
其他类型	红外吸收型、石英振荡型、光导纤维型、热传导型、异质结型、气体色谱法、声表面波气体传感器			无机气体和有机气体

图 10.2(a)所示为烧结型气敏元件,它是以氧化物半导体(如 SnO_2)材料为基体,将铂电极和加热器埋入金属氧化物中,经加热或加压成形后,再用高温(700~900℃)制陶工艺烧结制成,因此也被称为半导体陶瓷。这种器件制作方法简单,器件寿命较长,但由于烧结不充分,器件的机械强度较差,且所用电极材料较贵重,此外,电特性误差较大,所以应用受到一定限制。图 10.2(b)所示为薄膜型气敏元件,采用蒸发或溅射方法,在石英基片上形成氧化物半导体薄膜(厚度在 100nm 以下),制作方法也简单,但这种薄膜是物理性附着,所以器件性能差异较大。图 10.2(c)、图 10.2(d)所示为厚膜型器件,它是将氧化物半导体材料与硅凝胶混合制成能印刷的厚膜胶,再把厚膜胶印刷到装有电极的绝缘基片上,经烧结制成。由这种工艺制成的元件机械强度高,其特性也相当一致,适合大批量生产。

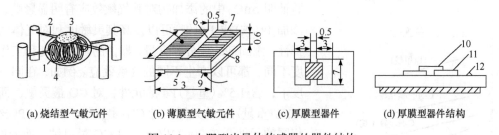

(a) 烧结型气敏元件   (b) 薄膜型气敏元件   (c) 厚膜型器件   (d) 厚膜型器件结构

图 10.2 电阻型半导体传感器的器件结构

1、5、13—加热器;2、7、9、11—电极;3—烧结体温表;4—玻璃;6、10—半导体;8、12—绝缘体

这些器件全部附有加热器,它的作用是使附着在探测部分处的油雾、尘埃等烧掉,加速气体的吸附,从而提高器件的灵敏度和响应速度。一般加热到 200~400℃。

按加热方式不同,可分为直热式和旁热式两种气敏元件。直热式气敏元件的结构和符号如图 10.3 所示,器件管芯由 SnO_2、ZnO 等基体材料和测量丝(引脚 1、2)、加热丝(引脚 3、4)三部分组成,加热丝和测量丝都直接埋在基体材料内、工作时加热丝通电,测量丝用于测量器件阻值。这类器件制造工艺简单、成本低、功耗小,可以在高电压回路下使用,但热容量小,易受环境气流的影响,测量回路与加热回路之间没有隔离,相互影响。

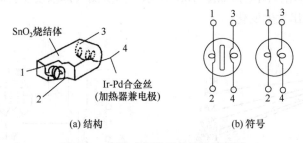

(a) 结构   (b) 符号

图 10.3 直热式气敏元件结构及符号

旁热式气敏元件的结构和符号如图 10.4 所示。其管芯增加了一个陶瓷管,管内放加热丝(引脚 2、5),管外涂梳状金电极作测量极(引脚 1、3、4、6),在金电极外涂 SnO_2 等材料。这种结构的器件克服了直热式器件的缺点,其测量极与加热丝分离,加热丝不与气敏材料接触,避免了测量回路与加热回路之间的相互影响,器件热容量大,降低了环境气氛对器件加热温度的影响,所以这类器件的稳定性、可靠性都较直热式器件有所改进。

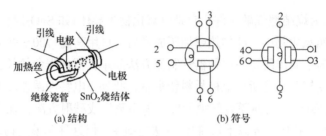

(a) 结构　　　　　　　　　(b) 符号

图 10.4　旁热式气敏元件结构及符号

2) SnO$_2$ 系列气敏传感器

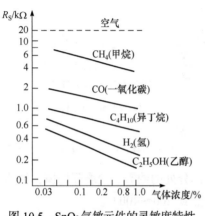

图 10.5　SnO$_2$ 气敏元件的灵敏度特性

图 10.5 为 SnO$_2$ 气敏元件的灵敏度特性,它表示不同气体浓度下气敏元件的电阻值。实验证明 SnO$_2$ 中的添加物对其气敏效应有明显影响,如添加 Pt(铂)或 Pd(钯)可以提高其灵敏度和对气体的选择性。添加剂的成分和含量、器件的烧结温度和工作温度不同,都可以产生不同的气敏效应。例如,在同一温度下,含 1.5%(重量)Pd 的元件,对 CO 最灵敏,而含 0.2%(重量)Pd 的元件,对 CH$_4$ 最灵敏。又如,Pt 含量相同的元件,在 200℃ 以下,对 CO 最灵敏,而 400℃ 以检测甲烷最佳。

SnO$_2$ 气敏元件易受环境温度和湿度的影响,其电阻-温湿度特性如图 10.6 所示。图中,RH 为相对湿度,所以在使用时,通常需要加温湿度补偿,以提高仪器的检测精度和可靠性。

除上述特性外,SnO$_2$ 气敏元件在不通电状态下存放一段时间后,再使用之前必须经过一段电老化时间,因在这段时间内,器件阻值要发生突然变化而后才趋于稳定。经过长时间存放的器件,在标定之前,一般需 1～2 周的老化时间。

SnO$_2$ 气敏元件所用检测电路如图 10.7 所示。当所测气体浓度变化时,气敏元件的阻值发生变化,从而使输出发生变化。

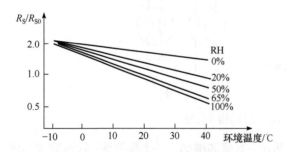

图 10.6　SnO$_2$ 气敏元件电阻-温湿度特性

R_{S0}—20℃,65%RH 条件下,1000×10^{-6} 异丁烷器件电阻;
R_S—在测试条件下,1000×10^{-6} 异丁烷器件电阻

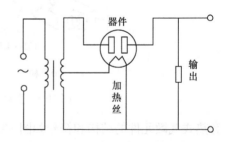

图 10.7　SnO$_2$ 气敏元件所用检测电路

2. 半导体气敏二极管和 MOSFET 气敏传感器

金属半导体三极管、金属氧化物半导体(MOS)二极管及金属-氧化物-半导体场效应管

（MOSFET）等气敏元件，都属于外电阻型半导体气敏传感器器件。它们的工作原理仍然是利用半导体表面的空间电荷层或金属半导体接触势垒的变化。但它并不测量电阻变化，而是利用其他参数的变化，如利用二极管和场效应管的伏安特性的变化检测被测气体的存在。

金属和半导体接触时形成肖特基势垒，当在金属和半导体接触部分吸附某种气体时，如果对半导体能带或金属的功函数有影响，那么它的整流特性就发生变化，如 Pd-CdS 肖特基势垒能检测 H_2。目前已推出的有 Pb-TiO_2、Pb-ZnO、Pt-TiO_2、Au-TiO_2 等肖特基势垒二极管气敏元件。

金属氧化物半导体结构的气敏元件的金属栅极材料为 Pd 或 Pt 薄膜，厚度为 500～2000Å，SiO_2 层厚度为 500～1000Å。当这种器件的金属栅极接触 H_2 时，金属的功函数下降。因此，这种器件的电容-电压特性(C-V 特性)发生变化。

对于 Pd-MOSFET，其金属栅为 Pd，约为 100Å，而 SiO_2 也大约有 100Å。管的漏极电流 I_D 由栅偏压控制。在栅极和漏极之间短路的情况下，源极和漏极之间加偏压 U_{DS} 时，I_D 为

$$I_D = \beta(U_{DS} - U_T)^2 \tag{10.1}$$

式中，β 为常数；U_T 为阈值电压。

在 Pd-MOSFET 中，随着空气中的氢气浓度的增加，U_T 减小，人们就是利用这种机制检测氢气浓度的。关于阈值电压 U_T 降低的原因有这样的说法：在 Pd 栅极上被解离的原子氢通过 Pd 薄膜到达 Pd-TiO_2 界面处，并在 Pd 一侧形成偶极层而降低 Pd 的功函数。这种类型的气敏元件可利用平面工艺制造，将对器件的稳定性、重复性和集成化很有好处。

1)气敏二极管

(1)金属/半导体结型二极管传感器。

将金属与半导体结合做成整流二极管，其整流作用来源于金属和半导体功函数的差异，随着功函数因吸附气体而变化，其整流作用也随之发生变化。目前常用的这种传感器有 Pd-CdS、Pd-TiO_2、Au-TiO_2 等。

① Pd-TiO_2 结型气敏传感器。Pd-TiO_2 结型气敏传感器的结构如图 10.8 所示，该器件在正向偏压下，电流随着气体浓度的增加而变大。可以从一定偏置电压下的电流或产生一定电流时的偏压来测定气体的浓度。

② Au-TiO_2 结型气敏元件。如图 10.9 所示，Au-TiO_2 二极管在常温下选择性地对硅烷(SiH_4)响应，而且灵敏度高。也有实验用金属酞菁代替金属氧化物制成金属有机半导体二极管。

(2)MOS 二极管气敏元件。

Pd-MOS 二极管结构和等效电路如图 10.10 所示。它是利用 MOS 二极管的电容-电压特性的变化制成的 MOS 气敏元件。在 P 型硅芯片上，采用热氧化工艺生长一层厚

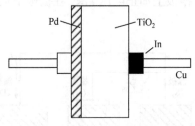

图 10.8　Pd-TiO_2 结型气敏传感器

度为 50～100nm 的 SiO_2 层，然后在其上蒸发一层钯金属薄膜，作为栅电极。SiO_2 层的电容 C_x 是固定不变的，Si-SiO_2 界面电容 C_x 是外加电压的函数。所以总电容 C 是栅极偏压的函数，其函数关系称为该 MOS 管的电容-电压(C-V)特性。由于钯在吸附 H_2 以后，会使钯的功函数降低，且所吸附气体的浓度不同，功函数变化量也不同，这将引起 MOS 管的特性向负偏压

方向平移，由此可测定 H_2 的浓度。

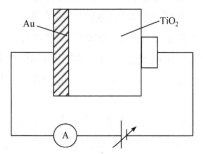

图 10.9　$Au\text{-}TiO_2$ 二极管结型气敏传感器

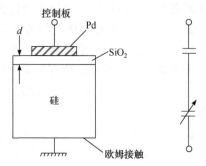

图 10.10　Pd-MOS 二极管结构和等效电路

（3）肖特基二极管气敏传感器。

肖特基二极管气敏传感器在抛光过的钨基（2cm×2cm）上沉积重硼 P 型金刚石膜，然后镀上一层无杂质金刚石，在 850℃ 下退火，最后在金刚石表面热蒸发金属钯形成钯电极。该器件对氢气的灵敏度高，在 55℃，0～0.01Torr[①] 下，灵敏度为 170mA/Torr。在 85℃ 空气中，可在 1s 内完全响应，6s 后恢复。

（4）异质结 H_2S 传感器。

将 CuO 和 SnO_2 粉料均匀混合烧结制成元件，由于 CuO 是 P 型半导体，SnO_2 是 N 型半导体，$CuO\text{-}SnO_2$ 元件是异质 PN 结器件，当元件暴露在含 H_2S 的气体中时，CuO 与 H_2S 发生反应，即 $CuO+H_2S \rightarrow CuS+H_2O$，P 型半导体 CuO 转变成良导体 CuS，元件电阻显著下降，因而这种传感器对 H_2S 的灵敏度高。当元件从 H_2S 气体中回到空气中时，CuS 与 O_2 发生反应，即 $2CuS+3O_2(g) \rightarrow 2CuO+2SO_2(g)$，元件恢复到初始状态，适当选择 CuO/SnO_2 的重量比，可使这种 H_2S 传感器的灵敏度高，功耗低。实验表明，CuO/SnO_2 最佳重量比为 2.4%～4.6%。

2）MOSFET 型气敏元件

（1）工作原理。

场效应晶体管的基本结构如图 10.11 所示。当栅极（G）上未加电压时（$V_{GS}=0$），即使在源极（S）和漏（D）极间加上电压 V_{DS}，也因源极和漏极相互绝缘而没有电流通过（$I_D=0$）。如果在栅极上加正电压 V_{GS}，在栅极下面的 SiO_2 绝缘层中，就会形成一个电场。在此电场的作用下，

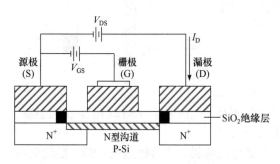

图 10.11　增强型 MOSFET 结构示意图

P 型硅衬底内的电子，被吸引到 SiO_2 层下面的硅表面，形成一个有一定电子浓度的薄层。这个薄层与衬底 P 型硅的导电类型相反，称为反型层，它像一条沟道，将 N 型源区（S）与 N 型漏区（D）连接起来，故又称为 N 型沟道。如果在源区和漏区之间加上一个电压 V_{DS}，就会产生漏电流 I_D。显然，通过改变栅极电压 V_{GS}，可以改变 N 型沟道的宽度，从而控制漏电流 I_D。

① 1Torr=1mmHg=1.33×10²Pa。

MOSFET 气敏元件是利用阈值电压 V_T 对栅极材料表面吸附的气体非常敏感这一特性而发展起来的，是一种电压控制元件。当漏极电压 V_{DS} 一定时，改变栅极电压 V_{GS} 来控制漏电流 I_D。

（2）Pd-MOSFET 气敏元件。

Pd-MOSFET 气敏元件是将原来普通的 MOSFET 器件的铝栅改为对氢有较强吸附能力的钯栅，并将沟道的宽长比（w/L）增大到 50～100，该元件又称为钯栅场效应晶体管，其结构如图 10.12 所示。

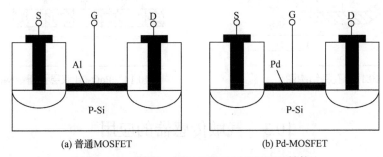

(a) 普通MOSFET   (b) Pd-MOSFET

图 10.12　普通 MOSFET 和 Pd-MOSFET 结构

3）其他结型气敏传感器

（1）氨敏元件。

在食品工业中，制造尿素、肥料和亚硝酸等的化学工业中，都需要对环境中的氨气含量进行检测。由于纯净的金属钯对氨分解反应的催化活性很低，用普通的 MOSFET 气敏元件检测氨气，其灵敏度并不理想。如果在制作钯栅之前，先在作为绝缘层的 SiO_2 上淀积一层过渡金属作为衬底层（厚度约为 30×10^{-10}m），然后形成钯栅，就可使氨在钯栅表面的分解速度增大，氨的分解反应可表示为

$$NH_3（环境中的氨）\rightarrow NH_3（吸附在 Pd 表面的氨）\rightarrow N^{-3}H（吸附在 Pd 表面）$$

氨分解产生的氢原子，透过栅极扩散进入下面的 Pd-SiO_2 界面，使 Pd 的功函数下降。不同衬底材料（如 La、Ir、Pt）都可使 MOSFET 气敏元件对 NH_3 的响应特性得到改善。另外，NH_3 在钯表面的分解速度与温度的关系十分密切，随着温度的升高，气敏元件的响应特性也相应增加。

（2）CO 气敏元件。

MOSFET 型气敏元件的栅极不仅可以用 Pd、Pt 等金属材料，也可以用半导体材料（如 SnO_2）。以 SnO_2 为栅极材料的气敏元件（SnO_2-MOSFET）是一种新型的气敏元件，它不仅对一氧化碳有较好的响应特性，而且在高浓度的氢或一氧化碳环境中的使用寿命也较长。

（3）H_2S 气敏元件。

采用低真空钯溅射试制成 Pd 栅 MOS 晶体管。测试结果表明，这种器件在室温下对 H_2S 气体有很高的灵敏度及极好的选择性，响应速度也很快。它既降低了功耗，又能克服高温使用时导致的种种不良效应，延长了器件的寿命。同时，这种器件无论制作还是使用条件均与集成电路芯片相容，从而为集成系统的实现提供了便利。

（4）孔栅 Pd-MOSFET。

如图 10.13 所示，孔栅结构即在普通 MOS 管的金属栅上开出许多孔洞。孔钯栅 MOS 器

件对 CO 具有敏感性。孔栅允许 CO 分子渗入并到达洞底的 SiO_2 表面。CO 分子再沿着孔洞周界层隙向 Pd-SiO_2 界面扩散。因为钯对氢的"离析溶解"特性，这种结构对氢的灵敏度大于对 CO 的灵敏度。为了改善元件对 CO 的灵敏度和选择性，采取 PdO-Pd 双层孔栅结构，即将钯栅氧化得到如图 10.14 所示的双层孔栅结构和保护层金属 Pd 双层孔栅结构。用金属 Pd 作为保护层的带孔双层栅结构，既可以抑制对 H_2 的灵敏度，又能保持较好的 CO 灵敏度，从而有提高 CO 选择性的功效。

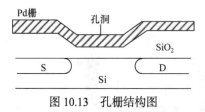

图 10.13　孔栅结构图

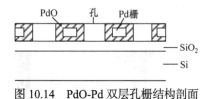

图 10.14　PdO-Pd 双层孔栅结构剖面

10.3　气敏传感器的应用

气敏传感器的应用领域有家用气体报警器、液化石油气泄漏报警器、自动换气扇、自动抽油烟机、酒精检测报警器、缺氧检测等。

1. 简易家用气体报警

图 10.15 是一种最简单的家用气体报警器电路，采用直热式气敏传感器 TGS109，当室

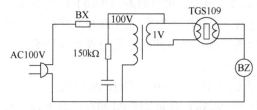

图 10.15　最简单的家用气体报警器电路

内可燃性气体浓度增加时，气敏传感器接触到可燃性气体而电阻值降低，这样流经测试回路的电流增加，可直接驱动蜂鸣器 BZ 报警。对于丙烷、丁烷、甲烷等气体，报警浓度一般选定在其爆炸下限的 1/10，通过调整电阻来调节。

2. 有害气体鉴别、报警与控制电路

图 10.16 给出的有害气体鉴别、报警与控制电路图，一方面可鉴别实验中有无有害气体产生，鉴别液体是否有挥发性，另一方面可自动控制排风扇排气，使室内空气清新。MQS2B 是旁热式烟雾、有害气体传感器，无有害气体时阻值较高（10kΩ 左右），有有害气体或烟雾进入时阻值急剧下降，A、B 两端电压下降，使得 B 端的电压升高，经电阻 R_1 和 R_P 分压、R_2 限流加到开关集成电路 TWH8778 的选通端脚，当脚电压达到预定值时（调节可调电阻 R_P 可改变 5 脚的电压预定值），1、2 两脚导通。+12V 电压加到继电器上使其通电，触点 J_{1-1} 吸合，合上排风扇电源开关自动排风。同时 2 脚+12V 电压经 R_4 限流和稳压二极管 VZ_1 稳压后供给微音器 HTD 电压而发出嘀嘀声，而且发光二极管发出红光，实现声光报警的功能。

3. 自动换气扇

自动换气扇是采用气敏传感器对厨房内的可燃性气体进行检测，根据检测结果对换气扇进行控制的一种自动装置。它由气敏传感器、TWH8751 开关集成电路、电源及换气扇等组

成，如图 10.17 所示。气敏传感器接触可燃性气体时其阻值自动下降，当厨房内可燃性气体达到一定浓度时，传感器第 2 脚由原来的高电平降为低电平，第 4 脚输出转为高电平，使继电器 K 工作，继电器的常开触点闭合，使换气扇电机转动，排换厨房内的空气。电位器外为灵敏度调节器，用来选择需要换气时的可燃性气体浓度。

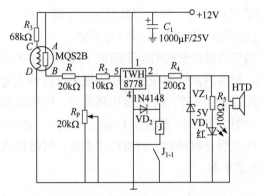

图 10.16　实验室有害气体鉴别、报警与控制电路

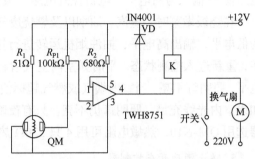

图 10.17　自动换气扇电路原理

4. 自动抽油烟机

图 10.18 中气敏传感器和 W_1 组成燃气检测电路，电源变压器输出的交流 5V 电压给气敏传感器加热丝加热。反相器 F_1、W_2、热敏电阻 Rt 组成温度检测电路。两路检测电路输出的高电位信号分别经隔离二极管 VD_8、VD_9 控制由 F_2、F_3、R_2、VT_2、J_1 组成的电机控制电路。光敏电阻、W_3、F_4、R_3、VT_3、J_2 等组成照明控制电路；IC1 为音乐报警电路，由燃气检测电路控制。

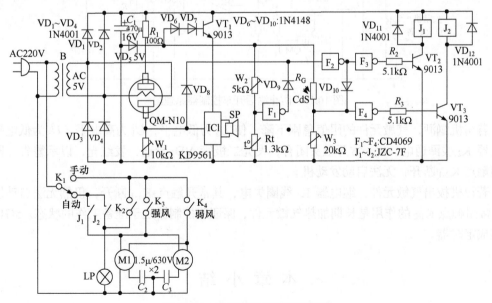

图 10.18　自动抽油烟机电路原理

功能开关 K_1 置于"自动"位置，刚接通电源时，气敏传感器呈现的阻值较低，为数百

欧姆，F_2 输入端呈高电平，输出低电平，F_3 输出高电平，VT_2 导通，继电器 J_1 吸合；电机运转。同时音乐报警电路 IC_1 被触发报警，这些情况是本装置加电时的不稳定过程引起的。几十秒钟后，气敏传感器阻值上升到数十千欧，F_2 输入端呈低电位，电机停转，报警停止，抽油烟机进入检测状态。

当空气中泄漏的可燃气体浓度超过检测电路的设定值时，气敏传感器阻值下降，W_1 上电压使 F_2 输入为高电平，电机控制电路、报警电路工作，抽油烟机排气并报警。

在烧饭做菜时，蒸汽、油烟以及燃烧废气等烟气的温度使热敏电阻阻值下降，F_1 输入端为低电平，输出高电平，抽油烟机运转进行排烟。当室内烟气排净后，抽油烟机自动停止运转，重新进入检测状态。平时如室内空气清新，抽油烟机不转，则 F_2 输出高电平，F_4 输出低电平，照明灯不亮。当室内烟气或燃气超标使抽油烟机运转时，都将使 F_2 输出低电平，这时，如果室内线光充足，照明灯仍不亮。只有夜晚室内光线足够暗时，照明灯才会亮。气敏传感器选用 QM-N10，热敏电阻可用 4 只 330Ω 热敏电阻串联。

5. 防止酒后开车控制器

图 10.19 为防止酒后开车控制器原理图。图中 QM-J$_1$ 为酒敏元件。若司机没喝酒，在驾驶室内合上开关 S，此时气敏元件的阻值很高，U_a 为高电平，U_1 为低电平，U_3 为高电平，继电器 K_2 线圈失电，其常开触点 K_{2-2} 闭合，发光二极管 VD_1 导通，发绿光，能点火启动发动机。

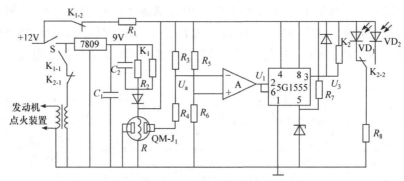

图 10.19 防止酒后开车控制器原理图

若司机酗酒，气敏元件的阻值急剧下降，使 U_a 为低电平，U_1 为高电平，U_3 为低电平，继电器 K_2 线圈通电，K_{2-2} 常开触头闭合，发光二极管 VD_2 导通，发红光，以示警告，同时常闭触点 K_{2-1} 断开，无法启动发动机。

若司机拔出气敏元件，继电器 K_1 线圈失电，其常开触点 K_{1-1} 断开，仍然无法启动发动机。常闭触点 K_{1-2} 的作用是长期加热气敏元件，保证此控制器处于准备工作的状态。5G1555 为集成定时器。

本 章 小 结

(1) 化学式传感器是由化学敏感层和物理转换器结合而成的，是能提供化学组成的直接信息的传感器件。化学敏感层接触检测对象后，物理转换器将检测对象的浓度信号转换为电信号而实现化学测量。

    (2)气敏传感器是对气体(多为空气)中所含特定气体成分(即待测气体)的物理或化学性质迅速感应,并把这一感应状态转换为适当的电信号,从而提供有关待测气体是否存在及其浓度信息的传感器。

    (3)气敏传感器的特性参数有:灵敏度、响应时间、选择性、稳定性、温度特性、湿度特性、电源电压特性、气体浓度特性、初始稳定性、气敏响应和恢复特性。

    (4)气敏传感器有各种不同的分类方法。从检测对象来分,可分为可燃性气敏传感器、毒气传感器、氧气传感器和水蒸气传感器等。从测量信号的方式来分,可分为电流测定型、电位测定型等。从气体分子与传感器检测元件间的相互作用来分类,可分为可燃气体敏感的气敏传感器、催化燃烧式可燃性气敏传感器、半导体氧敏传感器和体电导型半导体可燃性气体传感器等。

    (5)半导体气敏传感器可分为电阻型半导体气敏传感器、半导体气敏二极管和 MOSFET 气敏传感器。

    (6)气敏传感器的应用领域有家用气体报警器、液化石油气泄漏报警器、自动换气扇、自动抽油烟机、酒精检测报警器、缺氧检测等。

习题与思考题

10-1 半导体气敏传感器有哪几种类型?

10-2 试叙述表面控制型半导体气敏传感器的工作原理。

10-3 为什么多数气敏元件都附有加热器?

10-4 如何提高半导体气敏传感器的气体选择性和气体检测灵敏度?

10-5 利用热导率式气敏传感器原理,设计一个真空检测仪表,并说明其工作原理。

10-6 简述 Pd-MOSFET 管的器件原理。

10-7 如何提高 ZnO 气敏传感器对 H_2 和 CO 气体的选择性?

第 11 章　新型传感器

11.1　微 传 感 器

11.1.1　微机电系统与微型传感器

微机电系统(micro-electro-mechanical system, MEMS),专指外形轮廓尺寸在毫米级以下,构成它的机械零件和半导体元器件尺寸在微米至纳米级,可对声、光、热、磁、压力、运动等自然信息进行感知、识别、控制和处理的微型机电装置,是融合了硅微加工、光刻铸造成型(LIGA)和精密机械加工等多种微加工技术制作的微传感器(microsensor)、微执行器(microactuator)和微系统(microsystem)。通过将微型的电机、电路、传感器、执行器等装置和器件集成在半导体芯片上形成的微型机电系统,不仅能搜集、处理和发送信息或指令,还能按照所获取的信息自主地或根据外部指令采取行动。

它是在微电子技术基础上发展起来的,但又区别于微电子技术。在 IC 中,有一个基本单元,即晶体管。利用这个基本单元的组合并通过合适的连接,就可以形成功能齐全的 IC 产品;在 MEMS 中,不存在通用的 MEMS 单元,而且 MEMS 器件不仅工作在电能范畴,还工作在机械能范畴或其他能量范畴,如磁、热等。

1. MEMS 的特点

微型化:MEMS 器件体积小、质量轻、耗能低、惯性小、谐振频率高、响应时间短。

集成化:可以把不同功能、不同敏感方向的多个传感器或执行器集成于一体,形成微传感器或微执行器阵列,甚至可以把多种器件集成在一起以形成更为复杂的微系统。微传感器或微执行器和 IC 集成在一起可以制造出高可靠性和高稳定性的智能化 MEMS。

多学科交叉:MEMS 的制造涉及电子、机械、材料、信息与自动控制、物理、化学和生物等多种学科。同时 MEMS 也为上述学科的进一步研究和发展提供了有力的工具。

2. MEMS 技术发展概况

1959 年 12 月,美国物理学家、诺贝尔奖得主 Richard Feynman 这样来描述 MEMS 技术:如果有一天可以按人们的意志安排一个个原子,那将会产生什么样的奇迹呢? 三年以后,硅微力传感器问世。

1987 年,美国加利福尼亚大学伯克利分校研制出转子直径仅 60～120μm 的静电电机。

1987 年,美国 UC Berkeley 发明的微马达,在国际学术界引起轰动。

1993 年,美国 ADI 公司采用 MEMS 技术成功地将微型加速度计商品化,并大批量应用于汽车防撞气囊,这标志着微机电系统技术商品化的开端。

此后,众多发达国家先后投巨资并设立国家重大项目促进 MEMS 技术发展。MEMS 技术发展迅速,特别是深槽刻蚀技术出现后,围绕该技术发展了多种新型加工工艺。一次性血压计是最早的 MEMS 产品，目前国际上每年都有几千万只的用量。

目前，MEMS 器件应用最成功、数量最大的产业当属汽车工业。现代汽车采用的安全气囊、防抱死制动系统(ABS)、电喷控制、转向控制和防盗器等系统都使用了大量的 MEMS 器件。为了防止汽车紧急制动时发生方向失控和翻车事故，目前各汽车制造公司除了装备 ABS 之外，又研制出电子稳定程序(ESP)系统与 ABS 配合使用。发生紧急制动情况时，这一系统可以在几微秒之内对每个车轮进行制动，以稳定车辆行车方向。

近年来，国际上 MEMS 的专利数正呈指数规律增长，MEMS 技术全面"开花"，各式各样的 MEMS 器件，已成功地应用于自动控制、信息、生化、医疗、环境监测、航空航天和国防军事等领域。其中微型压力传感器、微加速度计、喷墨打印机的微喷嘴和数字显微镜显示器件(DMD)已实现规模化生产，并创造了巨大的经济效益。美国 ADI 公司的集成加速度计系列已经大量生产，占据了汽车安全气囊的大部分市场，年销售额约为 2 亿美元；TI 公司利用 MEMS 技术生产的 DMD 显示设备，占有高清晰投影仪市场的大部分份额。

我国 20 世纪 80 年代末开始 MEMS 的研究，到 20 世纪 90 年代末已有 40 多个单位的 50 多个研究小组在新原理器件、通用微器件、新工艺和测试技术，以及初步应用等方面取得显著进展，形成了微型惯性器件和微型惯性测量组合、微型传感器和执行器、微流量器件和系统、生物传感器、微机器人和硅及非硅加工工艺几个研究方向。但同发达国家相比，我们还有差距。这在 MEMS 的产业化方面表现得尤为突出。因此，跟踪国外的先进技术，选好突破口成为我国 MEMS 技术发展的当务之急。

以下就几种常见微型传感器作简要介绍。

11.1.2 微型压力传感器

对压力传感器而言，常借助弹性元件将被测力转换成机械变形，再输入传感器元件得到输出电信号。硅微型压力传感器中的弹性元件都是膜片，硅膜具有小尺寸、高弹性模量和低密度的特点，从而具有高的固有频率。

弹性膜片一般都覆盖在一个空腔结构上，腔体中的参考压力作用在膜片内表面上，被测压力施加在膜片外表面上。在压差作用下，膜片发生变形。图 11.1 所示为不同参考压力腔的示意图。在可能的情况下，应该首选真空密封腔，其参考压力不随温度而发生变化。

根据工作原理，硅微型压力传感器可分为压阻式、电容式、谐振式等。

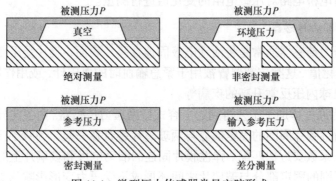

图 11.1 微型压力传感器常见空腔形式

1. 压阻式微型压力传感器

作为应用最广的一类微型压力传感器,硅压阻式微型压力传感器出现于20世纪60年代,它也是第一类能进行批量生产的 MEMS 传感器。目前,硅压阻式微型压力传感器在全世界的年产量已上亿,可应用于汽车进汽油管的压力测量,以控制注油量并淘汰了传统的汽化器,也可用作一次性的生理压力传感器,以避免交叉感染,还可用于汽车轮胎气压测量、水深测量等。

压阻式微型压力传感器的工作原理是基于压阻效应。用扩散法将压敏电阻制作到弹性膜片里,也可以沉积在膜片表面。这些电阻通常接成电桥电路以便获得最大输出信号及进行温度补偿等。此类压力传感器的优点是制造工艺简单、线性度高、可直接输出电压信号。存在的主要问题是对温度敏感,灵敏度较低,不适合超低压差的精确测量。

图 11.2 所示为体加工得到的压阻式微型压力传感器的主体结构。压敏电阻沉积在弹性膜片表面,一般位于膜片的固定边缘附近。电阻与膜片之间有一层 SiO_2 作为隔离层。弹性膜片的典型厚度为数十微米,是从硅片背面刻蚀出来的。在线性工作范围内,压敏电阻感受膜片边缘的应变,输出一个与被测压力成正比的电信号。弹性膜片的厚度会严重影响受压变形后的挠度,因此当到达适当厚(深)度时的刻蚀停止技术尤为关键。由于是从硅片背面进行硅膜刻蚀的,所以有可能与标准 IC 工艺相结合,将传感部分和处理电路做成一体。1983 年,丰田公司率先开发出带有片上电路的微型压力传感器。

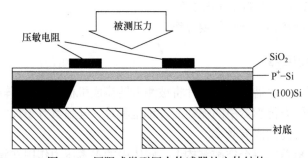

图 11.2　压阻式微型压力传感器的主体结构

压阻式微型压力传感器的工作原理可总结如下:①压敏电阻与压力敏感膜片集成一体;②压力作用下,敏感膜片发生变形;③压敏电阻值的变化对应膜片变形,从而间接反映出被测压力值;④通过电桥电路对压敏电阻的变化值进行测量。

2. 电容式微型压力传感器

电容式微型压力传感器通常是将活动电极固连在膜片表面,膜片受压变形导致极板间距变化,形成电容变化值。这类传感器曾被用于紧急输血时的血压计,或用作眼内压力监测器,以检测青光眼等眼球内压反常升高的疾病等。

图 11.3 所示为通过体加工工艺得到的电容式微型压力传感器。由各向异性刻蚀单晶硅制作出敏感膜片,通过膜片周围的固定部分与两玻璃片键合在一起。为减小应力,硅材料与键合玻璃片的热膨胀系数要近似匹配。弹性膜片固连的活动电极和玻璃片上的固定极板构成电容器,同时膜片周围的固定部分与玻璃片之间还形成不受压力变形影响的参考电容。测量电路制作在同一硅片上,从而形成机电单片集成的微型传感器。该传感器芯片的平面尺寸约

为 8mm×6mm。

一般电容式微型压力传感器受温度影响很小，能耗低，相对灵敏度高于压阻式传感器，通常能获得 30%～50%的电容变化，而压阻器件的电阻变化最多只有 2%～5%。通过电容极板的静电力可以对外压力进行平衡，所以电容式结构还能实现力平衡式的反馈测量。

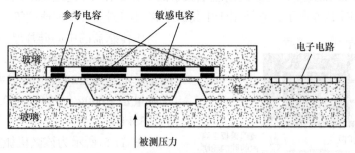

图 11.3　电容式微型压力传感器

因为电容变化与极板间距成正比，所以非线性是变间距电容式传感器的固有特征之一。另外，输出电容变化信号往往很小，需要相对复杂的专门接口电路。接口电路要和传感器集成在同一芯片上，或尽量安装在靠近传感器芯片的位置，以避免杂散电容的影响。

3. 谐振式微型压力传感器

谐振式微型压力传感器分两种类型：一种直接利用振动膜结构，谐振频率依赖于膜片的上下面压差；另一种是在膜片上制作振动结构，上下表面的压差导致膜片翘曲，振动结构的谐振频率随膜片的应力而变化。

谐振式微型压力传感器可以获得很高精度，输出频率直接是数字信号，具有强的抗干扰能力。谐振式微型压力传感器的缺点是制造工艺相对复杂，振动元件若集成在压力敏感膜上，二者的机械耦合会引起一些问题。

图 11.4 所示为一种商业化的谐振式压力传感器。由两平行梁构成的 H 形谐振器集成在压力敏感膜片上，其中一根梁通激励电流，在磁场中受洛伦兹力影响而振动。另一根梁也处于磁场中，可以利用感应电压对振动进行检测，从而确定膜片的应力状态，进一步得到被测压力值。该谐振器工作在局部真空状态，减少了空气阻尼影响，获得高的 Q 值。

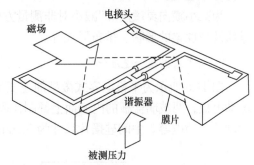

图 11.4　采用谐振梁的微型压力传感器

11.1.3　微型加速度计

微型加速度计和微机械陀螺都属于惯性传感器，均已大量产品化。在汽车上，微型加速度传感器用来启动包括气囊在内的安全系统或用于自动制动等，以提高汽车的安全稳定性和切断电路。此外，微型加速度计还用于一些可发挥其低成本和小尺寸特点的场合，例如，生物医学领域的活动监控，便携式摄像机的图像稳定性控制等。

微型加速度计通常由弹性元件(如弹性梁)将惯性质量块悬接在参考支架上。加速度引起参考支架与惯性质量块间发生相对位移，通过压敏电阻或可变电容器进行应变或位移测量，从而得到加速度值。

1. 压阻式微型加速度计

最早的 MEMS 加速度计是美国斯坦福大学的研究者在 20 世纪 70 年代制造的压阻式微型加速度计，如图 11.5 所示，它被用于生物医学移植和测量心壁加速度等。

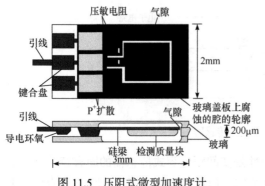

图 11.5　压阻式微型加速度计

该传感器的中间硅片厚 200μm，键合芯片总尺寸为 2mm×3mm×0.6mm，质量为 20mg，测量总范围是 ±200g(g 是重力加速度)，最大过载量是 ±600g，分辨率为 0.001g。谐振频率为 2.33kHz。

图 11.5 所示为该微机械加速度计芯片的顶视图和剖视图。大的惯性质量块有利于获得高灵敏度和低噪声，故采用了体加工技术，并形成玻璃-硅-玻璃的夹层结构。中间层为包含悬臂梁和惯性质量块结构的硅片。两片经各向同性腐蚀的玻璃片键合在硅片外面，构成使硅敏感结构有活动余量的封闭腔，并可限制冲击和适当减震。中间硅片由双面腐蚀制作而成，惯性质量块通过悬臂梁支撑并连接在外围结构(参考支架)上，扩散形成的压敏电阻集成在悬臂梁上。

在加速度作用下，外围支架相对惯性质量块运动，作为弹性连接件的悬臂梁发生弯曲，压敏电阻测出该应变从而可得到加速度值。悬臂梁根部的应变最大，所以为提高灵敏度，应变电阻制作在靠近悬臂梁根部的位置。应注意图中只有一个压敏电阻用于测量应变，另外一个为参考电阻。

为减小横向灵敏度(即减小对非测量方向加速度的灵敏度)，可增加悬臂梁数目或优化质量块及弹性梁的形状、排布形式等。

2. 电容式微型加速度计

图 11.6 所示为平板电容式微型加速度计系统原理图。悬臂梁支撑下的惯性质量块上固连可动电极，两玻璃盖板的内表面上都制作固定极板，三者键合形成可检测活动极板相对位置运动的差动电容。中间硅摆片尺寸为 3.2mm×5mm，由双面体硅刻蚀加工而成。

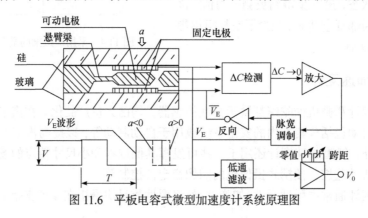

图 11.6　平板电容式微型加速度计系统原理图

该传感器采用闭环控制的力平衡的工作模式。脉宽调制器结合反向器产生两个脉宽调制信号 V_E 和 $\overline{V}_E$，加到电极板上。通过改变脉冲宽度调制信号的脉冲宽度，控制作用在可动极板上静电力的大小，从而与加速度产生的惯性力相平衡，使可动极板保持在中间位置。在脉宽调制的静电伺服技术中，脉宽与被测加速度成正比，通过测量脉冲宽度来获得被测加速度值。

力平衡式工作方式使可动极板和固定极板的间隙可以做得很小。同时，传感器具有较宽的线性工作范围和较高的灵敏度，能够测量低频微弱的加速度信号。该传感器的测量范围是 $\pm 1g$，分辨率达到 $10g \sim 6g$，测量范围内的非线性误差小于 $\pm 0.1\%$；频率响应范围是 $0 \sim 100Hz$。

11.2 集成化智能传感器

11.2.1 智能传感器概述

1. 概述

智能传感器(intelligent sensor 或 smart sensor)出现于自 20 世纪 70 年代初。微处理器技术的迅猛发展及测控系统自动化、智能化的发展，要求传感器准确度高、可靠性高、稳定性好，而且具备一定的数据处理能力，并能够自检、自校、自补偿。近年来，微处理器技术、信息技术、检测技术和控制技术的迅速发展，对传感器提出了更高的要求，传感器不仅要具有传统的检测功能，而且要具有存储、判断和信息处理功能。这促使传统传感器产生了一个质的飞跃，由此诞生了智能传感器。智能传感器，就是一种带有微处理机的，兼有信息检测、信号处理、信息记忆、逻辑思维与判断功能的传感器，即智能传感器，就是将传统的传感器和微处理器及相关电路一体化的结构。

智能传感器这一概念，最初是在美国宇航局开发宇宙飞船过程中产生的。研究人员需要知道宇宙飞船在太空中飞行的速度、位置、姿态等数据，为使宇航员在宇宙飞船内能正常工作、生活，需要控制舱内的温度、湿度、气压、空气成分等，因而需要安装各式各样的传感器。而宇航员在太空中，进行各种实验也需要大量的传感器。这样一来，要处理众多的传感器获得的信息，就需要大量的计算机，这在宇宙飞船上显然是行不通的。因此，宇航局的专家就希望有一种传感器能解决这些问题。于是，就出现了智能传感器。智能传感器可以对信号进行检测、分析、处理、存储和通信，模拟了人类的记忆、分析、思考和交流的能力，所以称之为智能传感器。

计算机软件在智能传感器中起着举足轻重的作用。由于"计算机"的加入，智能传感器可通过各种软件对信息检测过程进行管理和调节，使之工作在最佳状态，从而增强了传感器的功能，提升了传感器的性能。此外，利用计算机软件能够实现硬件难以实现的功能，因为以软件代替部分硬件，可降低传感器的制作难度。

智能传感器系统一般构成框图如图 11.7 所示。其中作为系统"大脑"的微型计算机，可以是单片机、单板机，也可以是微型计算机系统。

2. 智能传感器的分类

智能传感器按其结构分为模块式智能传感器、混合式智能传感器和集成式智能传感器三种。

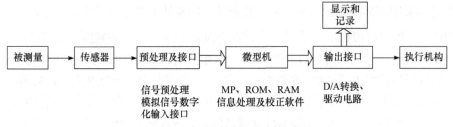

图 11.7　智能传感器的结构框图

模块式智能传感器是初级的智能传感器,它由许多互相独立的模块组成。将微型计算机、信号处理电路模块、输出电路模块、显示电路模块和传感器装配在同一壳体内,组成模块式智能传感器。这种传感器的集成度不高、体积较大,但它是一种比较实用的智能传感器。

模块式智能传感器一般由图 11.8 所示的几个部分构成。

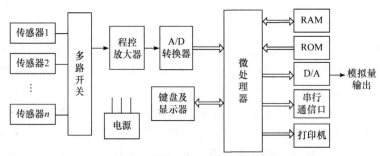

图 11.8　模块式智能传感器的构成

混合式智能传感器将传感器、微处理器和信号处理电路等各个部分以不同的组合方式集成在几个芯片上,然后装配在同一壳体内。目前,混合式智能传感器作为智能传感器的主要类型而被广泛应用。

ST3000 系列变送器原理结构如图 11.9 所示。ST3000 系列智能压力、差压变送器,就是根据扩散硅应变电阻原理工作的。在硅杯上除制作了感受差压的应变电阻外,还同时制作出感受温度和静压的元件,即把电压、温度、静压三个传感器中的敏感元件都集成在一起,组成带补偿电路的传感器,将电压、温度、静压这三个变量转换成三路电信号,分时采集后送入微处理器。微处理器利用这些数据信息,能产生一个高精确度的输出。图 11.9 中 ROM 里存有微处理器工作的主程序。PROM 里所存内容则根据每台变送器的压力特性、温度特性而有所不同,它是在加工完成之后,经过逐台检验,分别写入各自的 PD 中使之依照其特性自行修正,保证在材料工艺稍有分散性因素下仍然能获得较高的精确度。

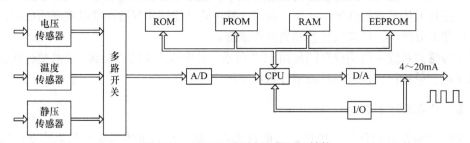

图 11.9　ST3000 系列变送器原理结构

集成式智能传感器是将一个或多个敏感元件与微处理器、信号处理电路集成在同一芯片上。它的结构一般是三维器件，即立体器件。这种结构是在平面集成电路的基础上，一层一层向立体方向制作多层电路。这种传感器具有类似于人的五官与大脑相结合的功能。它的智能化程度是随着集成化程度提高而不断提高的。目前，集成式智能传感器技术正在起飞，势必在未来的传感器技术中发挥重要的作用。

如图 11.10 所示为三维多功能单片智能传感器的结构。在硅片上分层集成了敏感元件、电源、记忆、传输等多个部分，将光电转换等检测功能和特征抽取等信息处理功能集成在一个硅基片上。利用这种技术，可实现多层结构，将传感器功能、逻辑功能和记忆功能等集成在一个硅片上，这是集成式智能传感器的一个重要发展方向。

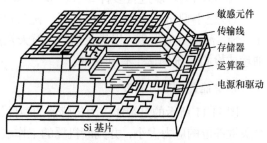

图 11.10　三维多功能单片智能传感器的结构

3. 智能传感器的功能

智能传感器是具有判断能力的传感器、具有学习能力的传感器和具有创造能力的传感器。智能传感器具有以下功能：

(1)自校准功能。操作者输入零值或某一标准量值后，自校准软件可以自动地对传感器进行在线校准。

(2)自补偿功能。智能传感器在工作中可以通过软件对传感器的非线性、温度漂移、响应时间等进行自动补偿。

(3)自诊断功能。智能传感器在接通电源后，可以对传感器进行自检，检查各部分是否正常。在内部出现操作问题时，能够立即通知系统，通过输出信号表明传感器发生故障，并可诊断发生故障的部件。

(4)数据处理功能。智能传感器可以根据内部的程序自动处理数据，如进行统计处理、剔除异常数值等。

(5)双向通信功能。智能传感器的微处理器与传感器之间构成闭环，微处理器不但接收、处理传感器的数据，还可以将信息反馈至传感器，对测量过程进行调节和控制。

(6)信息存储和记忆功能。

(7)数字信号输出功能。智能传感器输出数字信号，可以很方便地和计算机或接口总线相连。

4. 智能传感器的特点

与传统的传感器相比，智能传感器主要有以下特点：

(1)利用微处理器不仅能提高传感器的线性度，而且能够对各种特性进行补偿。微型计算机将传感器元件特性的函数及其参数记录在存储器上，利用这些数据可进行线性度及各种特性的补偿。即使传感器的输入输出特性是非线性关系，也不重要，重要的是传感器具有良好的重复性和稳定性。

(2)提高了测量可靠性，测量数据可以存取，使用方便。对异常情况可作出应急处理，如报警或故障显示。

(3)测量精度高，对测量值可以进行各种零点自校准和满度校正，可以进行非线性误差补偿等多项新技术，因此测量精度及分辨率都得到了大幅度提高。

(4)灵敏度高，可进行微小信号的测量。

(5)具有数字通信接口，能与微型计算机直接连接，相互交换信息。

(6)多功能。能进行多种参数、多功能测量，是新型智能传感器的一大特色。

(7)超小型化，微型化，微功耗。随着微电子技术的迅速推广，智能传感器正朝着短、小、轻、薄的方向发展，以满足航空、航天及国际尖端技术领域的急需，并且为开发便携式、袖珍式检测系统创造了有利条件。

5. 智能传感器的应用

图 11.11 所示的是智能应力传感器的硬件结构图。智能应力传感器用于测量飞机机翼上各个关键部位的应力大小，并判断机翼的工作状态是否正常以及故障情况。它共有 6 路 $(n=6)$ 应力传感器和 1 路温度传感器，其中每一路应力传感器由 4 个应变片构成的全桥电路和前级放大器组成，用于测量应力大小。温度传感器用于测量环境温度，从而对应力传感器进行误差修正。采用 8031 单片机作为数据处理和控制单元。多路开关根据单片机发出的命令轮流选通各个传感器通道，0 通道作为温度传感器通道，1~6 通道分别为 6 个应力传感器通道。程控放大器则在单片机的命令下分别选择不同的放大倍数对各路信号进行放大。该智能应力传感器具有较强的自适应能力，它可以判断工作环境因素的变化，进行必要的修正，以保证测量的准确性。

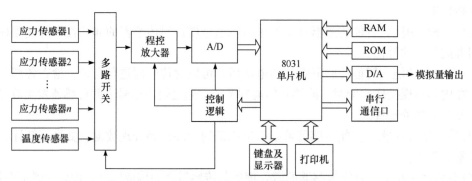

图 11.11　智能应力传感器的硬件结构图

智能应力传感器具有测量、程控放大、转换、处理、模拟量输出、打印、键盘监控及通过串口与计算机通信的功能。其软件采用模块化和结构化的设计方法，软件结构如图 11.12

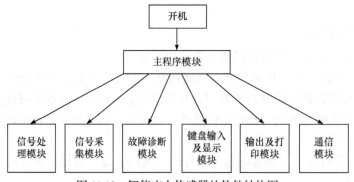

图 11.12　智能应力传感器的软件结构图

所示。主程序模块完成自检、初始化、通道选择以及各个功能模块调用的功能。其中信号采集模块主要完成数据滤波、非线性补偿、信号处理、误差修正以及检索查表等功能。故障诊断模块的任务是对各个应力传感器的信号进行分析，判断飞机机翼的工作状态及是否存在损伤或故障。

11.2.2 单片集成化智能传感器

单片集成化智能传感器就是借助于半导体技术将传感器部分与信号放大调理电路、接口电路和微处理器等制作在同一块芯片上，而形成的大规模集成电路。它是具有对外界信息进行检测、逻辑判断、自行诊断、数据处理、自适应能力的集成一体化多功能传感器。因此，单片集成化智能传感器具有多功能、一体化、集成度高、体积小、适宜大批量生产、使用方便等优点，是传感器发展的必然趋势，它的发展将取决于半导体集成化工艺水平的进步与提高。单片集成智能传感器能够减小系统的体积，降低制造成本，提高测量精度，增强传感器功能，是目前国际上传感器研究的热点，也是未来传感器发展的主流。

1. 单片集成化智能传感器的分类

1）单片集成化智能温度传感器

单片集成化智能温度传感器是在微电子技术、计算机技术和自动测试技术下迅速发展起来的一类新型传感器。由温度传感器、多路选择器、A/D 转换器、中央控制器（CPU）、随机存储器（RAM）、只读存储器（ROM）和接口电路等组成在一块芯片上。其特点是能输出温度数据及相关的温度控制量，适配各种微控制器（MCU），其测试功能是在硬件的基础上通过软件来实现的，智能化程度取决于软件的开发水平。

2）单片集成化智能温度控制器

单片集成化智能温度控制器是在智能温度传感器的基础上发展而成的，适配各种微控制器构成智能化温控系统，也可以脱离微控制器单独工作，自行构成一个温控仪。单片集成化智能温度控制器可广泛用于温度测控系统及家用电器中。如图 11.13 所示为电炉控制系统的组成框图。它属于智能化的闭环检测与控制系统。

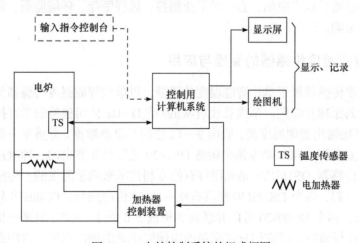

图 11.13　电炉控制系统的组成框图

3）单片集成化智能湿度传感器

单片集成化智能湿度传感器主要由相对湿度传感器、温度传感器、A/D 转换器、存储器（RAM）、控制单元、串行接口等集成在一块芯片上组成。通过串行接口将相对湿度及温度的数据送至 CPU，再利用 CPU 完成非线性补偿和温度补偿。

4）其他类型的单片集成化智能传感器

其他类型的单片集成化智能传感器有单片智能压力传感器及其变送器、单片集成角度传感器、单片集成智能超声波传感器、单片集成指纹传感器，以及液位、烟雾检测报警集成智能传感器等。

2. 单片集成化智能传感器的发展趋势

进入 21 世纪后，单片集成化智能传感器正朝着网络化、系列化、高精度、多功能、高可靠性与安全性的方向发展。

单片集成化智能传感器就是把一个复杂的智能传感器系统集成在一块芯片上。在芯片中集成了高速 CPU 或微控制器(MCU)、数字信号处理器(DSP)，并具有串行接口，以数字电路为主。因此，智能化程度更高，对传感器信号的处理功能更强。如 DS18B20 单片智能温度传感器、SHT11/15 型单片智能化湿度/温度传感器。单片集成智能传感器的总线技术正在逐步实现标准化、规范化，目前所采用的总线主要有以下六种：1-wire 总线、I2C 总线、SMBUS、SPI 总线、Micro wire 总线、USB 总线。1-wire 总线也称单线总线，I2C 总线和 SMBUS 属于二线串行总线，SPI 则为三线串行总线。单片集成化智能传感器作为从机，可以通过专用总线接口与主机进行通信。另外，虚拟传感器是基于软件开发而形成的集成化智能传感器。它是在硬件的基础上通过软件来实现测试功能的，使传感器的性能达到最佳状态。例如，Sensirion 公司专门为 SHT11/15 型单片智能化湿度/温度传感器提供测量露点的 SHT1xdp.bsx软件。网络传感器是集成化智能传感器的另一个发展方向。网络传感器包含数字传感器、网络接口和处理单元的新一代集成化智能传感器。数字传感器首先把被测模拟量转换成数字量，然后送给微处理器进行数据处理，最后将测量结果传输给网络，以便实现各传感器之间、传感器与执行器之间、传感器与系统之间的数据交换及资源共享，即做到"即插即用"。网络化集成智能传感器的推广应用，必将对工业测控、远程医疗、环境监测、航空航天及国防领域产生深远的影响。

11.2.3 单片智能温度传感器的原理与应用

单线智能温度传感器属于单片智能温度传感器，以单线智能温度传感器为例，讲述单片智能温度传感器的原理及应用。单线总线(1-wire)是 Dallas 公司独特的专有技术，通过串行通信接口(I/O)直接输出被测温度值，输出 9～12 位的二进制数据。分辨率一般可达 0.0625～0.5℃。DS18B20 是美国 Dallas 半导体公司继 DS1820 之后最新推出的一种改进型智能温度传感器。数字温度传感器 DS18B20 是利用特有的专利技术来测量温度的。传感器和数字转换电路都被集成在一起，每个 DS18B20 都具有唯一的 64 位序列号。DS18B20 只需一个数据输入/输出口，因此，多个 DS18B20 可以并联到 3 根或 2 根线上，CPU 只需一根端口线就能与诸多 DS18B20 进行通信，而它们只需简单的通信协议就能加以识别，占用微处理器的端口较少，可节省大量的引线和逻辑电路。DS18B20 可编程设定 9～12 位的分辨率，固有测量精度为±0.5℃，测量温度范围为–55～+125℃。用户还可自己设定非易失性温度报警上、下限值，并可用报警搜索命令识别温度超限的 DS18B20。由于温度计采用数字输出形式，故不需要 A/D 转换器。因此，DS18B20 非常适用于远距离多点温度检测系统。

1. DS18B20 的性能特点

(1)只需一个端口即可实现通信。

(2)可用数据线供电，电压范围：3.0～5.5V。

(3)实际应用中不需要任何外部元器件即可实现测温。

(4)测温范围：–55～+125℃，在–10～+85℃时精度为±0.5℃。

(5)可编程的分辨率为 9～12 位，对应的分辨温度为 0.5℃、0.25℃、0.125℃和 0.0625℃。

(6)负压特性：电源极性接反时，温度计不会因发热而烧毁，但不能正常工作。

(7)内部有温度上、下限告警设置。非易失性温度报警触发器 TH 和 TL 可通过软件写入用户报警上、下限值。

(8)每个芯片唯一编码，支持联网寻址、零功耗等待。

2. DS18B20 的引脚功能介绍

DS18B20 的引脚排列如图 11.14 所示，采用 3 脚 PR-35 封装或 8 脚 SOIC 封装。I/O 为数据输入/输出端(即单线总线)，属于漏极开路输出，外接上拉电阻后常态下呈高电平。U_{DD} 是可供选用的外部+5V 电源端，不用时需接地。GND 为地，NC 为空脚。

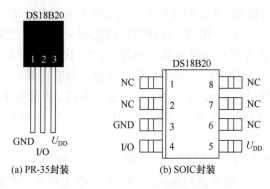

图 11.14　DS18B20 的引脚排列

3. DS18B20 的内部结构

DS18B20 内部结构如图 11.15 所示，主要包括下列 7 部分。

(1)供电方式选择。

(2)温度传感器。

(3)64 位 ROM 与单线接口；64 位激光 ROM 从高位到低位依次为 8 位 CRC、48 位序列号和 8 位家族代码(28H)。

(4)高速暂存器，即便笺式 RAM，用于存放中间数据；配置寄存器为高速暂存存储器中的第 5 字节。DS18B20 在工作时按此寄存器中设置的分辨率将温度转换成相应精度的数值。该寄存器的 R0、R1 为分辨率设置位，出厂时 R0、R1 置为默认值：R0 =1，R1=1(即 12 位分辨率)。用户可根据需要改写配置寄存器以获得合适的分辨率。

(5)高温触发器 TH 和低温触发器 TL，分别用来存储用户设定的温度上限 TH 值和温度下限 TL 值。

(6)存储和控制逻辑。

(7)8 位循环冗余校验码(CRC)生成器。

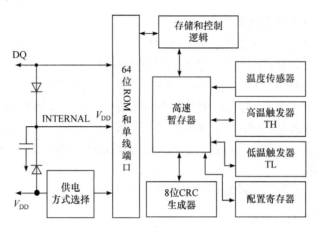

图 11.15　DS18B20 的内部结构

光刻 ROM 中的 64 位序列号是出厂前被光刻好的，可以看作该 DS18B20 的地址序列码。64 位光刻 ROM 的排列是：开始 8 位(28H)是产品类型标号，接着的 48 位是该 DS18B20 自身的序列号，最后 8 位是前面 56 位的循环冗余校验码(CRC=X8+X5+X4+1)。光刻 ROM 的作用是使每一个 DS18B20 都各不相同，这样就可以达到一根总线上挂接多个 DS18B20 的目的。DS18B20 中的温度传感器可完成对温度的测量，由 16 位符号扩展的二进制补码读数形式提供，以 0.0625℃/LSB 形式表达，其中 S 为符号位。温度计算：当符号位 $S=0$ 时，直接将二进制位转换为十进制；当 $S=1$ 时，先将补码变为原码，再计算十进制值。例如，+125℃的数字输出为 07D0H，+25.0625℃的数字输出为 0191H，−25.0625℃的数字输出为 FF6FH，−55℃的数字输出为 FC90H。

高速暂存器是一个 9 字节的存储器。开始两字节包含被测温度的数字量信息；第 3、4、5 字节分别是 TH、TL、配置寄存器的临时副本，每一次上电复位时被刷新；第 6、7、8 字节未用，表现为全逻辑 1；第 9 字节读出的是前面所有 8 字节的 CRC 码，可用来保证通信正确。暂存存储器的前两字节代表的数据格式如下。

温度低位字节(A)：

2^3	2^2	2^1	2^0	2^{-1}	2^{-2}	2^{-1}	2^{-0}

温度高位字节(B)：

S	S	S	S	S	2^6	2^5	2^4

高低温报警触发器 TH 和 TL、配置寄存器均由 1 字节的 EEPROM 组成，使用一个存储器功能命令可对 TH、TL 或配置寄存器写入。其中配置寄存器的格式如下：

TM	R1	R0	1	1	1	1	1

TM 是测试模式位，用于设置 DS18B20 在工作模式还是在测试模式。在 DS18B20 出厂时，该位被设置为 0；R1、R0 决定温度转换的精度位数；R1R0 = "00"，9 位精度，最大转换时间为 93.75ms；R1R0 = "01"，10 位精度，最大转换时间为 187.5ms；R1R0 = "10"，11 位精度，最大转换时间为 375ms；R1R0 = "11"，12 位精度，最大转换时间为 750ms；未编程时默认为 12 位精度。

4. DS18B20 的测温原理

DS18B20 内部测温电路的工作原理如图 11.16 所示。低温度系数振荡器用于产生稳定的频率 f_0，高温度系数振荡器则相当于 T/f 转换器，能将被测温度转换成频率信号 f。内部计数器对一个受温度影响的振荡器的脉冲计数，低温时振荡器的脉冲可以通过门电路，而当到达某一设置高温时，振荡器的脉冲无法通过门电路。计数器设置为-55℃时的值。图 11.16 中还隐含着计数门，当计数门打开时，DS18B20 就对低温度系数振荡器产生的时钟脉冲 f_0 进行计数，进而完成温度测量。计数门的开启时间由高温度系数振荡器决定。每次测量前，首先将-55℃所对应的基数分别置入减法计数器、温度寄存器中。如果计数器到达零之前，门电路未关闭，则温度寄存器的值将增加，这表示当前温度高于-55℃。同时，计数器复位在当前温度值上，电路对振荡器的温度系数进行补偿，计数器重新开始计数直到回零。如果门电路仍然未关闭，则重复以上过程，直至温度寄存值达到被测温度值。温度表示值为 9bit，高位为符号位。

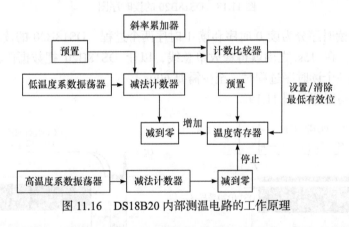

图 11.16　DS18B20 内部测温电路的工作原理

对 DS18B20 的使用，多采用单片机实现数据采集。处理时，将 DS18B20 信号线与单片机一位口线相连，单片机可挂接多片 DS18B20，从而实现多点温度检测系统。系统对 DS18B20 的操作以 ROM 命令和存储器命令形式出现。

5. DS18B20 的工作时序

由于 DS18B20 是在一根 I/O 线上读写数据和命令，即在一根 I/O 线上实现数据的双向传输。因此，对读写的数据位有着严格的时序要求。DS18B20 有严格的通信协议来保证各位数据传输的正确性和完整性。该协议定义了几种信号的时序：初始化时序、读时序、写时序。所有时序都是将主机作为主设备，单总线器件作为从设备。而每一次命令和数据的传输都是从主机主动启动写时序开始，如果要求单总线器件回送数据，在进行写命令后，主机需启动读时序完成数据接收。数据和命令的传输都是低位在先。

DS18B20 的复位时序见图 11.17。

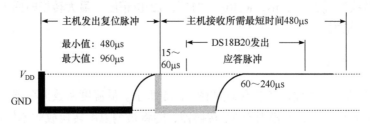

图 11.17　DS18B20 的复位时序图

DS18B20 的读时序见图 11.18。

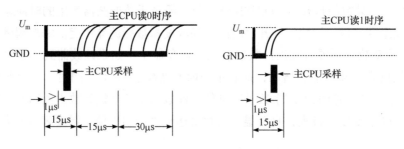

图 11.18　DS18B20 的读时序图

DS18B20 的读时序分为读 0 时序和读 1 时序两个过程。DS18B20 的读时序是从主机把单总线拉低之后，在 15s 之内就得释放单总线，以让 DS18B20 把数据传输到单总线上。DS18B20 在完成一个读时序过程时，至少需要 60μs。

DS18B20 的写时序见图 11.19。

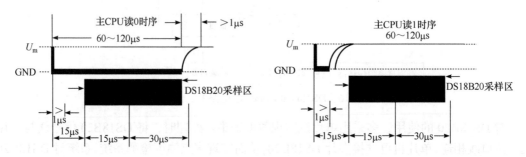

图 11.19　DS18B20 的写时序图

对于 DS18B20 的写时序仍然分为写 0 时序和写 1 时序两个过程。对于 DS18B20 写 0 时序和写 1 时序的要求不同，当要写 0 时序时，单总线要被拉低至少 60μs，保证 DS18B20 能够在 15~45μs 内正确地采样 I/O 总线上的“0”电平，当要写 1 时序时，单总线被拉低之后，在 15μs 之内就得释放单总线。

6. DS18B20 的控制命令

DS18B20 的控制命令主要有 6 条转存器命令。

指令	代码	操作说明
温度转换	44H	启动 DS18B20 进行温度转换
读暂存器	BEH	读暂存器 9 字节内容
写暂存器	4EH	将数据写入暂存器的 TH、TL 字节
复制暂存器	48H	把暂存器的 TH、TL 字节写到 EEPROM 中
重新调 EEPROM	B8H	把 EEPROM 中的 TH、TL 字节写到暂存器的 TH、TL 字节
读电源供电方式	B4H	启动 DS18B20 发送电源供电方式的信号给 CPU

7. DS18B20 与单片机的典型接口

DS18B20 与处理器的两种连接方法：一种是 V_{DD} 接外部电源，I/O 与单片机的一条 I/O 线相连；另一种用寄生电源供电，V_{DD}、GND 接地，I/O 接单片机的任一条 I/O，I/O 口接 5.1kΩ 的上拉电阻。图 11.20 以 MCS-51 系列单片机为例，画出了 DS18B20 与微处理器的典型连接。图 11.20(a) 中 DS18B20 采用寄生电源方式，其 V_{DD} 和 GND 端均接地，图 11.20(b) 中 DS18B20 采用外接电源方式，其 V_{DD} 端用 3～5.5V 电源供电。

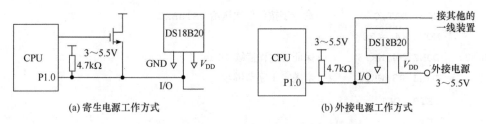

(a) 寄生电源工作方式   (b) 外接电源工作方式

图 11.20　DS18B20 与微处理器的典型连接图

假设单片机系统所用的晶振频率为 12MHz，一线仅挂接一块 DS18B20 芯片，使用默认的 12 位转换精度，外接供电电源。根据 DS18B20 的初始化时序、写时序和读时序，分别编写了 3 个子程序：INIT 为初始化子程序、WRITE 为写(命令或数据)子程序、READ 为读数据子程序。所有的数据读写均由最低位开始。

```
DAT EQU P1.0
INIT:   CLR  EA
INI10:  SETB DAT
        MOV  R2,#200
INI11:  CLR  DAT
        DJNZ R2,INI11     ;主机发复位脉冲持续 3μs×200=600μs
        SETB DAT          ;主机释放总线,口线改为输入
        MOV  R2,#30
IN12:   DJNZ R2,INII12    ;DS18B20 等待 2μs×30=60μs
        CLR  C
        ORL  C,DAT        ;DS18B20 资料线变低(存在脉冲)吗
        JC   INI10        ;DS18B20 未准备好,重新初始化
```

```
               MOV  R6,#80
INI13:  ORL  C, DAT
        JC  INI14          ;DS18B20 资料线变高,初始化成功
        DJNZ  R6,INI13     ;资料线低电平可持续 3μs×80=240μs
        SJMP  INI10        ;初始化失败,重来
INI14:  MOV  R2,#240
IN15:   DJNZ R2,INI15      ;DS18B20 应答最少 2μs×240=480μs
        RET
;————————————————————————
WRITE:  CLR  EA
        MOV  R3,#8         ;循环 8 次,写 1 字节
WR11:   SETB DAT
        MOV  R4,#8
        RRC  A             ;写入位从 A 中移到 CY
        CLR  DAT
WR12:   DJNZ R4,WR12       ;等待 16μs
        MOV  DAT,C         ;命令字按位依次送给 DS18B20
        MOV  R4,#20
WR13:   DJNZ R4,WR13       ;保证写过程持续 60μs
        DJNZ R3,WR11       ;未送完 1 字节继续
        SETB  DAT
        RET
;————————————————————————
READ:  CLR EA
        MOV R6,#8          ;循环 8 次,读 1 字节
RD11:   CLR DAT
        MOV R4,#4
        NOP                ;低电平持续 2μs
        SETB  DAT          ;口线设为输入
RD12:   DJNZ R4,RD12       ;等待 8μs
        MOV C,DAT          ;主机按位依次读入 DS18B20 的资料
        RRC A              ;读取的资料移入 A
        MOV R5,#30
RD13:   DJNZ R5, RD13      ;保证读过程持续 60μs
        DJNZ R6, RD11      ;读完 1 字节的数据,存入 A 中
        SETB DAT
        RET
;————————————————————————
```

主机控制 DS18B20 完成温度转换必须经过三个步骤：初始化、ROM 操作指令、记忆操作指令。必须先启动 DS18B20 开始转换，再读出温度转换值。假设一线仅挂接一块芯片，使用默认的 12 位转换精度，外接供电电源，可写出完成一次转换并读取温度值的子程序 GETWD。

```
GETWD: LCALL  INIT
       MOV  A,#0CCH
       LCALL WRITE        ;发跳过 ROM 命令
       MOV  A,#44H
       LCALL WRITE        ;发启动转换命令
       LCALL  INIT
       MOV  A,#0CCH       ;发跳过 ROM 命令
       LCALL WRITE
       MOVA,#0BEH         ;发读内存命令
       LCALL WRITE
       LCALL READ
       MOV  WDLSB,A       ;温度值低位字节送 WDLSB
       LCALL READ
       MOV  WDMSB,A       ;温度值高位字节送 WDMSB
  RET
  ...
```

子程序 GETWD 读取的温度值高位字节送 WDMSB 单元，低位字节送 WDLSB 单元，再按照温度值字节的表示格式及其符号位，经过简单的变换即可得到实际温度值。

8. 提高 DS18B20 测温精度的途径

(1)提高 DS18B20 测温精度的途径：DS18B20 正常使用时的测温分辨率为 0.5℃，这对于设计的要求显然是不足的，在对 DS18B20 测温原理详细分析的基础上，采取直接读取 DS18B20 内部暂存寄存器的方法，将 DS18B20 的测温分辨率提高到 0.1～0.01℃。DS18B20 内部暂存寄存器的分布见表 11.1，其中第 7 字节存放的是当温度寄存器停止增值时计数器 1 的计数剩余值，第 8 字节存放的是每度所对应的计数值，这样，就可以通过下面的方法获得高分辨率的温度测量结果。首先用 DS18B20 提供的读暂存寄存器指令(BEH)读出以 0.5℃ 为分辨率的温度测量结果，然后切去测量结果中的最低有效位(LSB)，得到所测实际温度整数部分 $T_{整数}$，然后用 BEH 指令读取计数器 1 的计数剩余值 $M_{剩余}$ 和每度计数值 $M_{每度}$，考虑到 DS18B20 测量温度的整数部分以 0.25℃、0.75℃ 为进位界限的关系，实际温度 $T_{实际}$ 可用下式计算：

$$T_{实际}=(T_{整数}-0.25℃)+(M_{每度}-M_{剩余})/M_{每度}$$

表 11.1 DS18B20 内部暂存寄存器分布

寄存器内容	字节地址	寄存器内容	字节地址
温度最低数字位	0	保留	5
温度最高数字位	1	计数剩余值	6
高温限值	2	每度计数值	7
低温限值	3	CRC 校验	8
保留	4		

(2)测量数据比较：表 11.2 为采用直接读取测温结果方法和计算方法得到的测温数据比较，通过比较可以看出，计算方法在 DS18B20 测温中不仅是可行的，也可以大大地提高 DS18B20 的测温分辨率。

表 11.2 DS18B20 直接读取测温结果与计算测温结果数据比较

次数	$T_{整数}$	$M_{剩余}$	$M_{每度}$	$T_{实际}$
1	21.000	72	80	20.850
2	34.000	42	82	34.238
3	49.000	30	83	49.388
4	52.000	66	84	51.964
5	64.000	49	85	64.174
6	79.000	56	87	79.106
7	82.000	16	88	82.568

9. DS18B20 构成的智能温度测量装置

(1)由 DS18B20 构成的智能温度测量装置系统组成如图 11.21 所示。由 DS18B20 单线智

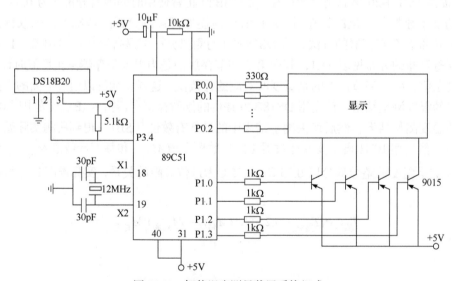

图 11.21 智能温度测量装置系统组成

能温度传感器、89C51 单片机、显示模块等组成。温度传感器 DS18B20 将被测环境温度转化成带符号的数字信号(以十六进制补码形式表示,分高、低两个字节)。传感器可置于离装置150m 以内的任何地方,I/O 直接与单片机的 P3.4 相连,传感器采用外部电源供电。89C51是整个测量装置的核心,内带 4 KB 的 Flash ROM,128 B 的 RAM。显示器模块由四位一体的共阳红数码管和 4 个 9015 组成。可以实现的主要技术指标:测量温度范围为-55~125℃;测量温度精度为0.5℃;反应时间≤500ms;测量温度的距离<150m。

(2)测温的工作原理:89C51 单片机向 DS18B20 发出复位信号,成功收到复位信号后,再发送温度转换信号,DS18B20 温度转换成功后,单片机读温度值信号。接下来,单片机对读数据进行处理,然后送数码管显示,从而实现温度的实时测量。

(3)测温的软件主程序流程图如图 11.22 所示。

(4)测温的部分软件。

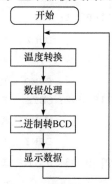

图 11.22 测温的软件主程序流程图

系统主程序:

```
;;;;;;;;;;;;;;;;;;;;;;;;;;;;;;;;;;;;;;;;;;;;;;;;;;;;;;;;;;;;;;;;

       ORG    0000H
       I/O    BIT    P3.4
       START: LCALL  RST18B20      ;调 DS18B20 初始化程序
              MOV  A, #OCCH        ;写 CCH 到 DS18B20,以便跳过 ROM 匹配
              LCALL  WIDS18B20     ;WIDS18B20 是写 DS18B20 子程序
              JNB  F1,START        ;若 DS18B20 不存在,则重新开始
              MOV  A, #44H         ;发温度转换命令
              LCALL  WIDS18B20
              LCALL  DSPlay        ;调显示子程序
              LCALL  RST18B20
              MOV  A, #OBEH        ;发读温度命令
              LCALL  WIDS18B20
              LCALL  RDDS18B20     ;RDDS18B20 是读子程序
              LCALL  ZWDS18B20     ;ZWDS18B20 是温度计算子程序
              LCALL  DSPlay
       SJMP   START
;;;;;;;;;;;;;;;;;;;;;;;;;;;;;;;;;;;;;;;;;;;;;;;;;;;;;;;;;;;;;;;;
```

DS18B20 初始化子程序:

```
RST18B20:  SETB   I/O
           CLR    I/O
```

```
            MOV     R0,#0FAH         ;延时 500μs
            DJNZ    R0, $
            SETB    I/O              ;释放总线
            MOV     R0,#15H          ;在 63μs 内检测是否出现应答信号
RST18B201:  JNB     I/O,RST18B202
            DJNZ    R0,RST18B201
            CLR     F1               ;清标志位,表示 DS18B20 不存在
            SJMP    RST18B203
RST18B202:  SETB    F1               ;标志位置 1,表示 DS18B20 存在
            MOV     R0,#0FAH         ;延时 500μs
            DJNZ    R0, $
RST18B203:  SETB    I/O
            RET
;;;;;;;;;;;;;;;;;;;;;;;;;;;;;;;;;;;;;;;;;;;;;;;;;;;;;;;;;;;;;;;
```

DS18B20 读子程序:

```
RDDS18B20:  MOV  R2, #8
RDDS18B201: CLR   C
            SETB  I/O
            NOP
            CLR   I/O
            NOP
            SETB  I/O
            MOV   R3,#7
            DJNZ  R3, $
            MOV   C,I/O
            MOV   R3,#23
            DJNZ  R3, $
            RRC   A
            DJNZ  R2,RDDS18B201
            RET

;;;;;;;;;;;;;;;;;;;;;;;;;;;;;;;;;;;;;;;;;;;;;;;;;;;;;;;;;;;;;;;;;;;;;
```

DS18B20 写子程序:

```
WIDS18B20:   MOV   R2, #8
             CLR   C
WIDS18B201:  CLR   DO
             MOV   R3,#06H
```

```
          DJNZ  R3,$
          RRC   A
          MOV   DO,C
          MOV   R3,#23
          DJNZ  R3,$
          SETB  DO
          NOP
          DJNZ  R2,WIDS18B201
          SETB  DO
          RET
;;;;;;;;;;;;;;;;;;;;;;;;;;;;;;;;;;;;;;;;;;;;;;;;;;;;;;;;;;;;;
```

DS18B20 显示子程序:

```
DSPlay:        …略
                          END
;;;;;;;;;;;;;;;;;;;;;;;;;;;;;;;;;;;;;;;;;;;;;;;;;;;;;;;;;;;;;
```

DS18B20 温度计算子程序:

```
ZWDS18B20:     …略
                          END
;;;;;;;;;;;;;;;;;;;;;;;;;;;;;;;;;;;;;;;;;;;;;;;;;;;;;;;;;;;;;
```

11.2.4 集成湿度传感器的原理与应用

目前市场上有很多湿度控制器采用的传感器是凝露传感器。湿度传感器就其检测范围来说，一般分为两种：一种是凝露传感器，另一种是宽范围湿度传感器。凝露传感器是一种开关量传感器，它的工作点是 93%，当湿度大于 93%时，传感器内电阻急剧增加；当环境湿度小于 93%时，传感器电阻量基本不发生变化。而 93%RH 这个湿度点，就是通常所说的凝露点。而宽范围湿度传感器在 10%～95%内均能保证正常工作，采用这种传感器时，一般预调工作点为 75%。

在工农业生产、气象、环保、国防、科研、航天等部门，经常需要对环境湿度进行测量及控制。但在常规的环境参数中，湿度是最难准确测量的一个参数。用干湿球湿度计或毛发湿度计来测量湿度的方法，早已无法满足现代科技发展的需要。这是因为测量湿度要比测量温度复杂得多，温度是一个独立的被测量，而湿度却受其他因素(大气压强、温度)的影响。此外，湿度的标准也是一个难题。国外生产的湿度标定设备价格十分昂贵。

近年来，国内外在湿度传感器研发领域取得了很大进步。湿敏传感器正在从单一的湿敏元件向集成化、智能化、多个参数检测的方向发展，为开发新一代湿度/温度测控系统创造了有利条件，也将湿度测量技术提高到了新的档次。

1. 湿敏元件的特性

湿敏元件是最简单的湿度传感器。湿敏元件主要有电阻式、电容式两大类。

1）湿敏电阻

湿敏电阻的特点是在基片上覆盖一层用感应湿材料制成的膜，当空气中的水蒸气吸附在感湿膜上时，元件的电阻率和电阻值都发生变化，利用这一特性即可测量湿度。湿敏电阻的种类很多，如金属氧化物湿敏电阻、硅湿敏电阻、陶瓷湿敏电阻等。湿敏电阻的优点是灵敏度高，缺点是线性度差和产品的互换性差。

2）湿敏电容

湿敏电容一般是用高分子薄膜电容制成的，常用的高分子材料有聚苯乙烯、聚酰亚胺、醋酸纤维等。当环境湿度发生改变时，湿敏电容的介电常数发生变化，其电容量也发生变化，而电容变化量与相对湿度成正比。因而，可以通过测量电容的变化，计算相对湿度。湿敏电容的优点是灵敏度高、产品互换性好、响应速度快、湿度的滞后量小、便于制造、容易实现小型化和集成化，但精度一般比湿敏电阻低。以 Humirel 公司生产的 SH1100 型湿敏电容为例，相对湿度测量范围是 1%～99%，在相对湿度为 55% 时的电容量为 180pF（典型值）。当相对湿度从 0% 变化到 100% 时，电容量的变化范围是 163～202pF。温度系数为 0.04pF/℃，湿度滞后量为 ±1.5%，响应时间为 5s。

除电阻式、电容式湿敏元件之外，还有电解质离子型湿敏元件、重量型湿敏元件（利用感湿膜重量的变化来改变振荡频率）、光强型湿敏元件、声表面波湿敏元件等。湿敏元件的线性度及抗污染性差，在检测环境湿度时，湿敏元件要长期暴露在待测环境中，很容易被污染而影响测量精度及长期稳定性。

2. 集成湿度传感器的性能特点及产品分类

目前，国外生产集成湿度传感器的主要厂家及典型产品分别为 Honeywell 公司生产的 HIH-3605 和 HIH-3610 型集成湿度传感器，Humirel 公司生产的 HM1500、HM1520、HF3223 和 HTF3223 型集成湿度传感器，Sensirion 公司生产的 SHT11/15 型集成湿度传感器。这些产品可分成下列三种类型。

1）电压输出式集成湿度传感器

典型产品有 HIH-3605、HIH-3610、HM1500、HM1520 型四种集成湿度传感器。主要特点是采用恒压供电，内置放大电路，能输出与相对湿度呈比例关系的电压信号，响应速度快、重复性好、抗污染能力强。

2）频率输出式集成湿度传感器

典型产品为 HF3223 型集成湿度传感器。其属于频率输出式集成湿度传感器，采用模块化结构。在相对湿度为 55% 时的输出频率为 8750Hz（典型值），当相对湿度从 10% 变化到 95% 时，输出频率就从 9560Hz 减小到 8030Hz。这种传感器具有线性度好、抗干扰能力强、便于配置数字电路或单片机、价格低廉等优点。

3）频率/温度输出式集成湿度传感器

典型产品为 HTF3223 型集成湿度传感器，除具有 HF3223 型集成湿度传感器的功能以外，还增加了温度信号输出端，利用负温度系数（NTC）热敏电阻作为温度传感器。当环境温度变化时，其电阻值也相应改变，并且从 NTC 端输出，配上相应的测量仪表即可测量出温度值。

3. 集成湿度传感器典型产品的技术指标

集成湿度传感器的测量范围一般可达到 0%～100%。但有的厂家为保证精度指标而将测量范围限制为 10%～95%。设计+3.3V 低压供电的湿度/温度测试系统时，可选用 SHT11/15 型单片智能化湿度/温度传感器。这种传感器在测量阶段的工作电流为 550μA，平均工作电流为 28μA（12 位）或 2μA（8 位）。上电时默认为休眠模式（sleep mode），电源电流仅为 0.3μA（典型值）。测量完毕只要没有新的命令，就自动返回休眠模式，能使芯片功耗降至最低。此外，还具有低电压检测功能。当电源电压低于+2.45V±0.1V 时，状态寄存器的第 6 位立即更新，使芯片不工作，从而起到了保护作用。

4. 单片智能化湿度/温度传感器

SHT11/15 智能化湿度/温度传感器是 Sensirion 公司于 2002 年最新推出的两种超小型、高精度、自校准、多功能式单片智能化湿度/温度传感器，可用来测量相对湿度、温度和露点等参数，可广泛用于工农业生产、环境监测、医疗仪器、通风及空调设备等领域。

1）SHT11/15 智能化湿度/温度传感器的性能特点

（1）SHT11/15 智能化湿度/温度传感器，与其他湿度传感器不同，它代表传感器（sensor）与变送器（transmitter）的有机结合，能在同一个位置测量相对湿度和温度。

（2）SHT11/15 智能化湿度/温度传感器，有 14 位 A/D 转换器和二线串行接口，能输出经过校准的相对湿度和温度的串行数据，适配各种单片机（μC）构成相对湿度/温度检测系统。利用μC 还可以对测量值进行非线性补偿和温度补偿。

（3）默认的测量温度和相对湿度的分辨率分别为 14 位、12 位。若将状态寄存器的第 0 位置成"1"，则分辨率依次降为 12 位、8 位。通过降低分辨率可以提高测量速率、减小芯片的功耗。

（4）产品互换性好，响应速度快，抗干扰能力强，不需要外部元件。

（5）测量相对湿度的范围是 0%～100%，分辨率达 0.03%，最高精度为±2%。测量温度的范围是-40～+123.8℃，分辨率为 0.1℃。测量露点的精度＜±1℃。

（6）超小型器件，外形尺寸仅为 7.62mm（长）×5.08mm（宽）×2.5mm（高），质量为 0.1g。

（7）采用+5V 电源供电，电源电压允许范围是+2.4～+5.5V。在测量阶段的工作电流为 550μA，平均工作电流为 28μA（12 位）或 2μA（8 位）。

2）SHT11/15 智能化湿度/温度传感器的工作原理

SHT11/15 智能化湿度/温度传感器采用表面安装式 LCC-8 封装，引脚排列如图 11.23 所示。U_{DD}、GND 端分别接电源和公共地。DATA 为串行数据输入/输出端（I/O）。SCK 为串行时钟输入端，当 U_{DD}＞4.5V 时，最高时钟频率 f_{max}=10MHz；当 U_{DD}＜4.5V 时，f_{max}=1MHz。

SHT11/15 智能化湿度/温度传感器的内部电路框图如图 11.24 所示，主要包含相对湿度传感器、温度传感器、放大器、14 位 A/D 转换器、校准存储器（EEPROM）、易失存储器（RAM）、状态寄存器、循环冗余校验码（CRC）寄存器、二线串行接口、控制单元、加热器及低电压检测电路。测量原理是首先利用两只传感器分别产生相对湿度、温度的信号，然后经过放大，分别送至 A/D 转换器进行模/数转换、校准和纠错，最后通过二线串行接口将相对湿度及温度的数据送至μC。由于 SHT11/15 智能化湿度/温度传感器输出的相对湿度读数值与被测相对湿度呈非线性关系，为了获得相对湿度的准确数据，必须利用μC 对读数值进行非线性补偿。此外，当环境温度 $T_A \neq +25℃$ 时，还需要对相对湿度传感器进行温度补偿。

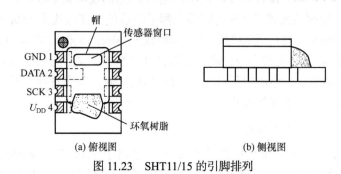

图 11.23   SHT11/15 的引脚排列

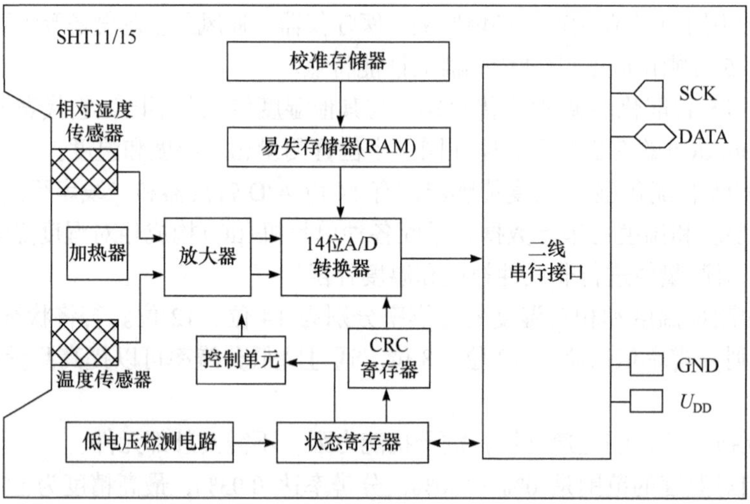

图 11.24   SHT11/15 智能化湿度/温度传感器的内部电路框图

3) SHT11/15 智能化湿度/温度传感器的补偿方法

(1) 非线性补偿方法。SHT11/15 智能化湿度/温度传感器输出的相对湿度读数值(N)与被测相对湿度(RH)呈非线性关系。为了获得相对湿度的准确数据，必须对读数值进行非线性补偿。例如，12 位的相对湿度的非线性补偿公式为

$$RH=(C_1+C_2N+C_3N^2)\%=(-4+0.0405N-2.8\times10^{-6}N^2)\%$$

8 位的相对湿度的非线性补偿公式为

$$RH=(-4+0.648N-7.2\times10^{-4}N^2)\%$$

需要指出的是以上两式中的 N 值并不相同。

(2) 温度补偿方法。当环境温度 $T_A \neq +25℃$ 时，SHT11/15 智能化湿度/温度传感器还需要对相对湿度传感器进行温度补偿，12 位的数据补偿公式为 $RH_T=(T-25)(0.01+0.00008N)\%+RH$，

8 位的数据补偿公式为 $RH_T = (T-25)(0.01+0.00128N)\%+RH$

4) SHT11/15 智能化湿度/温度传感器的典型应用

由 SHT11/15 构成的相对湿度/温度测试系统的电路框图如图 11.25 所示。89C51 单片机作为主机，SHT11/15 智能化湿度/温度传感器作为从机，二者通过串行总线进行通信。二线串行接口包括串行时钟线（SCK）和串行数据线（DATA）。SCK 用来接收 μC（主机）发送来的串行时钟信号，使 SHT11/15 与主机保持同步。DATA 为三态引出端，既可以输入数据，也可输出测量数据，不用时呈高阻态。仅当 DATA 的下降沿过后且 SCK 处于上升沿时，才能更新数据。为了使数据信号为高电平，在数据线与 U_{DD} 端需要接一只 10kΩ 的上拉电阻。该上拉电阻通常已包含在单片机的 I/O 接口电路中。R 为上拉电阻，C 为电源退耦电容。P0 口、P2 口和 P3 口分别接 3 组 LED 显示器。该系统能测量并显示出相对湿度、温度和露点。其中，相对湿度的测量范围是 0%～99.99%，测量精度为 ±2%，分辨率为 0.01%。温度测量范围是 −40～+123.8℃，测量精度为 ±1℃，分辨率为 0.01℃。露点测量精度＜±1℃，分辨率也是 ±0.01℃。

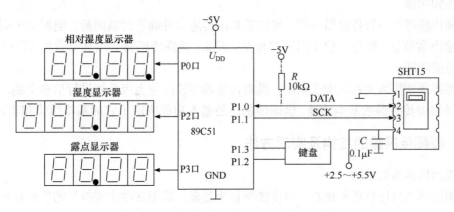

图 11.25　相对湿度/温度测试系统的电路框图

11.3　模糊传感器

11.3.1　模糊传感器概述

模糊传感器是一种智能测量设备，由简单选择的传感器和模糊推理器组成，将被测量转换为适于人类感知和理解的信号。由于知识库中存储了丰富的专家知识和经验，它可以通过简单、廉价的传感器测量相当复杂的现象。模糊传感器很重要的一个特点是可学习与训练，这样才能保证其适应性与通用性，不断地把人类的知识和经验集成于传感器中。对传感器信号的处理采用一种高级模糊算法，利用低精度的传感信号及低速度、低精度的运算，做出准确有效的判断。为了使传统传感器得到精确的测量值，人们会考虑用过多的技术和传感器组件来消除各种干扰，保持高精度、高重复性和低漂移，但这会导致传感器结构复杂、成本较高。所以，就需要一种"模糊"的传感器，它按事先规定的论域给出测量参数相对于各模糊集的隶属度，经过模糊推理与知识集成，以自然语言符号描述的形式输出测量结果，这样提高了传感器的智能化程度，也降低了成本。

11.3.2　模糊传感器的基本功能

1）学习功能

模糊传感器特殊和重要的功能是学习功能。人类知识集成的实现、测量结果高级逻辑表达等都是通过学习功能完成的。能够根据测量任务的要求学习有关知识是模糊传感器与传统传感器的重要差别。学习功能通过有导师学习算法和无导师自学习算法实现。

2）推理联想功能

模糊传感器可分为一维传感器和多维模糊传感器。一维传感器受到外界刺激时，可以通过训练时记忆联想得到符号化测量结果。多维模糊传感器受到多个外部被测量刺激时，可通过人类知识的集成进行推理，实现时空信息整合与多传感器信息融合、复合概念的符号化表示等。

3）感知功能

模糊传感器与一般传感器一样，可以感知由传感元件确定的被测量，但根本区别在于它不仅可输出数值量，而且能输出语言符号量。因此，模糊传感器必须具有数值-符号转换器。

4）通信功能

传感器通常作为大系统中子系统。模糊传感器应该能与上级系统进行信息交换，因而通信功能是模糊传感器的基本功能。模糊传感器的基本功能决定了它的基本结构和实现方法。

11.3.3　模糊传感器的结构及实现方法

1）模糊传感器的结构

模糊传感器以计算机为核心，以传统测量为基础，采用软件实现符号的生成和处理，在硬件支持下实现学习功能，通过通信单元实现与外部的通信。需要指出的是，在数值/符号转换单元中进行的数值转为符号的工作要在专家的指导下进行，这样在于提高模糊传感器的智能化水平。模糊传感器的简化结构如图 11.26 所示。

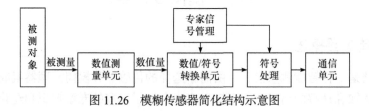

图 11.26　模糊传感器简化结构示意图

2）模糊传感器的实现方法

实现模糊传感器就在于寻找测量数值与模糊语言之间的变化方法，即数值的模糊化，来生成相应的语言概念。语言概念生成就是要定义一个模糊语言映射作为数值域到语言域的模糊关系，从而将数值域中的数值量映射到符号域上，以实现模糊传感器的功能。这里的语言值用模糊集合来表示，模糊集合则由论域和隶属函数构成。因此模糊语言映射就是要求取相应语言概念所对应数值域上的模糊隶属函数。概念生成是实现模糊传感器的关键。

线性划分法是概念生成的一种最为简单的方法，它根据研究对象的具体情况，选定相应的自然语言描述符号后，将被测对象的论域均匀划分。这种方法对于在模糊控制中，人类在一定范围内不能直接感知的某些被测量的测量，具有简单实用的特点，如高炉炼钢的温度测量、研究超导现象的低温测量等。

模糊传感器的概念生成能否产生适合测量目的的准确的语言符号量，关系到测量的准确程度。与模糊控制类相比，它相当于模糊控制中的模糊化，但很多方面又有所不同。因此对其转换基础和方法的研究有着重要的理论价值与实际意义。Foulloy 提出了基于语义关系的概念生成方法。首先，由论域的意义来定义一个通用的概念，称属概念，使之对应数值域中论域上的主要区间，然后在此基础上定义新概念，以产生其他语义值及其意义，新概念通过修正器内部自动生成。Foulloy 还提出了基于已知点集通过内插方法实现的模糊状态传感器，每一学习点通过 Delaunay 三角法在测量空间的笛卡儿积上构造模糊分割，三角法用于建立与过程状态相关的符号的模糊意义。Benoit 提出了基于 Delaunay 多维空间的三角测量的线性插值来构造模糊分割的新方法，用以建立采用多元件测量的模糊传感器，设计的模糊色彩传感器可学习人类对色彩的感知而不需要对感知机构有确切完整的知识；Benoit 则以"舒适"测量为例，讨论了抽象信息的获取，介绍了基于规则的关系描述和在数值空间插值进行模糊分割的方法。

11.3.4 模糊传感器的应用

模糊传感器作为一种智能传感器，可以模拟人类感知的全过程。它不仅具有智能传感器的一般优点和功能，而且具有学习推理的能力，具有适应测量环境变化的能力，并且能够根据测量任务的要求进行学习推理。另外，模糊传感器还具有与上级系统交换信息的能力，以及自我管理和调节的能力。在模糊传感器的应用成果方面，Abdelarbman 于 1990 年提出了基于模糊逻辑的传感器设计思想，介绍了模糊距离传感器、模糊色彩传感器和模糊接近传感器等产品的研制情况。Shcodel 将模糊逻辑与智能传感器相融合，对传感器信息的不确定性传播、传感器的自标定、人机接口和模糊融合网络等课题进行了讨论，并利用上述方法解决了水中油污的测量问题。刘献心等从家用电器模糊控制角度提出了软传感技术的概念，指出软传感器应用模糊推理及其他信息处理手段获取被测量的性质或数量等相关检测信息，为模糊控制系统提供常规传感器无法获取的输入信息。Foulloy 对模糊传感器在 Mandani 和 Seugeno 两类模糊控制器中的应用进行了讨论。主要涉及模糊控制器的一般拓扑结构，并在此基础上提出了模糊传感器、模糊执行器、模糊推理器等模糊元件的概念，进而提出模糊传感器是能够实现被测量符号化的元件，可表述为由集合 X 至模糊子集 $F(L(x))$ 的映射，最后对模糊传感器等模糊元件在模糊控制器局域网中的应用进行了讨论。目前，模糊传感器在我们的生活当中已有了一些应用，如模糊控制洗衣机中布量检测、水位检测、水的浑浊检测、温度测量当中的温度检测等。同时，模糊距离传感器、模糊色彩传感器和模糊接近觉传感器也已出现。随着科技的发展，科学分支的相互融合，模糊传感器也应用到了神经网络、模式识别等体系中。

11.4 可穿戴传感器

11.4.1 可穿戴传感器概述

可穿戴传感器技术将传感器器件以服装、配件、皮肤粘贴和体内植入等形式与人体集成，实现了在体传感测量、数据存储和移动计算等诸多功能。可穿戴系统中的重要组成部分是功能繁多的可穿戴传感器，它们可以用于测量与人体各种生理特征相关的物理化学参数，如体温、肌电、心率和血糖等，也可以用于测量人体的各种运动状态，如加速度、肌肉延展度和足部压力等。它们还可以测量与周围环境相关的参数，如位置坐标、温度、湿度和大气压等。这些功能和形态各异的可穿戴传感器为解决健康、医疗、运动、工业和军事等领域的传感测量问题提供了重要工具。可穿戴设备正在经历高速发展，全球主要的消费电子公司几乎都推出了各自的可穿戴产品，如苹果公司的 Apple Watch、微软的 Microsoft Band 和华为的 Huawei Watch 等。随着微电子、无线通信和传感器技术的不断创新及人口老龄化、环境污染、食品安全和疾病暴发等全球性和区域性问题的加剧，可以预见可穿戴技术的市场规模还将进一步扩大。

早期的可穿戴设备由于电子技术和材料科学的限制，主要以较大型的背包和腰包为主，其穿戴和携带非常不便。而目前的可穿戴传感器已经实现了小型化，常见于消费类电子产品中，具有腕表、手环、臂带、眼镜或头盔等形式，并可以通过蓝牙技术和无线网络实现与手机或掌上电脑等移动终端通信，再经由这些移动终端中安装的应用程序(APP)实现数据的分析、记录和上传等工作。然而，目前可穿戴传感技术往往基于刚性基底，传感器需要嵌入刚性封装中，与柔性的人体存在机械上的不匹配，影响了用户体验和测量结果。改进技术采用柔性导线连接刚性分布式电路的方式实现了可穿戴设备的整体可重复性弯折，但依然无法实现随意拉伸、弯曲和扭转等特殊形态，更不能顺应地贴覆于皮肤，这极大地限制了测量的稳定性、精度和准确度。新型可穿戴传感器可以集成在人体皮肤表面，具有与皮肤相似的机械性质，并且能够跟随皮肤共同运动，因此被称为表皮传感器。表皮传感器与电子皮肤的概念相似，这种传感器摆脱了物理配件的束缚，能够通过可逆粘贴固定在皮肤上，从而实现了任意位置的测量。另外，可穿戴传感器还能够通过体表织物、口服和植入等方式与人体相互作用。

可穿戴传感器目前主要以测量人体运动、生理参数和环境指标为主，主要功能包括运动和行为监测、生理参数测量、人体成分分析和环境检测等。其中，运动和行为监测的传感器以物理量测量为主，通过加速度计、陀螺仪、测角仪和光电传感器等提供健康相关信息，并对诸如步态、跌倒、震颤、运动障碍和睡眠质量等进行监控。可穿戴生理传感器可以与皮肤接触来测量实时生理参数，如血压、心率、血糖、心电和皮肤温度等，因此具有很高的医学应用价值。采集的参数经过收集、分析，处理结果被提供给用户、护理人员和医生，以提高医疗健康管理、护理水平和诊断的准确性。人体成分分析可以通过芯片实验室技术(lab-on-a-chip)将化学和生物分析功能集成于小型器件上，可处理痕量样品和平行处理不同样品，并能精确控制实验过程和快速获得实验结果。其中，化学分析的可穿戴传感器可以对人体汗液、唾液、血液、尿液、泪液及呼吸等成分进行分析比照。环境检测包括对有害物质和各类环境条件的检测，以保障用户的健康安全。

可穿戴传感器种类繁多、形态各异，本节结合商业化可穿戴产品和实验室中的在研技术，简述了可穿戴传感器的主要形式，列举了可穿戴设备的常用测量方法和与人体常用的接触形式，展示了可穿戴传感器技术在健康管理、医疗、运动科学、工业和军事等方面的广泛应用，提出基于可穿戴传感器技术进行长期动态人体信息和环境信息的采集，并将所获得的大数据服务于精准医疗。传感器的集成化和测量信号的多元化将成为可穿戴传感器未来的发展趋势之一，但依然需要在传感器能量供给技术和数据安全保障上获得突破。同时还需要建立更为统一的标准，使采集的数据能够跨平台共享。可穿戴传感器技术将是解决当前医疗资源区域不平衡和提升国民健康水平的重要工具。只有不断完善整个产业链的建设，实现全链条的解决方案，才能使可穿戴传感器带来的创新为中国经济社会发展发挥更为重要和持久的作用。

11.4.2 可穿戴传感器原理和设计

1. 柔性传感器

刚性传感器和柔性传感器是可穿戴传感器的两种表现形式，这两种形式的最大区别在于其机械属性。刚性传感器技术成熟，可靠性高，因此成为目前可穿戴设备中最主要的形式。刚性传感器通常基于刚性基底(如硅、二氧化硅、碳化硅、环氧树脂等)，与柔软的人体皮肤和内部器官的机械属性并不匹配，因此无法高效地与人体集成，用户体验不佳。近年来，柔性传感器由于可以弯曲和折叠，部分传感器还实现了一定程度的拉伸，因此更适合与人体进行集成。柔性传感器的机械属性由其所使用的材料和材料中的特殊结构共同决定。其中，柔性传感器中包含金属、有机物和半导体等材料的薄膜形式。这些材料的可弯曲性和可折叠性取决于材料的厚度，厚度越小，可承受的弯曲曲率也就越大。因此，采用超薄电路材料(厚度从几十纳米到几十微米)的柔性传感器可如同纸片般弯曲。一些传感器在使用薄膜材料的同时，还引入了可延展材料(硅胶和液态金属)和特殊设计的结构，如空间弯折、岛桥结构、蛇形结构、螺旋结构和分形结构等，这使得传感器具有可拉伸的特性。当传感器发生形变时，材料内部应变始终小于材料本身的断裂应变，保障了延展性。另外，一些传感器还可以利用纺丝或直接利用织物作为基底，实现柔性智能传感衣物。

2. 可穿戴传感器测量原理

1) 物理量测量

可穿戴传感器可对多种物理量进行测量，获得包括生物电、加速度、心率、温度、湿度、血氧和呼吸频率等多种参数。传感器使用了微机电系统(MEMS)传感器、平面电极、薄膜电极和光电传感器等多种形式。典型的可穿戴生物电测量传感器可用于表皮肌电、心电和脑电信号的采集，通常采用湿式或干式两种电极形式。湿电极使用导电凝胶作为媒介实现皮肤和传感器间的导电连接，然而导电凝胶不支持长时间测量，并且每次测量都需要涂覆，严重影响了用户体验；而干电极可以直接作用于皮肤而无需凝胶耦合，可实现长时间测量。这使得干式电极在可穿戴传感器中具有很大的应用价值。在测量信号较大时，甚至可以采用电容式干电极进行非接触式测量。干电极与皮肤的接触电阻较大，但可以采用输入阻抗较高的测量电路来补偿，或通过改变电极表面材料和结构的方式获得较小接触电阻。目前，通过可穿戴设备测量心率主要通过光电容积图(PPG)的方法。该方法利用血液对绿光的吸收性，通过测量反射光强的变化来反映血流量的变化，即监测心脏的收缩(血流量高，反射光线弱)和舒张(与收缩情况相反)时反射光强得到对应的心率数据。目前，大部分腕带式心率测量设备如Fitbit和Apple Watch都采用了该方法。可穿戴加速度传感器采用了该方法。可穿戴加速度传感器是使用 MEMS 工艺制成的包含机械运动部件(如悬臂梁和薄膜等)的微型传感器，通过测量电阻、电容和反射光等实现对部件位移或振动的监测。可穿戴温度传感器包括热敏电阻、热电偶和硅温度传感器。其中，热敏电阻是由金属、陶瓷、聚合物或半导体等电阻值随温度变化的材料构成的，将其接入桥式电路等模拟电路中，获得与温度差值成比例的输出电压。而热电偶则利用不同金属开路端和金属结间温度梯度所产生的热电势，进行大范围的温度测量。基于晶体管的温度传感器可以依据基极和发射极电压与温度的关系进行测量。其他物理量的测量方法也大多基于平面电极、光电传感器和 MEMS 传感器等。

2) 化学量测量

化学量的测量可以采用包括电化学、光学和微机电测量在内的一系列可微型化的检测方法。其中，电化学测量由于结构简单，成为目前最为流行的测量化学量的方法。采用可穿戴电化学传感器已经实现了收集人体皮肤表面的汗液，并测量其中葡萄糖和乳糖等成分的功能。另外，基于比色法或者化学显色法的可穿戴传感器，可以通过肉眼直接观察，定性判断体液中生物分子浓度或者一些环境指标(如挥发性有机物浓度)。与表传感器相比，植入式传感器能够直接与被测物接触，因此是人体内部化学量测量最常用的方式。通过全植入和半植入式传感器，可以使用荧光、电化学测量、亲和力测量等方法及包括微机电系统和微流体芯片等多种测量平台获得人体葡萄糖、病毒细胞、蛋白质和离子在内的很多生物分子的含量。

3. 可穿戴传感器的形式

可穿戴传感器依据与人体接触的形式可分为直接接触式、非接触式和植入式。其中，直接接触式传感器主要用于测量皮肤表面的物理参数及部分可以通过人体体液，如汗液、泪液和组织液等测量的化学参数；非接触式测量主要用于测量与周围环境有关的参数和人体运动参数；而植入式测量主要用于测量人体内的化学成分和重要器官(如心脏和大脑)的物理性质及工作状态。

1) 直接接触式

可穿戴传感器最主要的形式为直接与皮肤接触式，其用于测量各种皮肤表面参数。通常皮肤接触式的可穿戴传感器需使用外部固定装置，如绷带、腕带或腹带等，从而实现更加亲密的皮肤接触。一种创新性的传感器使用柔软和极端轻薄的材料，其机械性质和延展性与人体表皮相似，因此也被称为表皮传感器。表皮传感器能够自发地附着在皮肤上，顺应皮肤的表面形态。2012 年，Rogers 课题组率先展示了一个具有多种测量功能的概念性表皮传感器。随后，表皮传感器还分别以脑机接口、皮肤水分传感器、温度传感器等形式用于各种健康和医学测量的场合。其他形式的皮肤传感器具有一定的厚度，延展性也因此受到了一定的影响。这些皮肤传感器在硅胶黏结剂或可延展织物的辅助下，形成具有透气性的并且更加结实的可延展柔性传感器，用于进行表皮和经皮测量，如 X2 Biosystems 智能贴片。

2) 非接触式

可穿戴传感器还可以通过织物或其他可穿戴配件与人体结合，实现非直接接触测量。这类传感器最主要的应用是测量人体运动信息和一些体表信息，如加速度、肌肉的延展、压力、心率和呼吸等。另外，测量周围环境参数如温度、紫外线强度、空气质量和湿度的可穿戴传感器也无须与人体皮肤直接接触。这些非接触式可穿戴传感器的主要用途包括康复治疗、日常健康检测、运动检测和环境测量等。它们可以以腕带、手套、袜子和衣服的形式穿戴在人体上。

3）植入式

植入式传感器作为可穿戴传感器中的一种特殊形式，通过植入或经消化系统进入人体，实现对人体内部情况的测量。一些代表性器件包括用于进行内窥的智能胶囊和用于进行连续葡萄糖测量的全植入或半植入式葡萄糖传感器。这些传感器能够在人体内进行数天甚至数年的测量。一些植入式柔性可延展传感器的机械属性与人体器官和组织相似，因此能够帖服于器官表面，形成紧密的接触。目前，这类传感器的主要用途是进行脑部、神经和心脏外表面的测量。植入式传感器可通过导管、手术和注射等形式进入人体内部。这些传感器具有很高的生物兼容性，以适应人体体内环境。近年来，新型生物可吸收传感器成为研究的热点，有希望替代传统的植入式传感器，这些传感器在完成测量功能后能以可控的方式溶解于体内，而不产生对人体有害的成分，因此无须二次手术将其从体内取出，从而减少二次手术所带来感染的风险。这些生物可吸收传感器能够在体内工作数周直到其表面涂层被水溶解，使得传感器核心部件与人体中的液体接触，从而导致传感器整体功能失效并最终完全溶解。

11.4.3　可穿戴传感器的应用

可穿戴传感器已广泛应用在日常健康管理、医疗、运动科学、工业和军事等多个方面。大部分可穿戴传感器主要基于消费电子被应用于日常健康管理和运动测量。实际上，可穿戴传感器在医疗、运动科学、工业和军事领域中的应用也将会产生巨大的价值，但相应的产品和技术还需要进一步的开发。

11.5　传感器网络

11.5.1　传感器网络概述

随着通信技术和计算机技术的飞速发展，人类社会已经进入了网络时代。智能传感器的开发和大量使用，导致在分布式控制系统中，对传感信息交换提出了许多新的要求。单独的传感器数据采集已经不能适应现代控制技术和检测技术的发展，取而代之的是分布式数据采集系统组成的传感器网络，如图 11.27 所示。

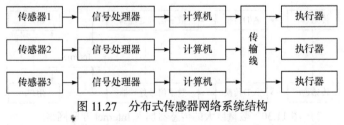

图 11.27　分布式传感器网络系统结构

传感器网络可以实施远程采集数据，并进行分类存储和应用。传感器网络上的多个用户可同时对同一过程进行监控。凭借智能化软硬件，灵活调用网上各种计算机、仪器仪表和传感器各自的资源特性及潜力。区别不同的时空条件和仪器仪表、传感器的类别特征，测出临界值，作出不同的特征响应，完成各种形式、各种要求的任务。专家高度评价和推崇传感器网络，把传感器网络同塑料、电子学、仿生人体器官一起看作全球未来的四大高技术产业，预言它们将掀起新的产业浪潮。

11.5.2 传感器网络的结构

传感器网络可用于人类工作、生活、娱乐的各个方面，可用于办公室、工厂、家庭、住宅小区、机器人、汽车等多个领域。

传感器网络的结构形式多种多样，可以是如图 11.27 所示全部互联的分布式传感器网络系统，也可以是如图 11.28 所示的多个传感器计算机工作站和一台服务器组成的主从结构传感器网络。网络形式可以是以太网或其他网络形式，总线连接可以是环形、星形、线形。

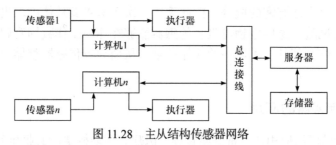

图 11.28　主从结构传感器网络

传感器网络还可以是多个传感器和一台计算机或单片机组成的智能传感器，如图 11.29 所示。传感器网络可以组成个人网、局域网、城域网，甚至可以联上遍布全球的 Internet，如图 11.30 所示。若将数量巨大的传感器加入互联网络，则可以将互联网延伸到更多的人类活动领域。

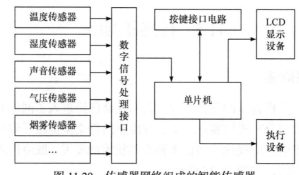

图 11.29　传感器网络组成的智能传感器

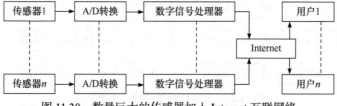

图 11.30　数量巨大的传感器加入 Internet 互联网络

目前，传感器网络建设工作遇到的最大问题是传感器的供电电源问题。理想的情况是能保持几年不更换的高效能电池，或采用耗电少的传感器。值得关注的是，随着移动通信技术的发展，传感器网络也正朝着开发无线传感器网络的方向发展。

11.6 虚拟仪器系统

随着计算机硬件技术、软件技术、总线技术的高速发展，出现了全新概念的第四代仪器——虚拟仪器(virtual instruments，VI)。1986 年，美国的国家仪器(National Instruments，NI)公司首先提出了虚拟仪器的概念。NI 公司认为，虚拟仪器技术就是利用高性能的模块化硬件，结合高效灵活的软件来完成各种测试、测量和自动化的应用。灵活高效的软件能创建完全自定义的用户界面，模块化的硬件能方便地提供全方位的系统集成，标准的软硬件平台能满足对同步和定时应用的需求。

通常意义上来说，虚拟仪器就是利用 I/O 接口设备完成信号的采集、测量与调理，利用计算机软件来实现信号数据的运算、分析和处理，利用计算机显示器来模拟传统仪器控制面板来输出检测结果，从而完成各种测试功能的一种计算机仪器系统。一套虚拟仪器系统就是计算机配上功能强大的应用软件、低成本的硬件(如插入式板卡)及驱动软件，它们在一起共同完成传统仪器的功能。计算机在虚拟仪器中处于核心地位，而完成仪器的各种功能和面板控件均由计算机软件完成，任何一个用户均可以在现有硬件的条件下通过修改软件来改变仪器的功能，因此软件是虚拟仪器的关键，国际上也有"软件即仪器"之说。

11.6.1 虚拟仪器的结构及特点

1. 虚拟仪器的结构

虚拟仪器除了测控对象、信号调理外，其内部主要由三大功能模块构成：信号采集与控制、数据分析与处理、结果的表达与输出。虚拟仪器的结构图如图 11.31 所示。

2. 虚拟仪器的硬件结构

虚拟仪器由硬件平台和应用软件两大部分构成。虚拟仪器的硬件系统一般分为计算机硬件平台和测控功能硬件两部分。计算机硬件平台可以是各种类型的计算机，如台式计算机、便携式计算机、工作站、嵌入式计算机等。计算机用于管理虚拟仪器的硬件、软件资源，是虚拟仪器的硬件支撑。测控功能硬件主要完成被测信号的放大、A/D 转换和采集。具体测量仪器硬件模块是指各种传感器、信号调理器、A/D 转换器(ADC)、D/A 转换器(DAC)、数据采集器(data acquisition，DAQ)，同时包括外置测试设备。

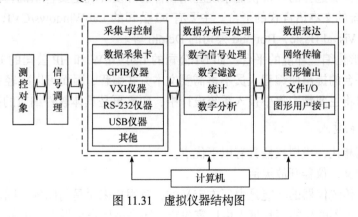

图 11.31 虚拟仪器结构图

目前，虚拟仪器的构成方式主要有基于 PC-DAQ 的虚拟仪器系统、基于通用总线 GPIB 接口的虚拟仪器系统、基于 VXI 总线仪器实现虚拟仪器系统、基于 PXI 总线仪器实现虚拟仪器四种标准体系结构。

3. 虚拟仪器的软件结构

在虚拟仪器系统中强调"软件构成仪器"的概念，硬件仅仅是为了解决信号的输入与输出问题，软件才是整个仪器的关键。用户可以根据自己的需要定义仪器的功能，通过修改软件的方法很方便地改变、增减仪器系统的功能与规模，并可方便地同外设、网络及其他应用连接。虚拟仪器的核心是利用计算机的软硬件资源，使某些原本需要硬件实现的功能软件化（虚拟化），从而最大限度地降低系统成本，增强系统的功能与灵活性。根据 VPP 系统规范的定义，虚拟仪器系统的软件结构包括仪器 I/O 接口软件、仪器驱动程序和应用软件三部分。

1) I/O 接口软件

I/O 接口软件存在于仪器（即 I/O 接口设备）与仪器驱动程序之间，是一个完成对仪器寄存器进行直接存取数据操作，并为仪器与仪器驱动程序提供信息传递的底层软件，是实现开放的、统一的虚拟仪器系统的基础与核心。在 VPP 系统规范中，详细规定了虚拟仪器的 I/O 接口软件的特点、组成、内部结构与实现规范，并将符合 VPP 规范的虚拟仪器 I/O 接口软件定义为虚拟仪器软件结构（VISA）软件。

2) 仪器驱动程序

每个仪器模块均有自己的仪器驱动程序。仪器驱动程序的实质是为用户提供用于仪器操作的较抽象的操作函数集。对于应用程序来说，它对仪器的操作是通过仪器驱动程序来实现的；仪器驱动程序对于仪器的操作与管理，又是通过 I/O 软件所提供的统一基础与格式的函数库（VISA）的调用来实现的。对于应用程序设计人员来说，一旦有了仪器驱动程序，即便不了解仪器内部操作过程，也可进行虚拟仪器系统的设计工作。虚拟仪器驱动程序是连接上层应用程序与底层 I/O 接口软件的纽带和桥梁。

3) 应用软件

应用软件建立在仪器驱动程序之上，直接面对操作用户，提供给用户一个界面友好、满足用户功能要求的应用程序。

应用软件开发环境目前有多种选择，具体的选择因人而异，一般取决于开发人员的喜好，目前，可供开发人员选择的虚拟仪器系统应用软件的开发环境主要包括两种。

（1）基于传统的文本语言式的平台。主要有 NI 公司的 LabWindows/CVI，Microsoft 公司的 Visual C++、Visual Basic，Borland 公司的 Delphi 等。

（2）基于图形化编程环境的平台。如 NI 公司的 LabVIEW 和 HP 公司的 HPVEE 等。 图形化软件开发平台的提出使编程人员不再需要文本方式编程，因而可以减轻系统开发人员的工作量，使其可将主要精力集中投入系统设计中，而不再是具体软件细节的推敲上。

4. 虚拟仪器的特点

与传统仪器相比，虚拟仪器具有以下优点。

1) 能自由定义，仪器开放灵活

如前所述，传统仪器的功能是由厂方定义的，对用户来说是封闭的、固定的，不方便进行扩展；而虚拟仪器的功能不是事先由厂家决定，而是由用户根据自己的检测需要用软件来

定义的，从而使得整个仪器的功能以及操作面板就更具个性化；另外，虚拟仪器基于计算机网络技术和接口技术，可比传统仪器更方便地与其他仪器设备、网络等连接，易于构成自动检测系统，易于实现测量、控制过程的智能化、网络化，从而使检测系统更开放、更灵活。

2）检测效果更好，精度更高

利用传统仪器进行检测任务时，人工干预较多，检测的速度、精度、稳定性、可靠性等要求往往难以保证，而虚拟仪器基于计算机总线和模块化仪器总线技术，硬件实现了模块化、系列化，同时利用计算机及软件将多种检测功能集成于一体的方法不仅缩短了检测时间，而且也提高了检测的精度。嵌入式数据处理器建立的一些功能性数学模型，使测试数据不会随时间发生变化，这样就保证了检测结果的稳定性和可重复性。

3）数据表达更方便

传统仪器大多需要人工记录数据，而虚拟仪器则利用计算机的显示、存储、打印、网络传输等功能，可以方便地把检测结果实时地保存记录下来，更可以直接进行数据分析、处理。

4）开发费用更低，技术更新更快

传统仪器硬件是关键部分，开发维护费用很高，技术更新周期长；而虚拟仪器的关键部分是软件，减少了大量仪器硬件的制作，就使得虚拟仪器的研制周期比传统仪器大为缩短，即开发费用更低，技术更新更快。

5）更经济实惠

首先，虚拟仪器的前面板上的控件都是与实物相像的"图标"，而不是传统仪器上的"实物"，并且每个图标都对应着相应的软件程序，用户可用计算机的鼠标对其进行操作；其次，虚拟仪器的检测功能是在以计算机为核心组成的硬件平台上，通过软件编程设计来实现仪器的检测功能的，而且用户可以根据自己的测试需要，通过软件模块的组合来实现各种不同的检测功能，从而大大缩小了仪器硬件的成本。以前，我国主要依靠进口的如数字示波器、频谱分析仪、逻辑分析仪等高档仪器，价格非常昂贵，而现在就可以只采购必要的通用仪器硬件，采用虚拟仪器技术很经济地构建这些高档仪器系统。

11.6.2 虚拟仪器软件开发平台——LabVIEW 简介

目前，在使用比较广泛的虚拟仪器软件开发平台中，NI 公司的 LabVIEW 是最具代表性的图形化虚拟仪器开发平台。下面简单介绍 LabVIEW 的特点和功能，以及运用 LabVIEW 建立虚拟仪器的一般方法。

1. LabVIEW 的功能

LabVIEW 的基本程序单位是一个虚拟仪器程序，简称 VI(virtual instrument)。LabVIEW 通过图形编程的方法，建立一系列的 VI 来完成用户指定的测试任务。简单的测试任务可由一个 VI 完成；而复杂的测试任务，则可按照模块化的设计思想，把一项复杂的测试任务分解成一系列的子任务，首先建立子任务的 VI。然后把这些 VI 组合起来建成顶层的虚拟仪器，该顶层 VI 就成为一个包括众多功能的子虚拟仪器的集合。利用 LabVIEW 可以完成以下功能：

(1) 从数据采集设备中采集数据；

(2) 仪器通信和控制；

(3) 从传感器中采集数据；

(4)处理和分析测量数据；

(5)设计图形化用户界面；

(6)将测量数据保存在文件中；

(7)将 LabVIEW 与其他软件程序结合使用。

2. LabVIEW 应用程序的构成

一个 VI(LabVIEW 应用程序)由前面板(front panel)、程序框图(block diagram)以及图标/连接器(icon/connector)三部分组成。

1)前面板

前面板是程序与用户交流的窗口，用于设置各种输入控制参数和观察输出量。前面板的作用相当于传统仪器的面板，在它上面有用户输入和显示输出两类对象，具体表现为开关、旋钮、拨盘等用户输入的控制对象和图形、图表等显示对象。

如图 11.32 所示的是一个正弦函数产生和显示 VI 的前面板，上面有一个显示对象"波形图"，它以曲线的方式显示了一个正弦波。有两个控制对象，即"旋钮"和"停止"，"旋钮"用于调节产生的正弦波的幅值，"停止"用于启动和停止程序。

2)程序框图

每个前面板都有相应的程序框图与之对应。程序框图是 VI 的图形化源代码，是实现程序的核心，可以把它想象为传统仪器机箱中用来实现功能的零部件，它控制和操纵定义在前面板上的输入和输出功能。程序框图由节点、端口和连线等要素组成。图 11.33 是与图 11.32 对应的程序框图，在该图中可以看到程序框图中的各组成要素。

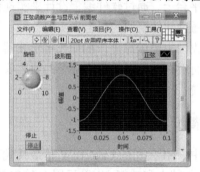

图 11.32　正弦函数产生与显示 VI 的前面板

图 11.33　正弦函数产生与显示 VI 的程序框图

(1)节点。实现程序功能的基本单元，它类似于文本语言的语句、函数或子程序。常见的节点类型有函数、结构和属性等。函数节点用于进行一些基本操作，如数值加减、逻辑运算、文件输入、输出等，如图 11.33 所示，"1"为一个信号发生函数节点，它用于产生正弦信号。结构节点包括 For 循环、While 循环、顺序结构等。"2"为 While 循环结构，该循环结构反复执行包含在循环圈内的程序，直至达到某个边界条件。

(2)端口。程序框图中数据传递的起点和终点，类似于参数和常数，包括控件端口、节点端口、结构端口和常数等几类。控件端口即前面板上的各对象的连线端子，如图 11.33 中所示的"3""4""5"分别为前面板上旋钮、波形图和停止控件的接线端口。当程序运行时，从前面板控件输入的数据就从这些端口传送到程序框图，而当程序运行结束后，输出数据就从这些端口输送到前面板的指示器。控件端口在前面板上创建(和删除)对象时自动生成(和删除)。节点端口是节点上数据传递的端点,如图 11.33 上信号发生函数的端口"正弦"所示,它用于输出信号发生函数产生的正弦信号。结构端口是结构上数据输入、输出的端点,如图 11.33 所示的"6"为 While 循环结构的端口,该端口用于设置循环执行的条件。

(3)连线。程序框图中各个对象之间数据传递的通道,类似于普通程序中的变量。在连线中,数据是单方向流动的,从一个源端口流向一个或多个目的端口,正是这种单向的数据流向控制图形语言执行的顺序。不同的线形和颜色代表了不同的数据类型,如绿色代表布尔量,细线代表单个数据。在图 11.33 所示的程序框图中,由信号发生函数产生的正弦信号通过连线传到显示端口,再由显示端口传入显示控件显示,并由旋钮调节正弦信号的幅值。为了使正弦信号持续显示,设置了一个 While 循环,由"停止"按钮输入的布尔量控制这一循环的结束。

3)图标/连接器

VI 具有层次化和结构化的特征。一个 VI 可以作为子程序,这里称为子 VI,被其他 VI 调用。图标/连接器可以让用户把 VI 程序变成一个 VI 对象(子程序),然后在其他程序中调用。图标表示在其他程序中被调用的子程序。而接线端口表示图标的输入/输出口,类似于子程序的参数端口。

3. LabVIEW 的模板简介

在 LabVIEW 的用户界面上包括工具模板、控件模板和函数模板 (functions palette)。通过它们即可实现程序开发,现分别介绍如下。

1)工具模板

工具模板提供了创建、修改和调试 LabVIEW 程序所需要的各种工具。按 Shift 键同时在程序框图的空白处右击即可显示如图 11.34 所示的工具模板。也可以通过执行"窗口"→"显示工具模板"命令来显示该模板。模板上方具有绿色指示灯的图标表示自动选择工具,当单击该按钮后,指示灯亮,LabVIEW 根据光标指示的对象与其他对象的关系自动为用户选择工具。在工具模板的图标上单击即选择了该工具,当选择任意一种工具后,鼠标箭头就会变成该工具相应的形状。

图 11.34　工具模板

2)控件模板

在前面板的空白处右击或执行"窗口"→"显示控制模板"命令就可以打开控件模板。控件模板用于设置前面板的各种输出显示对象和输入控制对象。控件模板如图 11.35 所示,每个图标代表一类子模板。控件模板用于设计前面板:前面板中的所有对象均是从控件模板中调用的,现以图 11.32 所示的 VI 为例简单说明前面板的设计方法。

(1)控件的调用方法。为调用"波形图"控件,将光标移动到控件模板的"图形"上,单击该图标进入子模板,在该子模板中单击"波形图"图标,这个图形显示控件就"粘"在光标上了,将光标移动到前面板的目的地后再单击,即将该控件安放在前面板上。以同样的方法在控件模板的"数值"子模板中调用"旋钮"控件,在"布尔"子模板中调用"停止"按钮。这样前面板上的三个对象均调用完毕。

(2)控件的布置。将控件放入前面板后,应该让控件在前面板上合理分布,这样才利于用户操作和使用。控件的大小和位置可以用定位与选择工具进行设置。控件在前面板的排列也可以采用工具条上的对齐工具，该工具条包括顶端对齐、水平中心对齐、底端对齐、左端对齐、垂直中心对齐和右端对齐六个工具。选择若干对象以后，从中选择相应的工具，即可将它们按要求对齐。

（3）控件的设置。直接从控制面板中取出的控件往往不能满足用户的要求，因此要对控件的属性重新进行设置。在控件上右击可以弹出快捷菜单，在快捷菜单上可以对控件的外观、类型和功能进行设置与修改。属性对话框实现对象特有参数的基本设置，在快捷菜单上单击"属性"命令可以弹出属性对话框，在该对话框中可进行各项属性设置，使其满足设计要求。

3）函数模板

在程序框图的空白处右击或执行"窗口"→"显示程序框图"命令就可以打开函数模板，如图 11.36 所示。函数模板用于创建程序框图。函数模板上的每一个顶层图标都表示一个子模板。下面以图 11.33 所示的 VI 程序框图为例说明程序框图的设计方法。

图 11.35　控件模板

图 11.36　函数模板

（1）函数的调用方法。与控件的调用方法类似，为调用"仿真信号"函数，执行"信号处理"→"波形生成"命令进入子模板选择"信号仿真"函数，将该函数安放在程序框图上。以同样的方法在函数模板的"结构"子模板中选中"While 循环"结构，把它放置在程序框图中，将其拖至适当大小，将 3 个控件端口和信号发生函数均移到循环圈内。

（2）连线。在程序框图的设计中，连线是一个很重要的环节。使用工具面板上的连线工具可进行手工连线，选择该工具，当连线工具经过一个端口时，端口会持续闪烁，提示将线连接到这里，并弹出一个黄色的窗口显示该端口的名称。单击该端口进行连线，当连线需要转折时，在转弯处单击即可。若连线错误会在连线上出现一个红叉，选择该连线，按 Delete键即可删除。在图 11.33 所示的程序框图中需要将信号发生函数的"正弦"输出端口和控件"波形图"的控件端口连接起来，把"停止"开关的控件端口和 While 循环的条件端口连接起来，并将"旋钮"的控件端口和信号发生函数的"幅值"输入端相连，这样就在 LabVIEW

中创建了一个信号发生和显示 VI。

11.6.3 基于 LabVIEW 的数据采集方法及实例

1. 数据采集基础

虚拟仪器系统的典型硬件结构为传感器→信号调理器→数据采集设备→计算机。传感器把被测量的物理量转换为电量；信号调理器对传感器转换的电信号进行放大、滤波、隔离等预处理；数据采集设备主要是将模拟信号经过脉冲序列的采样后转换成离散信号，然后经过量化，就将原来的模拟信号转换成了数字信号，以便后面用计算机对信号进行处理。

数据采集设备包括 USB 数据采集卡、插卡式（PCI 卡或 PCMCIA 卡）的数据采集卡、VXI 与 PXI 设备、GPIB 或串口设备等。

1）数据采集设备涉及的参数及概念

（1）采样周期。采样脉冲相邻两个脉冲的时间差，一般用 T_s 表示。

（2）采样率。采样率就是采样周期的倒数，即 $F_s=1/T_s$，也就是 A/D 转换的速率，一般根据信号类型进行适当选取。在实际的测试系统中，如果有多个信号通过独立的通道进入数据采集卡，而一般的数据采集卡是多个通道共用一个 A/D 转换器，在这种情况下，数据采集卡的采样率就被所用的各个通道平分；如果数据采集卡给出的采样率指标是单通道的，则各个通道就是同步采样，各自使用独立的 A/D 转换器。

（3）分辨率。分辨率是数据采集设备的精度指标，用 A/D 转换的数字位数来表示。数据采集设备 A/D 转换的数值位数越多，分辨率就高，精度也越高。一个 16 位的数据采集卡，对于一个振幅为 5V 的信号，能区分 $10/2^{16}$V 的微小变化。

（4）通道数。数据采集设备能输入或输出信号的路数。一般为 16 通道或 64 通道。

2）被测信号的参考点

（1）接地信号（ground reference source，GS）。接地信号是信号的一端直接接地的电压信号，它的参考点是系统地（如大地或建筑物的地），如图 11.37（a）所示。最常见的接地信号源是通过墙上的电源插座接入建筑物地的设备，如信号发生器等。

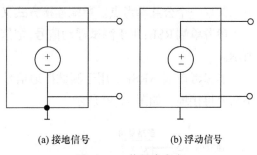

(a) 接地信号　　　　　(b) 浮动信号

图 11.37　信号参考点

（2）浮动信号（floating source，FS）。浮动信号是不连接到建筑物地等绝对参考点的电压信号，如图 11.37（b）所示。常见的例子有电池及其供电设备、热电偶、变压器、隔离放大器等设备。

3）被测信号的连接方式

对于大多数模拟输入设备，有三种不同的信号连接方式：差分 DIFF（differential）、参考单端 RSE（referenced single-ended）和非参考单端 NRSE（non-referenced single-ended）。

（1）差分 DIFF 连接方式。信号的正负极分别接入两个通道，所有输入信号各自有自己的参考点，如图 11.38 所示。差分 DIFF 连接方式只读取信号两极间的差模电压，不测量共模电压，这是较理想的连接方式，可以抑制接地回路感应误差，也可以抑制环境噪声。当输入信号有下列情况时，使用差分 DIFF 连接方式：低电平信号（如小于 1V）；信号电缆比较长或没有屏蔽，环境噪声较大；任何一个输入信号要求有一个单独的参考点。

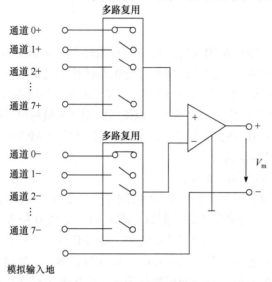

图 11.38　差分 DIFF 连接方式

（2）单端连接方式。所有信号都参考一个公共参考点，即仪器放大器的负极，单端连接方式较差分连接方式多出一倍的检测通道。当输入信号符合下列条件时，使用单端连接方式：高电平信号（如大于 1V）；信号电缆比较短（通常小于 5m）或有屏蔽，环境无噪声；所有信号可以共享一个公共参考点。单端连接方式又分为参考单端 RSE 和非参考单端 NRSE。

参考单端 RSE：用于测试浮动信号，把信号参考点与仪器模拟输入地连接起来，如图 11.39 所示。

非参考单端 NRSE：用于测试接地信号，所有输入信号均已经接地了，所以信号参考点不需要再接地，如图 11.40 所示。

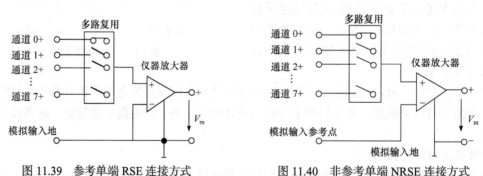

图 11.39　参考单端 RSE 连接方式　　　　图 11.40　非参考单端 NRSE 连接方式

2. 基于 LabVIEW 的数据采集程序构建方式

NI 公司提供了各种类型的数据采集设备，这些设备对于需要多用途的、高速的和高品质的数据采集设备的实验室环境非常理想。在进行数据采集之前必须安装 NI-DAQmx 设备驱动程序。若没有数据采集设备，在 NI-DAQmx7.5 及以上的版本中可创建 NI-DAQmx 仿真设备。采用仿真设备后，用户能够构造 VI 以用于数据采集设计设备，而实际上并不需要拥有这些硬件。

下面简单介绍在 LabVIEW 中，信号采集程序的两种基本构建方式。本节所采集的信号均为标准的 10Hz、幅值为 1V 的正弦信号。

(1) 直接从函数模板→测量 I/O→数据采集中调取信号采集助手 DAQ，可以很快构建简单的采集程序，如图 11.41 所示。

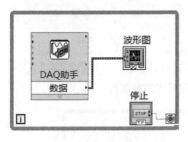 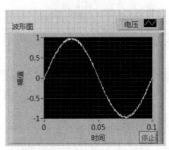

(a) 程序框图   (b) 前面板

图 11.41 信号采集助手构建数据采集程序

(2) 从函数模板→测量 I/O→数据采集中调取 DAQmx 开始任务.vi、DAQmx 读取任务.vi 和 DAQmx 停止任务.vi 来构建采集程序，如图 11.42 所示。

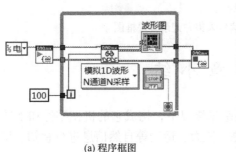

(a) 程序框图   (b) 前面板

图 11.42 NI-DAQmx 函数构建数据采集程序

3. 基于 LabVIEW 的数据采集实例

按图 11.43 所示构建信号采集与存储程序前面板，并参考图中的显示进行采样参数设置；按图 11.44 所示构建程序框图。该程序完成了电压信号的采集和存储。其中采集的电压信号通过设备 1 的模拟输入通道 0 输入。采集的电压幅值范围为–5～+5V。采样率为 1000Hz，采样数据为 100 个。输入的数据存储到 TDMS 文件路径下。

该程序由通道设置、时钟配置、记录设置和数据采集几个部分构成。程序中用到函数模板→测量 I/O→数据采集函数子模板中 DAQmx 创建通道、DAQmx 定时、DAQmx 开始任务、DAQmx 读取任务、DAQmx 停止任务和 DAQmx 清除任务等函数。其中，记录设置部分采用了 DAQmx 配置记录函数，该函数从函数模板→测量 I/O→数据采集→DAQmx 高级任务选项中调取。测量数据的结果在前面板的波形图中显示。

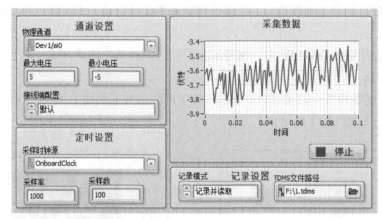

图 11.43 信号采集并记录程序前面板

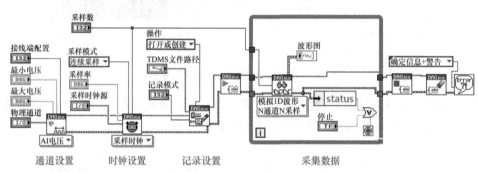

图 11.44 信号采集并记录程序框图

本 章 小 结

（1）微机电系统专指外形轮廓尺寸在毫米级以下，构成它的机械零件和半导体元器件尺寸在微米至纳米级，可对声、光、热、磁、压力、运动等自然信息进行感知、识别、控制和处理的微型机电装置。

（2）智能传感器，就是一种带有微处理机的，兼有信息检测、信号处理、信息记忆、逻辑思维与判断功能的传感器，即智能传感器就是将传统的传感器和微处理器及相关电路组成一体化的结构。

（3）模糊传感器是一种智能测量设备，由简单选择的传感器和模糊推理器组成，将被测量转换为适于人类感知和理解的信号。模糊传感器通过学习与训练，保证其适应性与通用性，不断地把人类的知识和经验集成于传感器中。人对传感器信号的处理，采用一种高级模糊算法，达到利用低精度的传感信号及低速度、低精度的运算做出准确有效的判断的目的。

（4）可穿戴传感器技术将传感器以服装、配件、皮肤粘贴和体内植入等形式与人体集成，实现载体传感测量、数据存储和移动计算等诸多功能。

（5）传感器网络是由大量部署在作用区域内的、具有无线通信与计算能力的微小传感器节点通过自组织方式构成的、能根据环境自主完成指定任务的分布式智能化网络系统。

（6）虚拟仪器技术就是利用高性能的模块化硬件，结合高效灵活的软件来完成各种测试、测量和自动化的应用。虚拟仪器具有功能定义自由、仪器开放灵活、检测效果好、精度高、数据表达方便、开发费用低、技术更新快等优点。

（7）LabVIEW 是最具代表性的图形化虚拟仪器开发平台。可以实现从数据采集设备中采集数据、仪器通信和控制、从传感器中采集数据、处理和分析测量数据、设计图形化用户界面、将测量数据保存在文件中等功能。

习题与思考题

11-1　简述 MEMS 传感器的特点。

11-2　智能传感器的功能主要有哪些？

11-3　模糊传感器的基本功能有哪些？

11-4　可穿戴传感器的形式有哪些？

11-5　简述传感器网络的结构。

11-6　查阅文献资料，阐述虚拟仪器的发展历程与未来发展趋势。

11-7　虚拟仪器有哪些特点？

11-8　简述虚拟仪器的硬件与软件结构。

11-9　上机练习，熟悉 LabVIEW 虚拟仪器开发平台。

第 12 章　检测系统设计基础

无论传统的检测系统，还是自动检测系统，均包含一定的硬件系统和软件系统，因此我们在开发检测系统时，可以遵循一些相通的设计原则与方法，也就是说，我们必须了解并熟悉检测系统设计中的一些共性的问题。本章概略性地介绍一些检测系统设计的基础理论与方法：检测系统的构成形式、检测系统设计的一般原则与开发过程、设计步骤(包括需求分析与功能划分、总体方案设计、硬件设计、软件设计)、抗干扰设计、可靠性设计等。最后给出检测系统的设计实例。

12.1　检测系统的构成形式

随着微电子技术、计算机技术、软件技术的迅速发展，以及各种标准总线的推出，构成一个检测系统的方案有了多种选择。

在进行检测系统设计时，依据用户对系统检测功能的不同要求，既可以选择各种标准总线的计算机系统，并配以 I/O 扩展板卡或仪器模块，从而构成不同类型的检测系统硬件，也可以选择单片机再配以 I/O 接口电路构成硬件系统。当然，还可以是两者结合构成硬件系统。由于可选择方案的增多，目前没有严格的统一规范，但在实际应用中，人们按检测系统硬件组成形式将检测系统分为标准总线检测系统、专用计算机检测系统、混合型计算机检测系统和网络化检测系统等四种类型。

12.1.1　标准总线检测系统

标准总线包括 PC 总线、STD 总线、VXI 总线、CPCI 总线和 PXI 总线等，能提供上述标准总线的计算机系统称为标准总线系统。以标准总线系统为基础，在台式 PC 主板的扩展槽上(或者在 PC 扩展机箱插槽上、工控机的底板插槽上、VXI 和 PXI 系统的背板总线上)配置 A/D、I/O 板和模块化仪器等功能模块板卡，便可构成一个用于完成预定功能的自动检测系统。下面分别介绍基于 PC、STD、GPIB、VXI 和 PXI 等总线的测试系统构成方法及系统特点。

1. PC 总线系统构成方法

以个人计算机(PC)为基础，配以符合 PC 总线标准的各种功能板卡，可方便地组成各种检测系统。PC 总线系统一般指由台式 PC 的 PC/XT、PC/AT、ISA、EISA、PCI、PC/104，以及笔记本电脑 PCMCIA 等总线构成的系统。台式 PC 的 I/O 扩展槽直接连接在 PC 系统总线上(扩展插槽就在计算机主板上)，工业 PC 总线分布在一块称为底板的印刷电路板上，它上面有若干个扩展插槽(插槽具体数量由机箱大小决定)。

在构成 PC 总线检测系统时，关键是选择合适的各种功能模块板卡。目前，国内、外有许多研制生产各种功能模块板卡的厂家。目前市场上的功能模块板卡包括 A/D、D/A、数字 I/O、模拟 I/O、计数器/定时器、示波器、数字万用表、串行数据分析仪、动态信号分析仪和任意波形发生器等。在进行检测系统开发时，首先应根据实际检测任务需求，确定所选功能模块板卡的种类；然后根据输入电信号的范围、采集通道数量、采集精度、检测系统工作环境等其他具体要求，对市场可供选用的产品进行调研，从中选择合适的功能模块板卡进行系统设计。在完成上述工作后，就可进行测试系统的集成和软件研制等工作。

PC 总线检测系统充分利用了计算机系统资源，增加了测试系统的灵活性和扩展性。利用数据采集等功能模块可方便、快速地组建基于 PC 系统的仪器，实现一机多型和一机多用。一个典型的 PC 总线检测系统构成框图如图 12.1 所示。它由传感器、信号调理器、数据采集板卡、个人计算机和检测系统软件等部分组成。这种方式借助插入计算机内的功能板卡，通过 A/D 变换和 I/O 将模拟信号、数字信号采集到计算机并进行分析、处理和显示。

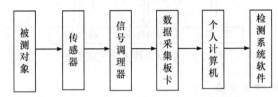

图 12.1　典型的 PC 总线检测系统构成框图

（1）PC 总线测试系统具有以下特点。

① 硬软件资源共享、开发周期短。由于以 PC 为基础进行设计，PC 的硬软件资源均可直接用于测试系统。因此能快速开发测试系统。

② 应用软件开发效率高。测试系统功能模块由 CPU 控制，借助通用操作系统和编程语言，易于编制、调试应用软件。

③ 易于升级换代。由于 PC 具有良好的向下兼容性，当 PC 的硬软件升级时，只需对原来的应用软件稍加修改便可完成测试系统升级换代。

④ 功能灵活、性价比高。功能由用户定义，同时许多过去必须由硬件完成的功能，现在可以由软件实现，系统性价比高。

（2）PC 总线测试系统的不足表现如下。

① 系统硬软件的应用配置比较小。应用配置比是指为满足系统功能要求所必需的硬软件设置与系统实际具有的硬软件规模之比，该比值越小，系统成本越高。

② 台式 PC 环境适应性较差。系统的环境适应性在很大程度上取决于计算机系统。普通台式 PC 由于不是专门为工业测控环境设计的计算机，因此，对安装环境要求较高。如果在复杂的电磁环境下工作，系统易受外界干扰，导致系统工作不正常。另外，系统抗振动能力差，对应用环境的温度也有一定的要求。

2. STD 总线系统构成方法

STD 总线是针对工业现场的测量与控制任务设计的一种总线。它的设计目标是使系统能在现场连续、稳定、可靠地运行。因此，对工业现场存在的电磁干扰、电源脉动、机械振动和冲击、温度和湿度等都做了设计考虑。STD 总线作为工业标准的微型机总线具有很高的可靠性，为了适应工业控制的恶劣环境，该产品在印制板布线、元器件老化筛选、模板的在线测试、电源的高抗干扰性能等方面都采取了许多保证措施。STD 总线系统的构成如图 12.2 所示，其主要特点如下。

(1)可支持多种 8 位、16 位、32 位的微处理机。特别是 STD 总线支持多处理机系统，可实现分布式、主从式及多主 STD 总线多处理机系统。它最多允许 16 个 CPU 模板在一块 STD 总线底板上运行。

(2)其由于结构合理、性能优良而成为国际上流行的主要标准总线之一。

(3)成本低、可靠性高，适合作为在恶劣环境中工作的中、小规模的测量控制系统。

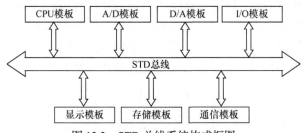

图 12.2　STD 总线系统构成框图

3. GPIB 接口总线系统构成方法

用 GPIB 接口总线系统组建检测系统时非常方便，用户只要选定所需器件(GPIB 仪器)，并用 GPIB 接口总线将各器件连接好即可。当系统拆散后，各器件又可作为单台仪表使用。这种系统可用于各种电量、非电量的测量，也可做闭环控制。GPIB 接口总线系统结构形式如图 12.3 所示。

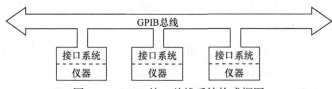

图 12.3　GPIB 接口总线系统构成框图

一个典型的 GPIB 检测系统包括一台计算机、一块 GPIB 接口卡和若干台 GPIB 仪器。利用 GPIB 接口卡将若干 GPIB 仪器连接起来，用计算机增强传统仪器的功能，组成大型柔性自动检测系统，仪器功能和面板自定义，开发和使用容易，易于升级，维护方便。它可高效、灵活地完成不同规模的测试任务。利用 GPIB 技术，可以用计算机实现对仪器的操作和控制，替代传统的人工操作方式，避免人为因素造成的检测误差。由于可以预先编制好测试程序，这样便可实现自动测试，提高测试效率和可靠性。此外，利用 GPIB 技术还可以很方便地扩展传统仪器的功能。例如，把示波器的信号送到计算机后，即可增加频谱分析仪的功能。

GPIB 标准总线系统的主要特点如下：

(1)在有限的距离(20m)内使用，能满足实验室和一般生产环境测量的需要。

(2)具有广泛的通用性和灵活性。只要符合其标准接口要求的仪器设备都可以互相连接起来，组建成一个自动测量系统。

(3)系统中的仪器之间，既可在计算机的控制下传输数据，也可以在 GPIB 仪器下进行数据传输。

(4)数据传输是双向异步的。数据传输速率能在较大的范围内变化,并可满足不同工作速度的仪器的要求。

4. VXI 总线系统构成方法

VXI 总线系统是机箱式结构。总线在机箱内部背板上,一个插件模块就相当于一台仪器或特定功能器件,数个模块共存于一个机箱可构成检测系统。采用 VXI 总线的测量系统最多可包含 256 个器件。由于 VXI 总线为器件提供了数据传输、中断、时钟、模拟相加线、触发线等多种总线,因而它既适用于数字器件,也适用于模拟器件。数据传输类型有 8 位、16 位和 32 位等。

VXI 总线仪器系统是将若干仪器模块插入 VXI 总线的机箱中,仪器模块设有操作和显示面板,仪器系统由计算机管理和控制。VXI 总线将仪器与仪器、仪器与计算机紧密地联系在一起,VXI 总线仪器综合了数据采集卡和台式仪器的优点,代表着当今仪器系统的发展方向。VXI 总线系统集中了智能仪器和现代测量系统的很多特长,其主要特点如下。

(1)开放性,多厂家共用标准使其更加灵活,不易淘汰。

(2)规范化的 VXI 软件使系统的配置、编程和集成更简单、容易。

(3)精确的定时和同步提高了测量准确度。

(4)系统组建灵活,容易与其他总线接口连接。

(5)可组成小型便携系统,可靠性高。

基于 VXI 总线的测试系统与用 PXI 总线构成的测试系统的控制方式类似,一般也分为嵌入式控制方式和外控方式。区别仅在于 PXI 总线的系统槽相当于 VXI 总线的零槽。

12.1.2 专用计算机检测系统

专用计算机检测系统是由具有特定功能的模块组合而成的。专用计算机检测系统最重要的特征是系统的全部硬软件规模完全根据系统的要求配置,系统具有最好的性能价格比,在大批量定型产品中大量采用这种类型比较合适。根据所采用微处理器的不同,专用计算机检测系统可分为标准总线计算机系统和单片机系统。

专用计算机检测系统可分为两大类:一类是专业生产厂商设计生产的大型、高精度的专用检测系统。这类系统一般可容纳的测试通道多,抗干扰能力强,允许被测信号传输距离较远。这类系统适用于飞机、火箭、舰船、武器系统,以及航天领域的地面实验测试。因为这一类实验的环境恶劣、条件复杂、对测试系统测量精度要求高,且需要测试的信号种类和数量多,所以必须要有大型的专用检测系统。另一类是专业生产厂商生产的小型智能检测仪器和系统。这类仪器和系统一般是按照检测功能的要求,选择 CPU 芯片或单片机及外围器件进行硬件与软件设计,构成所需的不太复杂的小系统或仪器。

专用计算机检测系统具有以下特点。

(1)需借助开发工具。系统一般不具备自主开发能力,系统的硬软件开发须借助专用开发工具,升级改造困难。

(2)性价比高。系统硬软件的设计与配置规模以满足系统功能要求为原则,具有最佳的性能价格比。在这类系统中,软件一般都是应用程序。

(3)可靠性高、使用方便。系统应用程序固化在 ROM 中，不会因外界的干扰而破坏。在系统上电后能立即进入用户状态。因此，系统的自动化程度高。

12.1.3 混合型计算机检测系统

混合型计算机检测系统是一种随着 8 位、16 位、32 位单片机的出现而在计算机应用领域中迅速发展起来的结构形式。混合型计算机由标准总线计算机系统加上由 CPU 或单片机构成的专用计算机检测系统组成，并通过各种总线(串行或并行)将两部分连接起来。在混合型计算机检测系统中，标准总线系统的计算机一般称为主机，专用机部分用于完成系统的特定功能，如各种数据的采集，通常称为子系统。主机承担检测系统的人机对话、计算、存储和打印、图形显示等任务。根据专用机系统的特点及连接方式，混合型计算机检测系统又可分为内总线系统与外总线系统两种类型。

1. 内总线系统

内总线系统的主要特征为专用机系统连接到主机的内部总线上，专用机系统一般做成某种总线的模块板，插在计算机的扩展槽中。这种系统可以充分利用主计算机的硬件资源，主机控制方便、快捷、可靠。

2. 外总线系统

对于一些大、中型计算机检测系统，由于测试对象较多且较分散，采用内总线系统不方便，所以在这种情况下需使用外总线系统。由 CPU 或单片机构成的专用机系统作为一个独立部分，与主机通过各种外部标准总线相连。

检测系统中常采用串行总线作为外总线，如 RS-232C、RS-422、RS-485 等。由于串行总线连接距离较远，系统配置较灵活、方便，所以这种系统常常构成各种分布式检测系统。分布式检测系统是大、中型检测系统的主要发展方向之一。

混合型计算机检测系统有以下特点。

(1)具有自主开发能力。这类系统一般都具有自主开发能力。如果专用机系统采用的是单片机或与主机不同的 CPU，则主机中应配置交叉汇编及调试软件。

(2)系统配置灵活。主机可远离现场而构成各种局部网络系统，易构成各种大、中型检测系统。

(3)减轻总线通信工作压力。专用机系统本身有处理器，可以完成各种规定的检测和处理任务，减轻了系统主机与专用机的通信压力。

12.1.4 网络化检测系统

在现代大工业生产和科研实验现场，需要测试信号的种类及数量较多，且被测系统或装置往往分布在不同的地点，仅用一台设备难以完成整个测试任务。在这种情况下，测试任务一般需要由多台(套)测试设备共同完成。

对测试设备的控制方式主要有两种。

(1)直接对每台测试设备进行控制，设备间没有相互联系。这种方法需要较多的操控和设备管理人员，各设备间采集的信息一般难以相互直接利用。

(2)采用集中模式的测试系统，即将需要测试的信号汇总到一起，通过一台测试设备完成测试任务。在集中式测试系统中，系统硬软件设计将会十分复杂。另外，由于被测信号需要长距离传输，在采集精度方面也难以得到保证。

随着计算机网络技术的发展和人们对测试系统的规模、数据处理速度和资源共享要求的不断提高，一种建立在计算机网络技术、总线技术与数据库技术基础上，针对大型、复杂测试任务需求的解决方案正趋于成熟，这就是网络化测试系统。利用网络技术将分散在不同地理位置、不同功能的测试设备联系在一起，使昂贵的硬件设备、软件在网络内得以共享，减少了设备重复投资。一台测试设备采集的数据可以立即传输到另一台计算机上进行分析处理，分析后的结果可被执行机构、技术人员查询使用。使数据采集、传输、分析处理设备为一体，容易实现实时采集、实时监测。重要的数据可实行多机备份，提高了系统的可靠性。对于某些危险及恶劣环境，不适合人员操作的测试工作可实行远程测试，将采集的数据通过网络存放在服务器中供用户使用。

12.2 检测系统设计的一般原则与开发过程

12.2.1 检测系统设计的一般原则

1. 自顶向下的原则

自顶向下(top-down)的设计原则，是从总体目标着眼，先明确总需求、总任务，再将总任务分解成子任务。将较大、较复杂、较难的问题分解成若干小的、简单的、易解决的问题，同时，充分注意子任务间的联系和互动。

2. 自底向上的原则

自底向上的设计原则，是利用现有的硬件电路或器件、软件模块，快速组合成一个满足测量和控制要求的系统。采用自底向上的设计原则，系统虽然未必最简单、最优化，但能够快速、高效地解决问题。该原则往往用在检测方案论证阶段，以快速检验方案是否能满足总需求、总目标。

3. 新器件的原则

微电子技术的迅猛发展，已经并且正在造就大量集成度高、功能超强、性能卓越的新器件。新器件的原则，是指从事检测系统设计、开发的工程技术人员应该认真学习新器件的原理，在检测系统硬件的具体设计中尽可能地采用这类集成度高、功能强大、技术指标先进的新器件，如专用集成电路、多功能集成电路、现场可编程器件、定制或半定制集成电路等，以达到简化硬件系统结构，提高硬件电路整体的电气性能、工艺性能、可靠性和可维护性，同时降低硬件电路成本的目的。

4. 软硬件搭配的原则

软硬件搭配的原则，是指在设计检测系统时，坚持软硬件合理分工、相互配合。

检测系统中的有些功能只能依靠硬件实现，有些任务(如数据分析与处理)只能由软件来完成，还有许多功能用软件或硬件都可实现。软件和硬件各有千秋，软件可完成许多复杂的运算、系统的管理和控制等，具有设计灵活、修改方便的特点，但执行速度比硬件慢。硬件是各种元器件实体通过特定线路构成的组合体，硬件的成本高，灵活性差，不易改动。

如果系统对速度要求不高，为了降低系统的成本，可尽量将硬件的功能用软件来实现，即"硬件软化"。近年来，随着半导体技术的发展，各种高性能器件问世，又出现了"软件硬化"的趋势，即将原来由软件实现的功能用硬件来实现，最典型的如数字信号处理(DSP)芯片，将过去由软件程序实现的快速傅里叶变换(FFT)改由 DSP 芯片进行运算，可以大大减轻软件的工作量，同时提高信号处理的速度。另外，随着现场可编程门阵列(FPGA)的飞速发展，"硬件是不可改变的"这一传统观念已被打破。这种器件可以通过编程，对器件内的门电路或逻辑单元进行组合，实现各种不同的功能，而且它还可以反复修改，现场调试。可编程逻辑器件的集成度越来越高，功能越来越强。

在检测系统中，大量的运算和控制任务还需要用软件程序实现。使用硬件可以提高仪器的工作速度，减轻软件负担，但结构较复杂、系统成本高；使用软件代替部分硬件会简化仪器结构，降低硬件成本。虽然增加了软件开发的成本，但在大批量投产时，软件的易复制性可以大大降低系统的制造成本。因此，在工作速度允许的情况下应该尽量多地利用软件解决问题。设计时应从检测系统的功能、产品成本、研制周期和费用等方面综合考虑，合理分配软件和硬件的任务，决定系统中哪些功能由硬件实现，哪些功能由软件实现，并确定软件和硬件的协同关系。

12.2.2　检测系统设计的一般开发过程

检测系统设计的一般开发过程，可以用图 12.4 所示的框图表示。

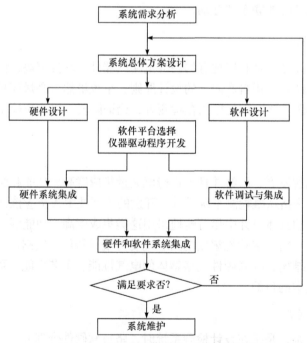

图 12.4　检测系统设计的一般过程框图

（1）系统需求分析：是根据实际检测系统的需求确定检测系统的研制任务，编制研制要求，确定被测对象的主要检测指标。

（2）系统总体方案设计：是根据研制要求确定系统硬件构型、软件平台、软件开发环境、研制策略等问题，讨论总体技术方案，研究系统中的关键技术问题。

（3）硬件设计：是根据所有被测对象测试需求，归纳分析出系统的硬件测试资源的需求情况，确定硬件设计原则和设计规范，确定阵列接口信号定义与说明，制定适配器设计规范，订购货架产品硬件和研制专用测试资源硬件。

（4）硬件系统集成：是将所有测试资源连接并安装起来，在软件平台及仪器驱动程序的支持下进行硬件集成，要求所有测试资源工作正常，程控资源控制准确可靠，仪器性能指标满足要求。硬件系统集成时可采用仪器面板和软件面板的控制方式进行实验，也可直接采用自检适配器和自检程序进行实验和验收。

（5）软件设计：是对整个检测系统的软件进行分析和评估，并合理划分软件功能和结构，制定检测程序开发要求，对检测软件进行概要设计和详细设计，编制软件设计文档。

（6）软件调试与集成：在软件平台和仪器驱动程序的支持下编写程序代码，并在仪器驱动程序仿真状态进行程序调试。如果软件平台和仪器驱动程序不具备仿真功能，则程序调试和软件集成必须在硬件平台上进行，或直接进行"硬件和软件系统集成"。

（7）硬件和软件系统集成：是将硬件系统和软件系统集成在一起进行联调，这个阶段必须对每个被测对象测试程序进行逐项实验，并进行验收实验。

（8）系统维护：验收实验后的检测系统可交付使用方试用和使用，研制方的后续工作就是根据试用和使用情况对检测系统进行维护和修改完善。

（9）软件平台选择及仪器驱动程序开发：是选择软件平台，以及选择软件开发环境，在此基础上进行仪器驱动程序开发。

当然以上各步骤，往往需要根据系统的复杂程度多次反复修改，直到满足系统设计要求。

应该指出，如果选用现有的硬件平台，那么将省去硬件设计以及仪器驱动程序开发等环节，可以大大缩短开发周期。

12.3　检测系统设计步骤

根据图 12.4 所示的检测系统设计的一般过程框图，我们可以归纳出检测系统设计主要有以下几个步骤：检测系统需求分析、总体方案设计、硬件设计、软件设计、系统集成、系统维护等。

12.3.1　检测系统需求分析

检测系统需求分析就是确定系统的功能、技术指标及设计任务，是设计检测系统最重要的环节。首先了解用户的检测需求，明确检测系统必须实现的功能和需要完成的测量任务，包括分析被测信号的形式与特点(电量还是非电量、数字量还是模拟量)；被测量的数量、变化范围、输入信号的通道数、性能指标(测量精度、测量速度、分辨率和误差等)要求；激励信号的形式和范围要求；测试系统所要完成的功能；测量结果的输出方式、显示器的类型；输出接口的配置、打印和操作要求；对系统的内部结构、外形尺寸、面板布置、研制成本、仪器的可靠性、可维护性及性能价格比及应用环境等的要求。

12.3.2 检测系统总体方案设计

在对检测系统需求分析的基础上，就可以提出总体设计方案。总体方案设计是关于全局的重要问题，一定要把握好。总体方案设计应从包括系统电气连接、控制方式、总线类型、系统结构等方面进行考虑。

1. 系统电气连接形式

根据检测系统的复杂程度，构成检测系统的模式主要有两种：在一般小型测试系统中，由于被测对象数量有限，其信号往往采用与测试仪器直接连接的模式。而对于像航空设备这样复杂的检测系统，往往采用集中互连模式，集中互连模式的核心是被测对象和通用仪器之间的信号按统一方式连接，测试系统中有一个信号转接中枢，集中管理全系统的测试信号的输入、输出。

2. 控制方式

自动测试系统的控制方式根据被测对象测试需求确定，可分为自动控制、半自动控制和手动控制。被测对象在测试过程中无需人工干预的宜采用自动控制方式；而在测试过程中需要人工干预，如根据需要扳动开关、转接负载等，可采用半自动方式；在维修过程中，可能需要针对某一特定内容逐步检测时，手动控制方式将是必需的。

3. 系统总线选择

自动测试系统根据不同需求可采用不同的总线构型。对于小型测试系统可采用 VXI 总线系统或 PXI 总线系统。而对于大型自动检测系统一般采用混合总线系统，即包含 VXI、GPIB、PXI 等多种总线形式。小型 VXI、PXI 等测试系统，一般分为内嵌式计算机结构和外置式计算机结构。

内嵌式系统计算机插在 VXI 机箱内，常用于要求速度高、实时性好、体积小的单机箱系统，缺点是内嵌式计算机价格昂贵。

外置式系统需要利用各种总线(如 RS-232、IEEE488、MXIbus、IEEEl394、LAN 等)将计算机与 VXI 机箱连接起来。

4. 系统结构

检测系统结构设计需要综合考虑散热、电磁兼容性、防冲振、维护性等。创造使设备正常、可靠地工作的良好环境。具体要求是：

(1)充分贯彻标准化、通用化、系列化、模块化要求。

(2)人机关系协调，符合有关人机关系标准，使操作者操作方便、舒适、准确。

(3)设备具有良好的维护性，需经常维修的单元必须具有良好的可拆性。

(4)结构设计必须满足设备对强度的要求，尽量减小重量，缩小体积。

(5)尽量采用成熟技术，采用成熟、可靠的结构形式和零、部件。

(6)造型协调、美观、大方、色彩宜人。

根据使用场地和用途的不同需求，可采用固定机柜式、移动方舱式和便携机箱式等多种结构形式。

通过需求分析和对总体方案的论证，即可首先开展检测系统的总体设计工作。完成总体设计之后，才能将检测系统的研制任务分解成若干子课题(子任务)，展开具体、深入的设计工作。

12.3.3 检测系统硬件设计

1. 硬件外购与自研之决策

在进行检测系统硬件的具体设计前，应当根据总体设计提出的方案、可靠性指标、经费预算等因素，进行硬件外购与自研之决策，即哪些部分硬件选择现有硬件、哪些部分硬件自己开发。一般原则是：尽量采用成熟的产品与部件，不要过多开发通用硬件，否则将带来研制周期长及可靠性、维修性差等弊病。如需要选择外购硬件产品，供货商选择也很关键，选择供货商时要考虑是否为合格供货商，对其产品质量应进行考核，售后服务体系是否完善，供货渠道能否长期保障，供货周期是否满足要求等，应当选择知名厂商，虽然费用可能比较高，但其仪器的高可靠性、稳定性和完善的售后服务将带来极大的方便。

2. 传感器的选择

不同类型的传感器的工作原理与结构千差万别，如何根据具体的检测目的、检测对象以及检测环境合理地选用传感器，是在进行某个量的测量时首先要解决的问题。当传感器确定之后，与之相配套的测量方法和测量设备也就可以确定了。测量结果的成败，在很大程度上取决于传感器的选用是否合理。传感器选用原则见 1.1.3 节，虽然传感器选择时应考虑的事项很多，但根据传感器实际使用的目的、指标、环境条件和成本等限制条件，从不同的侧重点，优先考虑几个重要的条件就可以了。

例如，测量某一对象的温度，要求适应 $0\sim15℃$ 温度范围，测量精度为 $±1℃$，且要多点测量，可以选择各种热电偶、热敏电阻、半导体 PN 结温度传感器、IC 温度传感器等，它们都能满足测量范围、精度等条件。在这种情况下，如果主要考虑成本、测量电路、相配设备是否简单等因素，则选用半导体 PN 结温度传感器最为合适。倘若上述测量范围为 $0\sim400℃$，其他条件不变，此时只能选用热电偶中的镍铬-康铜或铁-康铜等热电偶。

3. 主计算机的选择

微型计算机是自动检测系统的核心，对系统的功能、性能价格以及研发周期等起着至关重要的作用。对"微机内置式"检测系统，需要选择微处理器、外围芯片等构成嵌入系统之中的微型计算机；而对"微机扩展式"检测系统，则需要选择个人计算机(PC)作为开发和应用平台，搭建自动检测系统、虚拟仪器系统等。

适合自动检测系统使用的计算机类型很多，一般可考虑单片机、单板机、个人计算机(PC)等。而单片机因其性价比高、开发方便、应用成熟等优点，在检测系统中被广泛使用。单片机是将微处理器、存储器、定时/计数器、I/O 接口电路甚至 A/D、D/A 电路等集成在一块芯片上的超大规模集成电路，本身即一个小型化的微机系统。由于单片机的硬件结构与指令系统的功能都是按工业控制要求而设计的，并常常将其用于工业检测及控制，因而也称为微控制器(micro control unit，MCU)。

目前市场上的单片机型号和种类很多。在我国应用最多、普及最广的应属美国 Intel 公司的 8 位 MCS-51 系列单片机、16 位 MCS-96(196) 系列单片机、PIC 单片机，中国台湾凌阳科技股份有限公司推出的带数字信号处理、语音处理等特殊功能的 8 位、16 位单片机等。尽管不同型号的单片机在其结构、字长、指令集、存储器组织、制造技术乃至功耗和封装等诸多方面存在很大差别，但在选择时都需要重点考虑中央处理单元 CPU 位数、存储器容量、定时/计数器和通用输入/输出 (I/O) 接口等。

4. 输入/输出通道设计

输入通道数应根据需检测的参数的数目来确定，输入通道的结构应综合考虑采样频率的要求及电路的成本。输出通道的结构主要决定于对检测数据输出形式的要求，如是否需要打印、显示，是否有其他控制、报警功能要求等。

在检测系统中，传感器是第一个环节，对系统性能的影响较大。若各测点检测的物理量不同，使用了不同原理的传感器，则各传感器输出电压的范围会有所不同。因此，在信号进入 A/D 转换器之前，信号应经过不同增益的放大器进行调理。此外，还应考虑 A/D 转换器与其前置环节的阻抗匹配问题，以消除负载效应的影响。对公共的 A/D 转换器，其分辨率和位数应根据所有被测参数中的最高精确度要求来确定。所采用的 A/D 转换原理主要考虑转换时间的要求，转换时间根据数据采样时间间隔确定。在转换时间满足要求的前提下，应尽可能考虑线性度、抑制噪声干扰能力等方面的要求。A/D 转换器的极性由传感器输出电压变化的极性确定。

自动检测系统输入通道中的采样/保持器电路有单片形式，也有和 A/D 转换器等集成在同一芯片上的形式。在有些情况下可以简化电路，降低成本，如在被测信号变化相当缓慢的情况下，可以用一个电容器并联于 A/D 转换器的输入端来代替采样/保持电路的功能，或者根据具体要求而不用采样/保持器。

选择多路模拟开关电路主要根据信号源的数目和采样频率参数，当采样频率不高时，模拟开关的转换速度不必要求太高，以降低成本。

5. 自研硬件的设计方法

如果必须要进行自研硬件设计，也有一些方法可以遵循。

自研硬件设计一般从框图设计入手。框图设计应将自研硬件分成若干相对独立的部分，描述各部分的功能、技术指标要求以及各部分之间的相互作用和连接关系。硬件系统一般分为模拟和数字两大部分，模拟部分主要由传感器接口电路、信号放大与处理电路、信号变换电路以及信号源和精密电源等部分组成；数字部分以微型计算机为核心，包括数字输出接口、人机界面(显示器、开关、键盘等)和通信电路等。完成电路设计之后，即可制作相应的功能模板。在设计、制作功能模板时，要保证技术上可行、逻辑上正确，并注意布局合理、连线方便。一般先绘制逻辑电路图，经反复核对，线路无差错，才能制作印刷电路板并进行电路的调试。有条件的场合，可以安排计算机仿真的设计阶段，然后制作实际的样机。

12.3.4 检测系统软件设计

在检测系统开发过程中，在进行硬件设计的同时，也应该着手进行软件设计。硬软件设计工作要相互配合，充分发挥计算机特长，尽可能缩短研制周期、提高设计质量。

自动测试系统软件研制是一个十分复杂的开发过程，它涉及软件结构、软件平台、程序设计等。

1. 检测系统软件结构

将检测系统软件总框图中的各个功能模块具体化，逐级画出详细的框图和流程图，作为下一步开发平台选择和编制程序的依据。

由于检测系统硬件组成形式有标准总线检测系统、专用计算机检测系统、混合型计算机检测系统和网络化检测系统四种，显然不同硬件组成形式的检测系统相应的软件系统结构也不一致。

2. 软件开发平台选择

开发环境的任务是提供用户编写程序代码、编译和连接程序并生成可执行程序的环境。由于不同硬件组成形式的检测系统相应的软件系统结构不一致，所以在进行软件开发时所选择的开发平台也不同。

(1)对于标准总线检测系统。对硬件的控制通常是由制造厂提供的硬件驱动程序完成的，我们在编程时一般只需选择一种高级语言，一般直接采用现有的商品程序开发环境，如LabWindows/CVI、LabVIEW、VC++、VB 和 MATLAB 等，或者多种语言和开发环境混合使用，各取所长。

(2)对于专用计算机检测系统。如单片机系统，需要选择汇编语言(低级语言)或 C 语言进行开发。

(3)对于混合型计算机检测系统。由标准总线计算机系统(即主机，又称上位机)，加上由 CPU 或单片机构成的专用计算机检测系统(子系统，又称下位机)组成。当然，其软件开发平台应该既需要高级语言，又需要低级语言。

(4)对于网络化检测系统。这种系统的软件最复杂，除了上述的软件开发平台外，还需要涉及计算机网络与数据库开发平台。

3. 软件程序开发

根据硬件组成形式以及事先确定的软件结构，利用选择的软件开发平台，进行程序代码编写。这一过程实际上遵循"自底向上"的原则。先实现最底层子功能模块，再向上实现上一级功能，直至整个软件系统。

12.3.5　系统集成与系统维护

在进行检测系统设计的过程中，需要进行硬件电路和软件的调试与性能测试，以排除设计错误和各类故障，使所研制的检测系统(样机)符合设计要求。检测系统的调试包括硬件电路调试、软件调试和系统联调三部分。

检测系统硬件电路和软件的研制一般独立地平行进行。软件调试在硬件电路研制完成之前即应开始，硬件电路也须在无完整应用软件支持的情况下进行调试。这就必须借助各种开发工具和开发系统，以创造良好的硬件和软件调试环境。

在检测系统硬件、软件设计结束并分别调试通过后，需要进行硬件和软件系统集成，即将硬件系统和软件系统集成在一起进行联调：调试—找出设计错误和故障源—修改硬件电路和软件—再调试，此过程需要反复进行，直至排除所有错误并达到设计要求，这个阶段必须对每个被测对象测试程序进行逐项实验，并验收实验。

对于"微机嵌入式"检测系统，只有通过系统联调后才可将软件固化并组装整机系统。

当然，当检测系统验收实验后即可交付使用方试用和使用，研制方的后续工作就是根据试用和使用情况对检测系统进行维护和完善。

12.4 检测系统抗干扰设计

要保证检测系统安全、可靠地运行，必须进行抗干扰设计。

由于工作环境的恶劣与复杂因素，各种各样的干扰通过某些耦合方式进入检测系统，可能使检测结果误差加大、数据受干扰发生变化、程序运行失常，严重时甚至使检测系统不能正常工作。因此，在设计检测系统时，必须要考虑各种干扰的影响，采取相关的抗干扰措施，使我们设计的检测系统能最大限度地消除干扰产生的后果。

12.4.1 产生干扰的因素与干扰分类

通常把影响检测系统正常工作和结果的各种内部与外部因素的总和，称为干扰，有时也称干扰为噪声。在检测系统中，除了有用信号，其他信号均可认为是干扰信号。形成干扰必须有三个条件：干扰源、受干扰体、干扰传播途径，如图 12.5 所示。

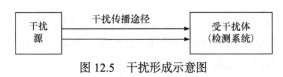

图 12.5 干扰形成示意图

按照干扰源产生的因素，通常可分为外部干扰和内部干扰两大类，每一类又包括若干种，如图 12.6 所示。

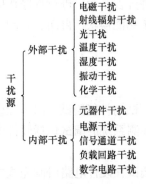

图 12.6 干扰源产生干扰的因素

1. 外部干扰

外部干扰主要来自外部环境的影响，包括电磁干扰、射线辐射干扰、光干扰、温度干扰、湿度干扰、振动干扰、化学干扰等。

(1) 电磁干扰。检测系统所在空间的电场和磁场的变化会在检测系统装置的有关电路或导线中感应出干扰电压，从而影响检测系统正常工作。这种电场和磁场通过电路与磁路对检测系统产生的干扰称为电磁干扰，它是最为普遍、影响最严重的干扰。

(2) 射线辐射干扰。检测系统所在空间的射线会使气体电离、半导体激发出电子-空穴对、金属逸出电子等，从而影响检测系统的正常工作。

(3) 光干扰。由于半导体具有光敏性，即在光的作用下半导体会改变其导电性能，产生电势与引起阻值变化，从而影响检测系统正常工作。因此，半导体元器件应对光进行屏蔽而封装在不透光的壳体内。

(4)温度干扰。环境温度的变化都会引起检测系统的电路元器件的参数发生变化。高温时内部材料极易氧化、干裂或软化，绝缘老化、元器件老化，电性能则下降。低温时内部材料收缩、变硬或发脆，引起检测系统电性能和机械性能变坏。另外，低温突变会导致仪表的结构材料变形和开裂等，特别是绝缘材料的破裂；而高温突变会在仪表内部电路上形成凝露，造成更大的电性能干扰。检测系统整体对环境温度的适应能力取决于仪表所采用的集成电路中工作温度范围最小的器件。

(5)湿度干扰。湿度增加会引起绝缘体的绝缘电阻下降，漏电流增加；电介质的介电系数增加，电容量增加；吸潮后骨架膨胀使线圈阻值增加，电感器变化；应变片粘贴后，胶质变软，精度下降等。通常采取的措施是：避免将其放在潮湿处，仪器装置定时通电加热去潮，电子器件和印刷电路浸漆或用环氧树脂封罐等。

(6)振动干扰。机械干扰是指由于机械的振动或冲击，仪表或装置中的电气元件发生振动、变形，使连接线发生位移、指针发生抖动、仪器接头松动等。对于这类干扰主要是采取减震措施来解决，如采用减震弹簧、减震软垫、隔板消震等措施。

(7)化学干扰。酸、碱、盐等化学物品以及其他腐蚀性气体，除了其化学腐蚀性作用将损坏仪器设备和元器件外，还能与金属导体产生化学电动势，从而影响仪器设备的正常工作。因此，必须根据使用环境对仪器设备采取必要的防腐措施，将关键的元器件密封并保持仪器设备清洁干净。

2. 内部干扰

内部干扰主要来自检测系统内部，包括元器件、电源、信号通道、负载回路、数字电路等内部干扰因素。

1)元器件干扰

若电阻器、电容器、电感器、晶体管、变压器和集成电路等电路元器件选择不当，材质不对，型号有误，焊接虚脱和接触不良时，就可能成为电路中最易被忽视的干扰源。

电阻器分固定电阻器和可变电阻器(电位器)，具有降压、限流作用，同时，还有热效应。从结构上讲，电位器触点接触不良容易造成接触噪声。电阻器产生干扰的直接原因是：电阻工作在额定功率的一半以上，产生热噪声；电阻材质较差，产生电流噪声；电位器因触点移动产生的滑动噪声；电阻器在交流信号的一定频率下会呈现电感或电容特性。

电容器不仅具有电容值，还具有电阻和电感量。不同材质的电容器会引起不同的噪声，例如，电容中铝电解电容易产生噪声；电路中电解电容的极性接反，也会产生较大的噪声。根据电容器的自身特性，在电路中产生干扰的原因主要有：选型错误，对用于低频电路、高频电路、滤波电路以及作为退耦的电容，没有根据电路的要求合理选择型号；忽视电容器的精度，在大多数场合，对电容器的电容值并不要求很精确，但在振荡电路、时间型电路及音调控制电路中，电容器的电容值需要非常精确；忽略电容器的等效电感；忽略电容器的使用环境温度和湿度。

电感器分为应用自感作用的电感线圈和应用互感作用的变压器或互感器。选用电感器件时，必须考虑电路的工作频率，由电感器产生干扰的主要原因是忽视了电感线圈的分布电容(线匝之间、线圈与地之间、线圈与屏蔽壳之间以及线圈中每层之间)。

信号连接器俗称插头、插座，也就是接插件，接插件产生干扰的原因主要有：接触不良，增加了接触阻抗；绝缘电阻不足，产生"爬电"现象；缺乏屏蔽手段，引入电磁干扰；接插件相邻两脚的分布电容过大；接插件的插头与插座之间缺乏固定连接措施；接插件的材质等。

2) 电源干扰

对于检测系统，电源电路是引入外界干扰的主要内部环节。检测系统的主要供电方式是工业用电网络。导致电源电路产生干扰的因素有：供给该系统的供电线缆上可能有大功率电器的频繁启动、停机；具有容抗或感抗负载的电器运行时对电网的能量回馈；通过变压器的初级、次级线圈之间的分布电容串入的电磁干扰等。这些都可能引起电源的过压、欠压、浪涌、下陷及尖峰等，这些电压噪声均通过电源的内阻耦合到检测系统内部的电路，从而对系统造成极大的危害。

3) 信号通道干扰

一般把检测系统中各种信号流过的回路称为信号通道，在进行检测系统设计时，信号通道的干扰不可忽视。电信号在输入回路中容易引入共模干扰和串模干扰。

差模干扰：又称串模干扰、线间干扰或横向干扰，它使检测仪表的一个信号输入端子相对另一个信号输入端子的电位差发生变化，即干扰信号与有用信号按电压源形式串联起来作用于输入端。因为它和有用信号叠加起来直接作用于输入端，所以它直接影响信号通道电路。如图 12.7 所示，U_S 为输入信号，U_n 为干扰信号。产生差模干扰的主要原因为信号线分布电容的静电耦合，信号线传输距离较长引起的互感，空间电磁的电磁感应以及工频干扰等。差模干扰常常使放大器饱和、灵敏度下降和零点偏移。

共模干扰：又称对地干扰、纵向干扰，它是相对于公共的电位基准点（通常为接地点），在检测系统的两个输入端子上同时出现的干扰。如图 12.8 所示，Z_{c1}、Z_{c2} 分别为干扰源阻抗，Z_{s1}、Z_{s2} 分别为信号传输线对地的漏阻抗。虽然干扰电压 U_n 不直接影响测量结果，但是当信号输入电路参数不对称时，它会转化为差模干扰，对测量产生影响，所以共模干扰对测量结果的影响更为严重。例如，在测量系统中，信号源和数据采集系统分别在两点接地，由于两个接地点的地电位不同，则地电位差就形成共模干扰源。

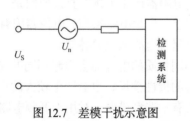

图 12.7　差模干扰示意图

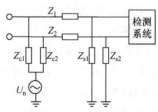

图 12.8　共模干扰示意图

4) 负载回路干扰

继电器、电磁阀和可控硅等动作性器件和电力电子器件，对检测系统的干扰是不可忽视的。继电器与电磁阀均是开关型动作的执行器件，完成控制任务。它们在断开时，电感线圈会产生放电和电弧干扰；闭合时，由于触点的机械抖动，形成脉冲序列干扰。这种干扰不加以抑制，会造成器件损坏。

可控硅等电力电子器件具有较强的干扰性。可控硅，也称为晶体闸流管，简称晶闸管。可控硅是一种能作强电控制的大功率半导体器件，实际上是一个可控的单(双)向导电开关，把交流电变换成大小可调的直流电,可进行变频和电源逆变,能在弱小电信号控制下,可靠地触发导通或关断强电系统的各种电路。应用可控硅时所产生的干扰有:可控硅整流装置是电源的非线性负载,它使电源电流中含有许多高次谐波,使电源的端电压波形产生畸变,影响仪表的正常工作;采用可控硅进行相位控制会增加电源电流的无功分量,降低电源电压,使之在相位调节时出现电源电压波动;可控硅作为大功率开关器件,在触发导通与关断切换时电流剧烈变化,使干扰通过电源线和空间传播,影响周围仪表的正常工作。

5)数字电路干扰

数字电路的输入和输出信号均只有高、低电平两种状态,且两种电平的翻转速度很快,为几十纳秒;数字电路基本上以导通或截止方式运行,工作速率比较高,对供电电路会产生高频浪涌电流,对于高速采样与信道切换等高速开关状态电路,会形成较大的干扰,甚至导致系统工作不正常。

12.4.2 干扰传播的途径

干扰源产生的干扰必须经过一定的传播途径才能进入检测系统。在实际中,从干扰源到被干扰检测系统的途径很多,寻找干扰源时必须具体问题具体分析。

1. 静电耦合

静电耦合又称电场耦合或电容耦合,是由于各种导线之间、元件之间、线圈之间以及元件与地之间均存在分布电容(也称寄生电容),使一个电路的电荷变化影响到另一个电路,从而干扰电压经分布电容通过静电感应耦合于有效信号。图 12.9 所示为静电耦合等效电路,U_1 表示静电干扰源输出电压,C_m 表示静电耦合的分布电容,Z_i 表示被干扰检测系统的等效输入阻抗,U_2 表示被干扰检测系统的静电耦合干扰电压。

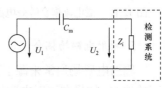

图 12.9 静电耦合等效电路

$$U_2 = \frac{Z_i}{Z_i + \dfrac{1}{j\omega C_m}} U_1 = \frac{j\omega C_m Z_i}{j\omega C_m Z_i + 1} U_1 \approx j\omega C_m Z_i U_1, \quad |j\omega C_m Z_i| \ll 1 \tag{12.1}$$

2. 电磁耦合

电磁耦合又称互感耦合,是由于两个电路之间存在互感,使一个电路的电流变化通过互感影响另一个电路。例如,在检测系统内部,线圈或变压器的漏磁是对邻近电路的一种很严重的干扰;在检测系统外部,当两根导线在较长一段区间平行架设时,也会产生电磁耦合干扰。在一般情况下,电磁耦合干扰可用图 12.10 所示的等效电路表示,图中,I_1 表示噪声源电流,M 表示两个电路之间的互感系数,U_2 表示通过电磁耦合感应的干扰电压。如果噪声源的角频率为 ω,则

$$U_2 = j\omega M I_1 \tag{12.2}$$

3. 公共阻抗耦合

公共阻抗耦合的干扰是在同一系统的电路和电路之间、设备和设备之间总存在公共阻抗。地线与地之间形成的阻抗为公共地阻抗。当一个电路中有电流流过时,通过共有阻抗便在另

一个电路中产生干扰电压。在检测系统内部，各个电路往往共用一个直流电源，这时电源内阻、电源线阻抗形成公共电源阻抗。当电流流经公共阻抗时，阻抗上的压降便成为噪声电压，如图 12.11 所示。

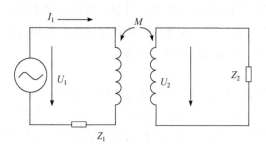

图 12.10　电磁耦合等效电路

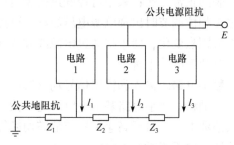

图 12.11　静电耦合等效电路

4. 漏电流耦合

漏电流耦合是由于绝缘不良，由流经绝缘电阻的漏电流所引起的噪声干扰。漏电流可以用图 12.12 所示的等效电路表示。U_1 表示干扰源输出电压，R 表示漏阻抗，Z_i 表示被干扰检测系统的等效输入阻抗，U_2 表示被干扰检测系统的漏电流耦合干扰电压，可得出

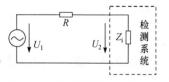

图 12.12　漏电流耦合等效电路

$$U_2 = \frac{Z_i}{Z_i + R} U_1 \qquad (12.3)$$

5. 辐射电磁场耦合

辐射电磁场通常来源于大功率高频电气设备、广播发射台、电视发射台等电能量交换频繁的地方。如果在辐射电磁场中放置一个导体，则在导体上产生正比于电场强度的感应电势。配电线特别是架空配电线都将在辐射电磁场中感应出干扰电势，并通过供电线路侵入检测系统的电子装置，造成干扰。

6. 传导耦合

在信号传输过程中，当导线经过具有噪声的环境时，有用信号就会被噪声污染，并经导线传送到检测系统而造成干扰。最典型的传导耦合就是噪声经电源线传到检测系统中。事实上，经电源线引入检测系统的干扰是非常广泛的和严重的。

12.4.3　抗干扰的基本措施

把消除或削弱各种干扰影响的全部技术措施，总称为抗干扰技术或防护。通常抗干扰技术包括屏蔽技术、隔离技术、接地技术、滤波技术、电路的设计和制作以及软件抗干扰措施等。

1. 屏蔽技术

屏蔽技术是利用金属材料对于电磁波具有较好的吸收和反射能力来抗干扰的。根据电磁干扰的特点选择良好的低电阻导电材料或导磁材料，构成合适的屏蔽体。利用铜或铝等低电阻材料制成的容器，将需要防护的部分包起来或者利用导磁性良好的铁磁材料制成的容器将

需要防护的部分包起来。

屏蔽一般分为三种：静电屏蔽、磁场屏蔽和电磁屏蔽。

(1)静电屏蔽。用导体做成的屏蔽外壳处于外电场时，由于壳内的场强为零，可使放置其内的电路不受外界电场的干扰；或者将带电体放入接地的导体外壳内，则壳内电场不能穿透到外部。使用静电屏蔽技术时，应注意屏蔽体必须接地。

(2)磁场屏蔽。用一定厚度的铁磁材料做成外壳，将仪表置于其内。由于磁力线很少能穿入壳内，可使仪表少受外部杂散磁场的影响。壳壁的相对磁导率越大，或壳壁越厚，壳内的磁场越弱。

(3)电磁屏蔽。用一定厚度的导电良好的金属材料做成的屏蔽层外壳，利用高频干扰电磁场在屏蔽金属内产生的涡流，再利用涡流磁场抵消高频干扰磁场的影响，从而达到抗高频电磁场干扰的目的。电磁屏蔽依靠涡流产生作用，因此必须用良导体，如铜、铝等做屏蔽层。将电磁屏蔽妥善接地后，其具有电场屏蔽和磁场屏蔽两种功能。

导线是信号有线传输的唯一通道，干扰将通过分布电容或导线分布电感耦合进信号中，因此导线的选取要考虑电场屏蔽和磁场屏蔽，可用同轴线缆。屏蔽层要接地，同时要求同轴线缆的中心抽出线尽可能短。有些元器件易受干扰，也可用铜、铝及其他导磁材料制成的金属网包围起来，其屏蔽体(极)必须接地。

原则上，屏蔽体单点接地，在仪表内部选择一个专用的屏蔽接地端子，所有屏蔽体都单独引线到该端子上，而用于连接屏蔽体的线缆必须具有绝缘护套。在信号波长为线缆长度的4倍时，信号会在屏蔽层产生驻波，形成噪声发射天线，因此要两端接地；对于高频而敏感的信号线缆，不仅需要两端接地，而且还必须贴近地线敷设。

仪表的机箱可以作为屏蔽体，可以采用金属材料制作箱体。采用塑料机箱时，可在塑料机箱内壁喷涂金属屏蔽层。

2. 隔离技术

隔离技术是抑制干扰的有效手段之一。隔离的目的是破坏干扰途径、切断噪声耦合通道。采用的隔离技术分为两类：空间隔离及器件性隔离。

空间隔离技术包括：①功能电路之间的合理布局，由于仪表由多种功能电路组成，当彼此之间相距较近时会产生"互扰"，应间隔一定的距离。例如，数字电路与模拟电路之间，智能单元与负载回路之间，微弱信号输入通道与高频电路之间等。②信号之间的独立性，例如，当多路信号同时进入仪表时，多路信号之间会产生"互扰"，可在信号之间用地线进行隔离。

器件性隔离一般有信号隔离放大器、信号隔离变压器和光电耦合器，这些通过电—磁—电、电—光—电的转换使有效信号与干扰信号隔离。①隔离变压器，两端接地的系统，地电位差通过地环回路对检测系统形成干扰。减小或消除类似这种干扰的一种方法是在信号传输通道中接入一个变压器。变压器隔离法适用于传输交变信号的电路噪声抑制。②光电耦合器隔离方法是在电路上接入一个光耦合器，即用一个光电耦合器代替变压器，用光作为信号传输的媒介，则两个电路之间既没有电耦合，也没有磁耦合，切断了电和磁的干扰耦合通道，从而抑制了干扰。一般的光电耦合器广泛用于数字接口电路中的噪声抑制。

3. 接地技术

接地技术的目的：一是安全性，二是抗干扰。

1）电力系统接地技术

在电力系统中，为了保护人身和设备安全，常把电网的零线及各种设备的外壳接大地，这种技术称为接地技术。按一定技术要求埋入地中并且直接与大地接触的金属导体是接地体，电气设备与接地体连接的金属导体称为接地线，接地体与接地线统称接地装置；接地就是将电气设备的某一部分通过接地装置同大地连接起来；接地电阻是指接地体或自然接地体的对地电阻和接地线电阻的总和，按照国家有关部门的规定，出于安全考虑，接地电阻的阻值应为 4～10Ω，仪器设备、计算机等的接地电阻应小于 2Ω，防雷接地电阻应小于 1Ω。按接地目的的不同，接地技术主要可分为工作接地、保护接地和保护接零三种，如图 12.13 所示。

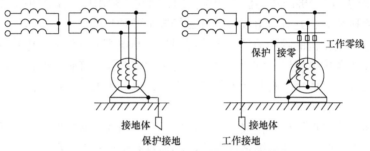

图 12.13　工作接地、保护接地和保护接零

（1）工作接地。采用三相四线制供电的电力系统由于运行和安全的需要，常将配电变压器的中性点接地，这种接地方式称为工作接地。从配电变压器(或发电机)的中性点引出一条线称为中线(也称工作零线)。引入工作接地的作用：可迅速切断故障设备，降低人体所承受的触电电压，降低电力线路和用电设备对地的绝缘水平，降低成本。

（2）保护接地。在中性点不接地的低压系统中，为保证电气设备的金属外壳或框架(正常情况下是不带电的)在漏电时，对接触该部分的人起保护作用而进行的接地称为保护接地。

（3）保护接零。就是将电气设备的金属外壳接到零线(或称中性线)上，宜用于中性点接地的低压系统。图 12.13 所示的是电动机的保护接零。当电动机某一相绕组的绝缘损坏而与外壳相接时，就形成单相短路，迅速将这一相中的熔丝熔断，因而外壳便不再带电。即使在熔丝熔断前人体触及外壳，也由于人体电阻远大于线路电阻，通过人体的电流也是极为微小的。注意：在中性点接地的系统中一般采用保护接零，而不采用保护接地。

（4）重复接地。在中性点接地系统中，除采用保护接零外，还要采用重复接地，就是将零线相隔一定距离多处进行接地，如图 12.14 所示。这样，在图中当零线在"×"处断开而电动机一相碰壳时，如果无重复接地，人体触及外壳，相当于单相触电，是有危险的(图 12.14)。如果有重复接地，由于多处重复接地的接地电阻并联，外壳对地电压大大降低，降低了危险程度。为了确保安全，零干线必须连接牢固，开关和熔断器不允许装在零干线上。

（5）保护零线。在三相四线制系统中，由于负载往往不对称，工作零线(中线)通常有电流，因而工作零线对地电压不为零，距电源越远，电压越高，但一般在安全值以下，无危险性。为了能使保护的作用更安全，确保设备外壳对地电压为零，规定：在采用保护接零的同时，还应专设一条保护零线，如图 12.15 所示。工作零线在进建筑物入口处(配电盘)要接地，进户后再另设一保护零线，这样就成为三相五线制：对三相用电设备供电时，将有五条入户线，即三条火线(相线)、一条中线、一条保护零线；对单相负载供电时，有三条入户线，即一条火线(相线)、一条中线、一条保护零线。所有的接零设备都要通过三孔插座接到保护零线上。在正常工作时，工作零线中有电流，保护零线中不应有电流。

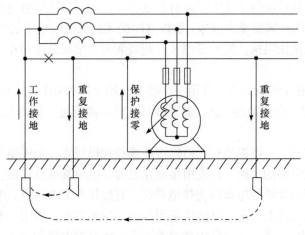

图 12.14　重复接地

图 12.15(a)是三相对称负载的正确连接。图 12.15(b)是三相不对称负载的正确连接。图 12.15(c)是单相负载的正确连接，当绝缘损坏，外壳带电时，短路电流经过保护零线，将熔断器熔断，切断电源，消除触电事故。图 12.15(d)是单相负载的不正确连接，因为如果在"×"处断开，绝缘损坏后外壳便带电，将会发生触电事故。图 12.15(e)的单相负载忽略接零，如果在使用手电钻、电冰箱、洗衣机、台式电扇等日常电器时，忽视外壳的接零保护，插上单相电源就用，将十分不安全，一旦绝缘损坏，外壳也就带电。

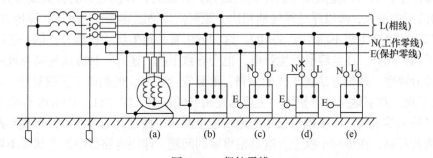

图 12.15　保护零线

(a) 三相对称负载；(b) 三相不对称负载；(c) 单相负载(接零正确)；
(d) 单相负载(接零不正确)；(e) 单相负载(忽略接零)

2) 检测系统接地技术

在检测系统这种"弱电"系统中，"地"是指输入信号与输出信号的公共基准电位点，可以理解为一个等电位点或等电位面，它本身可能是与大地相隔离的，而接地不仅是保护人身和设备安全，也是抑制噪声干扰、保证系统工作稳定的关键技术。

检测系统的"地"应用于不同的场合，就有了不同的名称，如大地、系统(基准)地、模拟(信号)地和数字(信号)地等。

(1)一点接地和多点接地。一般来说，系统内印刷电路板接地的基本原则是高频电路应就近多点接地，低频电路应一点接地。因为在低频电路中，布线和元件间的电感并不是大问题，而公共阻抗耦合干扰的影响较大，因此，常以一点为接地点。高频电路中各地线电路形成的环路会产生电感耦合，增加了地线阻抗，同时各地线之间也会产生电感耦合。在高频、甚高频时，尤其是当线长度等于 1/4 波长的奇数倍时，地线阻抗就会变得很高。这时的地线就变成了天线，可以向外辐射噪声信号。所以这时的地线长度应小于信号波长的 1/2，才能防止辐射干扰，并降低地线阻抗。实验证明，在超高频时，地线长度应小于 25mm，并要求地线镀银处理。

一般来说，频率在 1MHz 以下，可用一点接地；而高于 10MHz 时，则应多点接地。在 1～10MHz 时，如果采用一点接地的方式，其地线长度就不能超过波长的 1/20。否则，应采用多点接地的方式。

对于具体接地方式，一点接地有放射式接地线路和母线式接地线路方式。放射式接地方式就是电路中各功能电路的"地"直接用接地导线与零电位基准点连接；母线式接地线路是采用具有一定截面积的优质导电体作为接地母线，直接接至零电位点，电路中的各功能块的"地"，可就近接至该母线上。而多点接地采用平面式接地方式，利用一个良好的导电平面体(如采用多层线路板中的一层)接至零电位基准地上，各高频电路的"地"就近接至该"地平面"。若电路中高低频均有，可将上述接地方法组合使用。

(2)交流地与信号地。在一段电源地线的两点间会有数毫伏，甚至几伏电压。对低电平的信号电路来说，这是一个非常严重的干扰，必须加以隔离和防止，因此，交流地和信号地不能共用。

(3)浮地与接地。多数的系统应接大地，有些特殊的场合，如飞行器或船舰上使用的仪器仪表不可能接大地，则应采用浮地方式。系统的浮地就是将系统的各个部分全部与大地浮置起来，即浮空，其目的是阻断干扰电流的通路。浮地后，检测电路的公共线与大地(或者机壳)之间的阻抗很大，所以浮地同接地相比，能更强地抑制共模干扰电流。浮地方法简单，但全系统与地的绝缘电阻不能小于 50MΩ。这种方法有一定的抗干扰能力，但一旦绝缘下降便会带来干扰；此外，浮空容易产生静电，也会导致干扰。还有一种方法是将系统的机壳接地，其余部分浮空。这种方法抗干扰能力强，而且安全可靠，但制造工艺较复杂。

(4)数字地。数字地又称逻辑地，主要是逻辑开关网络，如 TTL、CMOS 印刷电路板等数字逻辑电路的零电位。印刷电路板中的地线应呈网状，而且其他布线不要形成环路，特别是环绕外周的环路，在噪声干扰上，这是很重要的问题。印刷电路板中的条状线不要长距离平行，不得已时，应加隔离电极和跨接线或做屏蔽处理。

(5)模拟地。当仪器仪表进行数据采集时，需要对信号进行输入处理。其中，A/D 转换为常用方式，而模拟量的接地问题是必须重视的。当输入 A/D 转换器的模拟信号较弱(0～50mV)时，模拟地的接法显得尤为重要。为了提高抗共模干扰的能力，可采用三线采样双层屏蔽浮地技术。三线采样，就是将地线和信号线一起采样，这样的双层屏蔽技术是抗共模干扰最有效的办法。在实际应用中，由于传感器和机壳之间容易引起共模干扰，所以 A/D 转换器的模拟地一般采用浮空隔离的方式，即 A/D 转换器不接地，它的电源自成回路，A/D 转换器和计算机的连接通过脉冲变压器或光电耦合器来实现。

(6)信号地(传感器的地)。在检测系统中，传感器是重要的组成部分，但一般的传感器输出的信号都比较微弱，传输线长，易受到干扰影响。所以，传感器的信号传输线应当采取屏蔽措施，以减少电磁辐射影响和传导耦合干扰。

(7)屏蔽接地。其目的是避免电场、磁场对系统的干扰。实际中屏蔽的接法根据屏蔽对象的不同也各有不同。电场屏蔽的目的是解决分布电容的问题，一般以接大地的方式来解决。电磁场屏蔽主要是为了避免雷达、短波电台等高频电磁场的辐射干扰问题，屏蔽材料要利用低阻金属材料，最好接大地。磁路屏蔽是为了防磁铁、电动机、变压器、线圈等磁感应和磁耦合而采取的抗干扰方法，其屏蔽材料为高磁材料。磁路屏蔽以封闭式结构为宜，并且接大地。检测系统分机中的高增益放大电路最好用金属罩屏蔽起来，并将屏蔽体接到放大电路的公共端，将寄生电容短路以防止反馈，达到避免放大电路振荡的目的。

若信号电路是一点接地，低频电缆的屏蔽层也应是一点接地。如果电缆的屏蔽层接地点有一个以上，就会产生噪声电流。对于扭绞电缆的芯线来说，屏蔽层中的电流便在芯线中耦合出不同的电压，形成干扰源。

若电路有一个不接地的信号源与一个接地的(即使不是接大地)放大电路相连，输入端的屏蔽应接至放大电路的公共端。相反，若接地的信号源与不接地的放大器连接，即使信号源接的不是大地，放大电路的输入端也应接到信号源的公共端。

(8)功率地。这种地线的电流较大，接地线应较粗，且与小信号地线分开，连直流地。

4. 滤波技术

1)硬件滤波

共模干扰并不直接对电路引起干扰，而是通过输入信号回路的不平衡转换成串模干扰来影响电路的。对信号进行滤波是抑制串模干扰的常用方法之一。根据串模干扰的频率与被测信号频率的分布特性，选用低通、高通或带通滤波器等。滤波器有两种：一是由电阻、电容、电感构成的无源滤波器；二是基于反馈式运算放大器的有源滤波器。一般串模干扰的频率比实际信号大，因此可采用无源阻容低通滤波器或有源低通滤波器。

2)软件滤波

由于经济和技术等因素，干扰不可能通过硬件措施完全消除掉，在信号数据进入计算机正式使用之前，经过软件抗干扰会取得更好的抗干扰效果。软件抗干扰通常采用数字滤波方法，在检测系统中，比较常用的数字滤波方法如下。

(1)最小二乘滤波可滤除正态分布的零均值随机干扰。该方法是对某一测量值连续采样数次，取其平均值作为本次测试值。

(2)滤波系数法可消除一些瞬间干扰。该方法是把上次采样值作为基础，加上或减去二次采样值，从而得到采样滤波后的数值。

(3)加权滤波法速度较快，实时性强，适用于快速测试系统。该方法是将前几次采样滤波后的数据和本次采样滤波前的数据各按一定的百分比计算后叠加而得本次采样滤波后的数值。

(4)中位值滤波法对去除脉冲性噪声比较有效。这种方法是对某被测参数连续采三次以上的值，取其不大不小的中位值作为该参数的测试值。

(5)RC低通数字滤波法是仿照模拟系统的RC低通滤波器的方法，用数字形式实现低通滤波。其计算公式如下：$Y(k)=(1-\alpha)Y(k-1)+\alpha X(k)$，其中，$X(k)$ 为第 k 次采样时滤波器输入值；$Y(k)$ 为第 k 次采样时滤波器输出值；$Y(k-1)$ 为第 $k-1$ 次采样时滤波输出值；$\alpha=1-e-T/c$ 称为滤波平滑系数，c 为数字滤波器的时间常数，T 是采样周期。

(6)滑动平均滤波法可削弱瞬态干扰的影响，对频繁振荡的干扰抑制能力强。该方法是每采样一次就与最近的 $N-1$ 次的历史采样值相加，然后用 N 去除，得到的商作为当前值。

5. 电路的设计和制作

构成电路的基本单元是元器件，选择合适的元器件是抑制干扰的基本保证。

电阻器应尽可能选用金属膜电阻，缩短接线长度。

用于低频、旁路场合的电容器，可以采用纸介电容器；在高频和高压电路中，应选用云母电容器或陶瓷电容器；在电源滤波或退耦电路中，用电解电容器。铝电解电容易产生噪声，钽电容漏电小，长期稳定性好且频率稳定，是首选的电容器件。

用接插件时应注意：①选用带金属壳的线缆接插件和喷镀金属的导电塑料垫；②对于屏蔽线缆的屏蔽金属网，弯折后缠绕上铝箔，用接插件的夹子夹紧，再固定到金属壳上；③接插件要与仪表良好地固定，不会随振动而松动。

1)电路的设计

设计模拟电路时，要注意以下几点：①对输入信号，加设模拟滤波电路；②电压频率转换器中的积分电容器需要屏蔽隔离，并单点接地；③将模拟电路和数字电路分开一定的距离安装，模拟地与数字信号地在线路板上不能短接。

设计数字电路时，要注意以下几点：①增加退耦电容，在数字集成电路的电源和地之间并入一个退耦电容器；②时序匹配；③采用光电耦合器进行数字信号的传输。

为有效抑制共模干扰，增大共模抑制比，采用差动方式传输和接收信号，并采用光电耦合器或变压器对信号进行电气隔离。若信号在极为恶劣的环境中传输，可将有效信号转换成具有大电压和电流的强信号或者采用光纤传输技术。采用双绞线做信号传输线，并增设滤波器。采用双绞线做信号线，能使双绞线中各个小环路的感应电势互相呈反向抵消，减少电磁感应。

2)印刷电路板的制作

(1)减少辐射干扰。当电路中采用肖特基电路和动态数据存储器时，电源电流随工作状态的变化而产生辐射现象，应在集成电路近处增设旁路电容退耦，以降低电源线阻抗，缩小电流环路，使电路稳定工作。

(2)抑制电源线和地线阻抗引起的振荡。每个集成电路的电源和地之间接旁路电容，缩短开关电流的流通途径；将电源线和地线布局成棋格状，缩短线路回路；将电路中的地线设计成封闭回路，将电源线和地线设置得粗一些。

(3)合理布局和走线。以双层线路板为例，一面为水平走向，另一面为垂直走向；在线路必须折向时，以 45°为宜，90°处会增加电压驻波；线路的粗细由线路的功能来定。

(4)采用最新技术。若电路要求很高，建议采用多层线路板。多层线路板的特点是：①内层有专用的电源层和地线层，极大地降低了电源线路的阻抗，有效减少了公共阻抗干扰；②由于对信号线都有均匀的接地面，信号的特性阻抗稳定，减少了由反射引起的波形畸变；③加大了信号线和地线之间的分布电容，减少了信号的串模干扰。

印刷电路板的制作还可采用小型母线和条形电源母线。小型母线(minibusbar，简为minibus)是敷设于印刷电路板上的向各个集成电路供电的导电线条，同时还可做地线使用，本身具有电容作用，既旁路噪声，又利于散热。采用小型母线技术的双面线路板，其线路板功能接近四层线路板。

6. 软件抗干扰措施

干扰不仅影响检测系统的硬件，而且对其软件系统也会形成破坏。例如，造成系统的程序"跑飞"、进入死循环或死机状态，使系统无法正常工作。因此，软件的抗干扰设计对计算机检测系统是至关重要的。

除了前面介绍的数字滤波软件抗干扰措施外，还有软件陷阱、"看门狗"技术等。

软件陷阱是通过指令强行将捕获的程序引向指定地址，并在此用专门的出错处理程序加以处理的软件抗干扰技术。前面提到干扰可能会使程序脱离正常的运行轨道，软件陷阱技术可以让"跑飞"的程序安定下来。在程序固化时，在每个相对独立的功能程序段之间，插入转跳指令，如 LJMP 0000H，将程序存储器(EPROM)后部未用区域全部用 LJMP 0000H 填满，一旦程序"跑飞"进入该区域，会自动完成软件复位。将 LJMP 0000H 改为 LJMP ERROR(故障处理程序)，可实现"无扰动"复位。

Watchdog 俗称看门狗，即监控定时器，是计算机检测系统中普遍采用的抗干扰和可靠性措施之一。Watchdog 有多种用法，其主要用于因干扰引起的系统程序"跑飞"的出错检测和自动恢复。它实质上是一个可由 CPU 复位的定时器，原则上由定时器以及与 CPU 之间的适当的输入/输出接口电路组成，如振荡器加上可复位的计数器构成的定时器、各种可编程的定时器/计数器(如 Intel 8253/8254 等)、单片机内部的定时/计数器等。

12.5　检测系统可靠性设计

12.5.1　可靠性的基本概念

可靠性就是指产品在规定条件下、规定时间内，完成规定功能的能力。可靠性技术是研究如何评价、分析和提高产品可靠性的一门综合性的边缘科学。可靠性技术与数学、物理、化学、管理科学、环境科学、人机工程以及电子技术等各专业学科密切相关并相互渗透。研究产品可靠性的数学工具是概率论和数理统计学；暴露产品薄弱环节的重要手段是进行环境实验和寿命实验；评价产品可靠性的重要方法是收集产品在使用或实验中的信息并进行统计分析；分析产品失效机理的主要基础是失效物理；提高产品可靠性的重要途径是开展可靠性设计和可靠性评审，通过产品的薄弱环节进行信息反馈，应用可靠性技术改进产品的可靠性设计、制造。与此同时，还需开展可靠性管理。

产品的可靠性是一个与许多因素有关的综合性的质量指标。为了综合反映出产品的耐久性、无故障性、维修性、可用性和经济性，可以用各种定量的指标表示，这就形成了一个指标系列，具体的一个产品采用什么指标要根据产品的复杂程度和使用特点而定。

一般对于可修复的复杂系统和设备，常用可靠度、平均无故障工作时间(MTBF)、平均可修复时间(MTTR)、有效寿命、可用度和经济性等指标。对于不可修复产品或不予修复产品，如耗损件、电子元件及传感器(不是所有的传感器)，常常采用可靠度、可靠寿命、故障率(失效率)、平均寿命(MTTF)等指标。材料可靠性往往采用性能均值和均方差等特性作为指标。下面简单介绍其中的几个指标。

(1)可靠度。产品在规定条件下和规定时间内，完成规定功能的概率称为产品的可靠度函数，简称可靠度。往往用 $R(t)$ 表示。

(2)寿命分布函数。产品在规定条件下和规定时间内失效的概率称为寿命分布函数(有的书中称为累积失效概率、失效(故障)分布函数、不可靠度)，可用 $F(t)$ 表示。有 $F(t)+R(t)=1$ 的关系。

(3)平均寿命。平均寿命标志产品平均工作时间的长短，能直观地反映产品的可靠性水平。对不可修复产品，指产品从开始使用直至失效前的时间的平均值，记为 MTTF。对于可修复产品，平均寿命是指一次故障后到下一次故障发生之前的时间的平均值，一般称为平均无故障工作时间，记为 MTBF。

12.5.2 可靠性设计的基本概念

检测系统的功能是在设计时确定的，而其可靠性，也是在设计时确定的。因此在进行检测系统设计时，可靠性设计也是一项重要内容。

可靠性设计就是通过预计、分配、分析、改进等一系列可靠性工程活动，把可靠性定量要求设计到产品的技术文件和图样中，从而形成产品的固有可靠性。在进行可靠性设计时，要在产品的性能、质量、费用等各方面的要求之间进行综合权衡，从而得到产品的最优设计。产品的性能包括效能、精度、功耗、体积和质量等；产品质量包括可靠性、维修性、安全性和操作性等；产品的费用包括研制费用、生产费用和维修费用等。

1. 典型的可靠性设计程序

首先是明确可靠性指标，包括可靠度、平均故障间隔时间、失效率、平均修复时间、修复率、可用度等，产品的可靠性指标应与产品的功能、性能一起被确定。然后依次是建立系统可靠性模型、可靠性指标分配、可靠性分析、可靠性预测、可靠性设计和评审，以及试制品的可靠性实验和最终的改进设计。

2. 可靠性设计原则

首先要尽量简单，元件少、结构简单、工艺简单、使用简单、维修简单。其次是技术上成熟、选用合乎标准的原材料和元件、采用保守的设计方案。对于看似先进但不够成熟的产品或技术应持慎重的态度。采用局部失效不致对全局造成严重后果和预测可靠性高的方案。

12.5.3 可靠性设计方法

在进行可靠性设计时，元器件的选择是根本，合理安装和调试是基础，进行系统设计是手段，外部环境是保证，这是可靠性设计遵循的基本准则，并贯穿于系统设计、安装、调试、运行的全过程。

1. 元器件的可靠性设计

元器件是组成系统的基本单元，其特性好坏与稳定性直接影响整个测试系统的性能与可靠性。因此，在可靠性设计中，首要的工作是精选元器件，使其在长期稳定性、精度等级方面满足要求。在设计中应遵循设计规范和要求，确保逻辑关系、时序关系、电气匹配关系的正确性。

(1)严格进行元器件的选购。元器件的质量主要由制造商的技术、工艺及质量管理体系保证，采购元器件之前应首先对制造商的产品质量进行了解。可通过制造商提供的有关数据资料获得，也可以通过用户调查来了解。元器件、零部件优选的一般原则是：尽可能选用标准件、通用件；根据元器件、零部件的质量、供应能力、可靠性和筛选等级的优先顺序选择使用；定期收集所选范围内元器件、零部件的使用和质量评比等情况。

(2)老化筛选和测试。元器件在装机前应经过老化筛选，淘汰质量不佳的元器件。筛选的目的是减少系统的早期故障和有效地将其故障率降低到可接受水平。老化处理的时间长短与所用的元件量、型号、可靠性要求有关，一般为24h或48h。老化后进行测试时应注意淘汰功耗偏大、性能指标明显变化或不稳定的元器件。老化前后性能指标保持稳定的是优选的元器件。

(3)降额设计。为了提高系统可靠性，在产品设计时，可以选择额定值超过设计要求的元器件，使其在低于额定应力条件下工作。

(4)漂移设计。一些元器件在使用过程中有时会发生特性变化——漂移，当参数漂移到一定范围时可导致系统故障。为了防止这种漂移引起的系统失效，除选用高质量的元器件外，还在电路上将元件参数作为随机变量处理，根据概率论求出电路的漂移范围，再重新选择元器件的方法称为漂移设计。

(5)选用集成度高的元器件。如果元器件的集成化程度提高，则系统选用芯片的数量可减少，使得印刷电路板布局简单，减少焊接和连线，因而可降低故障率和受干扰的概率。

2. 硬件系统的可靠性设计

(1)电磁兼容性设计。

电磁兼容性是指测试系统在电磁环境中的适应性，即能保持完成规定功能的能力。电磁兼容性设计的目的是使系统既不受外部电磁干扰的影响，也不对其他电子设备产生影响。电磁兼容性设计具体方法参见12.4节。

(2)抗冲击和振动设计。

在冲击和振动作用下，测试系统的元器件可能失效，部件可能松动。其主要失效模式为：电阻、电容、晶体管、集成电路等引线发生断裂、焊点开焊等；高频振动可能使功率电阻、电解电容器上绝缘层损坏；接插件松动；显示器工作不正常。为了减少冲击和振动，可以采用以下几种方法。

①减振设计。减振设计采用的是隔离技术，即在振动源与可能振动的部件或设备之间装入专用隔离介质，以此来削弱振动源传递到部件或设备的能量。常用的减振器有金属弹簧减振器、橡胶减振器、蜂窝状纸质减振器、泡沫聚苯乙烯塑料块等。对于车载、机载、舰载测试系统一般都应加装减振装置。对于工作在振动强烈的生产现场的测试系统也应加装减振装置。

②阻尼设计。阻尼设计方法是借助阻尼材料的阻尼性能，消耗外来的振动能量。

③去耦技术。其目的是防止共振。尽量提高设备的固有振动频率，使设备和元器件

的频率不等于外来振源的频率。例如，对于电阻器和电容器一般通过剪短引线来提高固有频率。

(3)冗余设计。冗余技术也称容错技术，如果系统中某种部件满足不了可靠性要求，通过增加完成同一功能的并联或备用单元数目，以防止系统出现故障，这种以多余的资源换取系统可靠性的设计称为冗余设计。例如，在电路设计中，对容易产生短路的部分，以串联形式复制；对容易产生开路的部分，以并联的形式复制。

(4)热设计。为防止由于有源元器件的散热使机箱(腔内)温度升高而导致元器件材料老化失效的设计称为热设计。热设计的原则一般是减少发热量(如尽量选用小功率元件、减少发热元件数量等)和加强散热(如安装散热片、风冷、水冷等)。

3. 软件系统的可靠性设计

任何一个检测系统的软件都难以保证没有错误。通过系统应用软件的容错设计可以减少错误，使系统由于软件问题而出错的概率降低，即软件系统的可靠性提高了。

根据产品可靠性定义，软件可靠性是软件在规定的条件下、规定的时间周期内执行所要求功能的能力。所以软件的可靠度也可定义为软件在规定的条件下、规定的时间周期内不引起系统故障的概率。

软件可靠性的主要标志是软件能否真实而准确地描述要实现的各种功能。为了提高软件的可靠性，应尽量将软件规范化、标准化和模块化，尽可能把复杂的问题化成若干较为简单、明确的小任务。把一个大程序分成若干独立的小模块，模块化设计有助于及时发现设计中的不合理部分，而且检查和测试几个小模块要比检查和测试大程序方便得多。应用软件的测试工作是保证应用软件质量的关键。

软件可靠性在可靠性工程的研究领域中是一个新课题，在进行检测系统设计时应该兼顾硬件可靠性和软件可靠性，综合考虑，使我们设计的检测系统能可靠、高效、无故障地运行。

4. 可靠性验证

可靠性验证的目的是在可靠性预计的基础上进一步考核、检查研制产品的可靠性水平。根据产品的使用环境和研制工作的具体情况，本系统在研制过程中，对重点的自研产品部件、单机进行可靠性考核。考虑到软件产品目前尚没有严格的可靠性考核、实验方法，软件的可靠性指标纳入系统的可靠性指标中一并检查、验收。

12.6　检测系统设计实例

12.6.1　近红外光谱检测系统设计

1. 近红外光谱品质检测原理

通常称介于可见光谱区和中红外光谱区波长范围为 780~2500nm(波数范围 12820~4000cm^{-1})的一段电磁波为近红外光谱区。近红外光谱法(near infrared spectroscopy analysis,

NIRS)已广泛应用于工业、农业、医学以及药物学等领域。在工业领域，近红外光谱分析技术已用于石油化工行业中汽油辛烷值的在线检测、卷烟行业中烟叶品质检测、生物制药行业中药品成分分析等。

在农业领域，近红外光谱分析可用于与蛋白质、氨基酸、脂肪、直链淀粉、水分以及其他营养成分有关的分析，适合对各种农产品（小麦、大米、玉米、番茄、西瓜等）进行品质分析。相对于传统化学分析方法，近红外光谱分析因方便、快捷、无环境污染、成本低而越来越被人们重视。

近红外光谱分析利用物质对近红外辐射的吸收总量与成分总量呈线性关系的原理。如果预先知道一定数量样品的成分含量，同时采集了它们的光谱，就利用二者建立起光谱校正模型，以后新样品只需采集其光谱，代入前面建立的模型，即可预测出该样品的成分含量。由此可见，近红外光谱分析用于品质检测的流程分为两部分：建模和预测。

1）光谱校正模型的建立

建立光谱校正模型的流程如图 12.16 所示，首先选取一定数量的样品，采用标准化学方法测量出它们的组分浓度化学值（又称为标准值），并选用光谱仪测量出它们的近红外光谱信号；再运用各种定性分析方法（如聚类法等）把所选择的样品分为校正集和预测集，通过校正集的光谱信号（须经过预处理）和浓度值（也须经过预处理）的关系，利用各种多元校正方法，如主成分分析（principle components analysis，PCA）法、偏最小二乘（partial least squares，PLS）法、人工神经网络（artificial neural network，ANN）等，建立预测模型；进一步通过预测集的光谱信号（须经过与校正集光谱信号相同的预处理方法）和建立的预测模型预测出对应的组分浓度化学值来检验预测模型，如果预测误差在允许范围内，就输出预测模型，否则，重新划分校正集和预测集再次建立模型，直到模型满足要求。

2）未知样品的组分浓度预测

未知样品组分浓度预测的流程如图 12.17 所示，首先在与建模时相同的条件下测量未知样品的近红外光谱信号，并采用与建模时相同的预处理算法；其次选择适当的预测模型，选取与模型中光谱相同的波长区间，并进行模型适应度检验；根据该模型和未知样品的近红外光谱信号预测出未知样品组分浓度值。

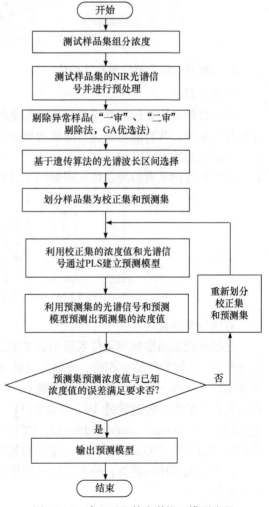

图 12.16　建立近红外光谱校正模型流程

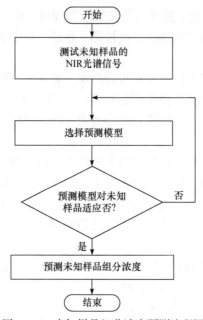

图 12.17　未知样品组分浓度预测流程图

2. 近红外光谱品质检测系统设计

1) 系统目标

系统目标是建立近红外光谱品质检测系统，包括近红外光谱采集硬件系统和近红外光谱分析软件系统。其功能是快速、准确地检测样品的品质。

2) 系统总体方案设计

近红外光谱品质检测系统框图如图 12.18 所示。采用典型的 PC 总线检测系统构成形式。

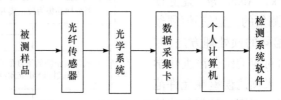

图 12.18　近红外光谱品质检测系统框图

3) 硬件系统设计

近红外光谱品质检测硬件系统示意图如图 12.19 所示。光源 1 发出的光，通过透镜 2 汇入光纤 3，传输到样品室 5 前，先通过透镜 4 变成平行光，该平行光透过样品后，会在近红外光谱区被吸收一部分，然后经过透镜 6、光纤 7、透镜 8、透镜 9 进入封闭的分光系统；进入分光系统的光，经过狭缝 10、反光镜 11、准直镜 12、平面光栅 13、球面镜 14 后照射到电荷耦合器件 (charge coupled devices，CCD) 检测器 15，输出电信号，最后通过 A/D 转换器采样后以数字信号形式输出，即可保存为光谱文件。

这里光谱采用溴钨灯；分光元件采用平面光栅，其作用是将多色光转化为单色光，是一个核心部件。

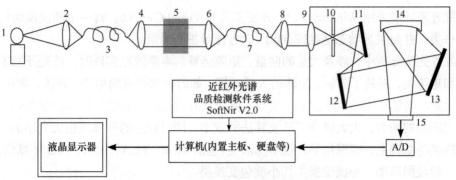

图 12.19 近红外光谱品质检测硬件系统示意图

1—光源；2、4、6、8、9—透镜；3、7—光纤；5—样品室；10—狭缝；11—反光镜；

12—准直镜；13—平面光栅；14—球面镜；15—CCD 检测器

另一个重要器件为 CCD 检测器，其作用为检测近红外光与样品作用后携带样品信息的光信号，将光信号转变为电信号。CCD 检测器是多通道检测方式，能同时接收指定光谱范围内的光信号。

4) 软件系统设计

根据上述系统目标，近红外光谱品质检测软件系统的功能结构划分为光谱扫描、光谱文件管理、表格化与图形化显示、光谱信号处理、建立校正模型、未知样品预测六大模块，如图 12.20 所示。

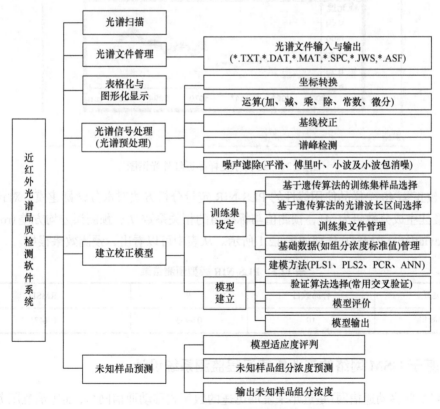

图 12.20 近红外光谱品质检测软件系统

系统开发环境采用 Windows XP；开发工具为 Visual C++ 6.0。每一个功能模块均建立独立的 C++类，并封装为动态链接库（DLL），方便维护与升级。

近红外光谱分析中，涉及大量的向量、矩阵运算。本系统在实现时，首先开发了 C++的向量类和矩阵类，封装了向量、矩阵的大量运算，如向量和矩阵的加法、减法、乘法、转置、求逆等运算。向量和矩阵运算的 C++实现，使得所有的近红外光谱分析算法都可以调用该向量类和矩阵类的函数，大大提高了开发算法的效率，同时程序的可读性也大大增加。在向量类和矩阵类的基础上，实现化学计量学算法类（包括 MLR、PCA、PCR、PLS 等算法）、遗传算法类、神经网络类、小波变换类和小波包变换类。

3. 近红外光谱品质检测实例分析

采用 Thermo Galactic 公司的 GRAMS/32 V6（try_gala.exe）软件提供的 50 份小麦样品光谱数据和水分百分含量数据，其光谱如图 12.21 所示，波长范围为 1000～2617nm，波长为 1011。将该 50 个样品随机选出 40 个作为校正集，余下的 10 个作为预测集。

图 12.21　50 份小麦样品近红外光谱图

如将校正集 40 个样品使用线性的 PLS-NIR 定量分析方法对水分含量建模，对预测集进行预测（最佳主成分数目为 4），预测值与标准值的相关系数 R、预测误差均方差（root mean squared deviation，RMSD）分别如表 12.1 所示。从表中可以看出，预测效果很好。

表 12.1　PLS-NIR 模型预测结果

类型	样品数目	R	RMSD
预测集	10	0.9963	0.1471

12.6.2　基于 GSM 网络的工业氯气远程监测系统设计

GSM（全球移动通信网）是近年来发展迅速的数字式移动通信网络，而短消息服务是其提供的一项重要业务。其简便快捷的性能和相对低廉的收费赢得了广大用户的青睐，同时也为许多类型的无线远程监测提供了技术手段。

基于 GSM 网络的无线远程数据监测系统，主要由上位机(监测中心)和下位机(监测站)两部分组成。监测站的核心是单片机系统(此类单片机设置了全双工的串行口，可以同时进行接收和发送，可以选择多种通信模式)，实现的功能是数据采集、发送等，控制 GSM 模块向监测中心发出打包后的数据；监测中心的核心是 PC 以及由 Visual C++语言编写的监测软件，主要功能是数据接收、存储，参数比较，发送报警消息等。该系统不仅用于煤气/天然气、电力等能源系统设备及网络的远程监测，而且用于自动化工厂的生产过程，机器和设备的远程控制和监测，当然也能用于对人体有害环境下的远程监测和化工厂周围的空气质量的远程监测。

本例是一个对工业氯气进行远程多点监测的系统。采用的是分布式数据采集原理，主要是把分散于各处的氯气含量采集到监测中心，以便于进行管理和监测。根据氯气分子在近紫外光区域对特定的紫外光波具有最大的单峰吸收的特性，在本例中将采用双波长紫外吸收的方法，对氯气的含量进行检测。

1. 工业氯气远程监测系统的构成

如图 12.22 所示，由于检测点比较分散，且工业现场和监测中心之间的距离比较远，检测装置对氯气进行检测，然后将其浓度值按一定的时间间隔通过 GSM 网络传回监测中心的计算机。监测中心也可随时查看任意一个检测点的氯气浓度。一旦浓度值超标就可以通过 GSM 网络启动监测中心的报警系统或拨打报警电话。

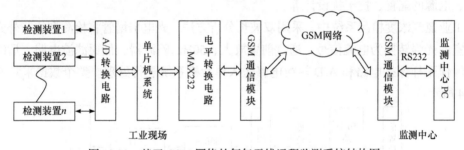

图 12.22 基于 GSM 网络的氯气无线远程监测系统结构图

(1)工业现场检测装置进行数据采集，然后按照双波长吸收分析的数学模型进行数据处理、计算和修正，获得氯气的浓度值。

(2)获得的氯气浓度值通过 GSM 收发电路按一定格式传送到监测中心的计算机。

(3)监测中心计算机通过 GSM 网关获取数据并进行显示，每隔半个小时对数据进行刷新。可以通过系统管理软件随时访问各个检测点的检测数据，同时提供趋势分析。

(4)系统软件建立数据库，对各点传回的数据进行存储，建立以小时为单位的氯气含量数据库，提供按日、月、年排列的检测数据报表，提供对数据的查询和分析。

(5)监测中心可以对检测点的检测装置进行远程控制，修改和设定检测装置的一些参数。

2. 光电检测系统的硬件结构

图 12.23 所示光电检测系统由紫外光源、透镜、光阑、斩光器、采样气室、电机、光电倍增管和模拟信号处理电路、同步信号发生器、A/D 转换器和 GSM 收发电路、紫外光源等

构成。

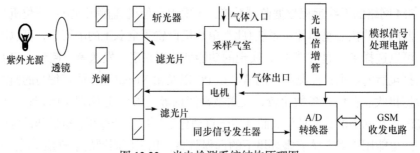

图 12.23　光电检测系统结构原理图

光路系统主要由光源和聚光准直系统构成。光源采用具有连续近紫外波谱辐射的氘灯，聚光准直系统由一片石英透镜产生平行光束。斩光器是由一台小电机带动旋转的圆盘，上面装有对应于氯气吸收中心波长和非中心波长的两块滤光片。同步信号由另外的两套发光二极管和光电三极管通过同一斩波器产生。

3. 数据采集通道的电路设计

数据采集的输入通道在一个检测系统设计中至关重要，它决定了整个系统的成败和性能。输入通道的设计与检测对象的状态、特征、所处的环境密切相关。在设计输入通道时要考虑到传感器或敏感元件的选择(包括灵敏度、响应特性、线性范围等)、通道的结构、信号的调节、电源的配置、抗干扰设计等。

在工业氯气浓度检测系统中，采用双波长分析方法。光电倍增管将检测到的紫外光穿过采样气室的光强转换为电流信号，通过前置放大、50Hz 陷波器、低通滤波电路、后级放大电路、峰值采样保持电路和 A/D 转换电路送入单片机系统进行处理。整个数据采集通道如图 12.24 所示。

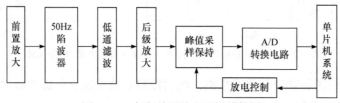

图 12.24　氯气检测输入通道结构图

4. GSM 通信模块接口电路设计

目前，在国内已经开始使用的通信模块有很多，这些模块的功能、用法差别不大。在本例中采用广州立功科技股份有限公司开发的嵌入式 GSM 短消息模块，它主要的优点是基于嵌入式实时操作系统的可靠性和充分发挥了 32 位 CPU 的多任务潜力，而且其性价比很高。监测中心的硬件部分设计较为简单，只需要在 GSM 模块和 PC 之间加一个 RS-232 电平转换芯片即可。在 GSM 短消息模块收到网络发来的短消息时，能够通过串口发送指示消息，数据终端设备可以向短消息模块发送各种命令。GSM 通信模块接口电路如图 12.22 所示。

5. 单片机程序设计

单片机主要完成三项任务：控制 A/D 转换，获取数据；对采集的数据求平均，计算氯气含量；将数据通过无线模块发送到监测中心 PC 和接收监测中心的命令。每隔 30s 自动通过 GSM 模块向监测中心发送数据，这是通过利用内部定时器 T0 和软件计数器来实现的。定时器 T1 用于产生陷波器所需要的频率控制信号。内部定时器 T2 用作串口的波特率发生器。下面主要介绍主程序、数据采集和处理程序。

1) 主程序设计

主程序首先调用系统初始化函数，启动定时器 T0、定时器 T1，以及从串行 E2PROM 中读取短消息服务中心号码和报警号码及双波长吸收分析算法的线性回归方程的系数等。然后调用 A/D 数据采集函数，进行数据采集。在进行 20 次采样后，求出其平均值，根据通过实验获得的线性回归方程，求解对应的氯气的浓度值，判断其浓度是否超过安全指标，如果超过则启动本地的声光报警信号，同时向监测中心发送相关的信息，然后从报警中心获取控制命令，或者是在 30s 到时，对监测中心的数据进行刷新。主程序的流程图见图 12.25。

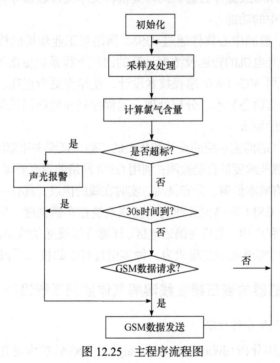

图 12.25　主程序流程图

2) 数据采集程序设计

在数据采集部分，对与氯气中心吸收波长相对应的同步信号和与氯气非吸收波长相对应的同步信号分别进行数据采集和存储。在数据采集中同时控制峰值检出保持电路的保持和放电，以确保采集的数据是峰值吸收波长所对应的信号。

在进行系统设计时，不仅要对硬件系统进行抗干扰设计，还要注意采用软件抗干扰设计，否则不仅会降低数据采集的可靠性，而且干扰会侵入单片机系统的输入通道，并叠加在信号上，致使数据采集误差加大。

6. 监测中心软件的设计

监测中心的软件存在对远程检测点传送浓度的数据或报警信息进行监听、对检测点回传数据进行分析、对各检测点回传数据进行图形化显示、对数据进行存储管理及打印及监测中心对检测系统的远程控制等需求。

软件系统包含如下的软件模块。

(1)GSM 通信模块。随时处于监听状态，响应检测装置发送的数据，同时可以下传命令和数据。

(2)数据分析模块。对接收到的浓度数据做简单的趋势分析，求出给定时间内的最大值和最小值，判定监测点在一定周期内的氯气排放是否符合国家标准，并给出警告信息。

(3)显示模块。将收到的浓度数据以彩色棒图的形式显示在计算机屏幕上，同时显示检测点的编号和浓度数据。也可显示给定检测点或给定周期内的趋势曲线图。

(4)数据管理模块。数据记录可以有两种形式：一种是以数据文件(文本文件)方式保存数据；另一种是以数据库形式保存数据。同时提供将文本文件数据导入数据库，以及将数据库数据导出到文本文件中的功能。

(5)远程控制模块。监测中心软件通过 GSM 网络对工业现场的检测系统的采样平均次数、数据更新周期、斩光电机的转速及浓度计算的回归方程系数更新等进行控制。

本实时监测系统采用 VC++ 6.0 编程技术设计，使操作更为直观、方便、灵活，视窗界面更为友好，能实现数据动态显示、分析处理、远程控制和数据记录与回放等功能，满足了监测中心系统软件设计的要求。

本例通过对工业氯气的监测系统的设计和相关的实验，证明采用双波长紫外吸收分析法可实现对工业排放气体中氯气浓度的自动检测；利用 GSM 网络的现有资源，可实现有害气体的远程多点监测。该系统具有成本低廉、分布灵活、实时在线的优点，具有一定的工业应用的价值。

到目前为止，基于 GSM 网络的无线远程监测系统在车辆调度、安全、导航、监测等领域已经有了一定的研究和应用。尤其在偏远地区、江海等架设通信线路困难或不经济的地方，利用 GSM 网络的短消息实现远程监测成为一种实用且有效的技术手段。

12.6.3 基于气体传感器的变压器在线溶解气体监测系统设计

1. 变压器在线溶解气体分析原理

变压器在线溶解气体分析(dissolved gas analysis，DGA)技术是在变压器不断电的情况下，将变压器的故障与变压器油中溶解气体的种类与体积分数很好地对应起来的一种分析方法，是对油浸变压器故障诊断最方便、有效的手段之一。

通过对变压器的故障与变压器油中溶解气体的种类的经验总结可知，当变压器内部出现过热故障、油纸局部放电、油中火花放电等故障时都会使油的分子结构遭受破坏，从而裂解出大量 H_2。而无论何种放电形式，只要有固体绝缘介入，都会产生 CO。因此，对变压器油中溶解的气体进行分析可以对变压器故障进行早期预警，防止发生突发性故障。

2. 监测系统设计

1)系统目标

系统目标是建立基于气体传感器的变压器在线溶解气体监测系统，包括变压器在线溶解气体分析系统硬件系统和变压器在线溶解气体分析系统软件系统。其功能是对变压器油中溶解的气体进行检测分析，快速、准确地检测到变压器过热、油纸局部放电、油中火花放电等故障并进行早期预警。

2）系统总体方案设计

系统的总体设计如图 12.26 所示。其中，油气分离模块采用油气分离膜技术，气体检测模块采用气体传感器阵列技术，信号处理与数据传输模块使用数据采集卡与无线传输技术，并使用软件记录数据，当气体体积分数超过设定值时报警。

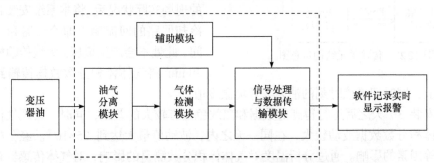

图 12.26　基于气体传感器的变压器在线溶解气体分析系统框图

（1）油气分离模块。油气分离膜对油中溶解气体进行分离可实现对变压器油中溶解气体的及时分析，目前使用广泛的高分子聚四氟乙烯薄膜可以较好地实现油中溶解气体的析出。气体的平衡时间是描述油气分离膜对油中溶解气体吸附能力的重要参数，因此需要对所选用的高分子聚四氟乙烯膜使油中溶解气体完全析出的时间进行检测。将高分子渗透膜固定在测试膜性能的专用实验器材上，使薄膜的一侧为变压器油，另一侧为气室。测试时首先向容器中的变压器油注入标准气体，每间隔 16h 利用常规色谱仪分析气室中的气体成分和体积分数。通过实验发现，聚酰亚胺对 H_2 渗透效果最好，对 CO 也有较好的渗透效果，而 CH_4 等烃类气体由于分子体积较大，气体渗透量很小。聚乙烯膜、聚丙烯膜对 CH_4 和 C_2H_2 的透过效果均不佳。而基于高分子聚四氟乙烯材料的渗透薄膜能有效地渗透出 6 种混合气体，并在 96h 内使膜两侧气体体积分数达到初次平衡状态，满足本系统使用要求。

（2）气体检测模块。系统使用德国的半导体气体传感器构造气体检测模块，该模块能够单独对 H_2 和 CO 进行测量。该传感器模块对于 H_2 的体积分数最小检测限为 $3×10^{-6}$，对 CO 体积分数最小检测限为 $13×10^{-6}$。传感器对 H_2 和 CO 体积分数的检测范围均为 $0～2000×10^{-6}$。在测量温度为 55℃时，该传感器模块对 H_2 体积分数测量的相对误差为 $±15\%$，对 CO 体积分数测量的相对误差为 $±20\%$。当取输出达到测得数据稳定值的 90%所需的时间为响应时间时，H_2 响应时间小于 10min，平衡响应时间为 4.5h。CO 响应时间小于 10min，平衡响应时间为 4h。该传感器模块对所测量气体的温度范围要求为 $-20～120℃$，工作时的测量间隔为 20min，即传感器的加热周期为 20min，其温度系数为 1%/K，输出电流范围为 $0～20mA$。

（3）信号处理与传输模块。由于在线监测系统是在主控室利用计算机对整个系统进行控制和数据采集记录的，所以要选择既能长时间稳定工作，又符合安装现场要求的传输方式。由于所传输的数据量不大，故远程传输方式选择技术成熟的 RS-232 串行接口通信方式与主控室计算机进行通信。经过分析比较，本系统选用了上海某公司生产的一种为 SRWF508 的串口无线通信模块来承担本系统的远程传输任务。传输单元的结构示意图如图 12.27 所示。

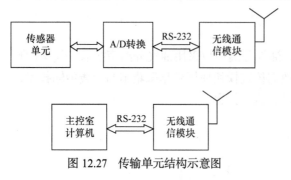

图 12.27 传输单元结构示意图

4) 系统安装与运行数据

该在线监测系统安装在某 500kV 变电站的 500kV 二号主变 C 相变压器上，该变压器为 ABB 变压器有限公司生产。在考虑到该变压器的冷却器有油连续循环和其他的现场实际状况后，将本系统安装在变压器冷却回路的回流侧，即冷却器和主油箱之间，此处不会产生负压。无线传输模块每隔 20min 将气体体积分数数据传输到主控室的计算机上，同时记录该时刻的油温与环境温度值。

系统安装 30 天之后运行得到的数据和离线色谱有较大的差距，同时，发现气体传感器测得气体体积分数数据波动较大，在同一天之内，波动值最大达到 25×10^{-6}。经分析主要是由于温度等因素的影响。通过分析温度对气体体积分数测量的影响，对气体传感器重新进行标定以排除温度对气体传感器测量的影响，之后测得 H_2 与 CO 的体积分数值如图 12.28 和图 12.29 所示。在 $4 \times 10^{-6} \sim 200 \times 10^{-6}$ 的范围内，对 H_2 测量的最大绝对误差为 2×10^{-6}，对在 $100 \times 10^{-6} \sim 2000 \times 10^{-6}$ 的范围内对 CO 测量的最大绝对误差为 30×10^{-6}。

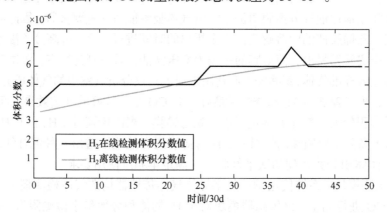

图 12.28 H_2 体积分数值变化趋势图

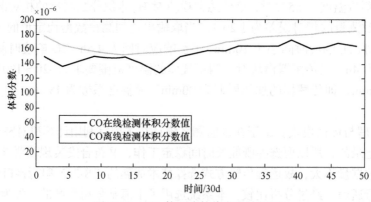

图 12.29 CO 体积分数值变化趋势图

装置对溶解在变压器油中的 H_2、CO 的体积分数进行独立测量，且测量过程中无须抽取变压器油，也不需要中断变压器工作，可直接安装于变压器现有的阀门上，在安装运行 30 天后，与当月离线色谱测量数据相比，能够对变压器的早期故障进行预警。

本 章 小 结

(1)检测系统按硬件组成形式，可分为标准总线检测系统、专用计算机检测系统、混合型计算机检测系统和网络化检测系统等四种类型。

(2)检测系统设计的一般原则有自顶向下的原则、自底向上的原则、新器件的原则、软硬件搭配的原则。

(3)检测系统设计步骤包括检测系统需求分析、总体方案设计、硬件设计、软件设计、系统集成、系统维护等。

(4)干扰源产生干扰的因素，通常可分为外部干扰和内部干扰。外部干扰主要来自外部环境的影响，包括电磁干扰、射线辐射干扰、光干扰、温度干扰、湿度干扰、振动干扰、化学干扰等。内部干扰主要来自检测系统内部，包括元器件、电源电路、信号通道、负载回路、数字电路等内部干扰因素。

(5)干扰传播的途径包括静电耦合、电磁耦合、公共阻抗耦合、漏电流耦合、辐射电磁场耦合、传导耦合。

(6)抗干扰的基本措施包括屏蔽技术、隔离技术、接地技术、滤波技术、电路的合理布局和制作等。

(7)可靠性，就是指产品在规定条件下、规定时间内，完成规定功能的能力。可靠性设计就是通过预计、分配、分析、改进等一系列可靠性工程活动，把可靠性定量要求设计到产品的技术文件和图样中，从而形成产品的固有可靠性。

习题与思考题

12-1 检测系统按硬件组成形式可分为哪几种类型？

12-2 简述 PC、STD、GPIB、VXI 和 PXI 总线系统的构成方法。

12-3 检测系统设计的一般原则有哪些？

12-4 简述检测系统设计的一般开发过程。

12-5 产生干扰的因素与干扰分类有哪些？

12-6 干扰有哪些传播的途径？

12-7 抗干扰有哪几大基本措施？

12-8 可靠性与可靠性设计的概念是什么？

12-9 可靠性设计的方法有哪些？

12-10 选定生活中某种物理量，思考如何检测它，给出一种检测系统设计方案。

参 考 文 献

卜云峰, 2013. 检测技术[M]. 2 版. 北京: 机械工业出版社.

BISHOP R H, 2014. LabVIEW 实践教程[M]. 乔瑞萍, 林欣, 等译. 北京: 电子工业出版社.

BOYLESTAD R L, NASHELSKY L, 2016. 模拟电子技术[M]. 2 版. 李立华, 李永华, 许晓东, 等译. 北京: 电子工业出版社.

董春利, 2016. 传感器与检测技术[M]. 2 版. 北京: 机械工业出版社.

方祖捷, 秦关根, 瞿荣辉, 等, 2017. 光纤传感器基础[M]. 北京: 科学出版社.

高振斌, 汪鹏, 田丰, 2015. 传感器的制备与应用[M]. 北京: 化学工业出版社.

胡向东, 2018. 传感器与检测技术[M]. 3 版. 北京: 机械工业出版社.

贾伯年, 俞朴, 宋爱国, 2007. 传感器技术[M]. 3 版. 南京: 东南大学出版社.

杰哈, 2004. 红外技术应用——光电、光子器件及传感器[M]. 张孝霖, 译. 北京: 化学工业出版社.

黎敏, 廖延彪, 2018. 光纤传感器及其应用[M]. 北京: 科学出版社.

李川, 2018. 光纤传感器技术[M]. 北京: 科学出版社.

李新, 魏广芬, 吕品, 2018. 半导体传感器原理与应用[M]. 北京: 清华大学出版社.

刘少强, 张靖, 2016. 现代传感器技术: 面向物联网应用[M]. 2 版. 北京: 电子工业出版社.

栾桂冬, 张金铎, 金欢阳, 2018. 传感器及其应用[M]. 3 版. 西安: 西安电子科技大学出版社.

罗俊海, 王章静, 2015. 多源数据融合和传感器管理[M]. 北京: 清华大学出版社.

麦格拉思, 斯克奈尔, 2018. 智能传感器: 医疗、健康和环境的关键应用[M]. 胡宁, 王君, 王平, 译. 北京: 机械工业出版社.

OHTA J, 2015. 智能 CMOS 图像传感器与应用[M]. 史再峰, 徐江涛, 姚素英, 译. 北京: 清华大学出版社.

钱坤, 刘家国, 李军伟, 2018. 海面监视红外热像仪光学系统分析设计[J]. 现代防御技术, 46(1): 125-129.

单振清, 宋雪臣, 田青松, 2013. 传感器与检测技术应用[D]. 北京: 北京理工大学出版社.

邵敏, 2015. 光纤折射率与湿度传感器[M]. 北京: 国防工业出版社.

孙利民, 张书钦, 李志, 等, 2018. 无线传感器网络: 理论及应用[M]. 北京: 清华大学出版社.

谭秋林, 2013. 红外光学气体传感器及检测系统[M]. 北京: 机械工业出版社.

童敏明, 唐守峰, 董海波, 2014. 传感器原理与检测技术[M]. 北京: 机械工业出版社.

王庆有, 2013. 图像传感器应用技术[M]. 2 版. 北京: 电子工业出版社.

王卫东, 2016. 模拟电子技术基础[M]. 3 版. 北京: 电子工业出版社.

王永皎, 2017. 机械振动的双光栅传感理论与实验研究[M]. 北京: 清华大学出版社.

温晓东, 2016. 基于干涉原理的光纤传感器设计与特性研究[D]. 北京: 北京交通大学.

吴建平, 2016. 传感器原理及应用[M]. 北京: 机械工业出版社.

熊诗波, 2018. 机械工程测试技术基础[M]. 4 版. 北京: 机械工业出版社.

徐科军, 2016. 传感器与检测技术[M]. 北京: 电子工业出版社.

祝诗平, 2006. 传感器与检测技术[M]. 北京: 中国林业出版社, 北京大学出版社.

LI S, PU J, ZHU S P, et al., 2022. Co$_3$O$_4$@TiO$_2$@Y$_2$O$_3$ nanocomposites for a highly sensitive CO gas sensor and quantitative analysis[J]. Journal of hazardous materials, 422(126880): 1-9.

HOFFMANN A, 2013. Spin hall effects in metals[J]. IEEE transactions on magnetics, 49(10): 5172-5193.

WEI X, LI S, ZHU S P, et al., 2021. Terahertz spectroscopy combined with data dimensionality reduction algorithms for quantitative analysis of protein content in soybeans[J]. Spectrochimica acta part A: molecular and biomolecular spectroscopy, 253(119571): 1-9.